普通高等教育新工科人才培养材料专业“十四五

航空航天复合材料及热结构

Aerospace Composites and Thermal Structures

胡海龙　张帆　岳建岭　罗世彬　著

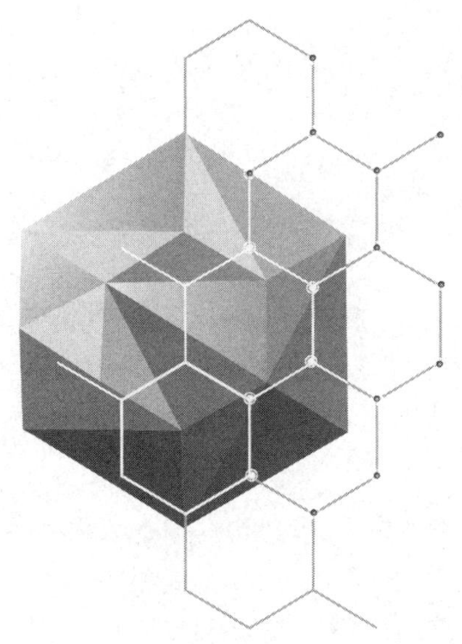

·长沙·

前言

Foreword

太空飞行，一直以来都是人类最美好的愿景。千百年来，有关太空飞行的神话不断，嫦娥奔月便是其中之一。随着科学技术的发展，人类也从未停止过对太空的探索。高性能的航空航天复合材料在当前人类空间探索中发挥着愈来愈重要的作用，有效支撑了神舟飞船系列、嫦娥探月工程等的顺利实施，当前已然处于蓬勃的发展阶段。当今国家或地区的复合材料工业水平，已成为衡量其科技与经济发展实力的重要标志之一。先进航空航天复合材料是国民经济与安全具有竞争优势的力量源泉。

航空航天材料是航空航天工程发展的物质基础，航空航天高技术领域的需求推动了先进材料及材料科学技术的发展。本书的编写基于所教授的本科课程“工程材料基础”“航空航天材料及应用”“复合材料课程实践”。这些课程已授课多年，然而课程对应的教材一直缺乏，现有已出版的教材或专著并不能有效地满足上课需求。航空航天工程本科专业，作为国家一流本科建设专业，务必高标准、严要求，首先从教材方面着手，力求完善。

金属基复合材料、聚合物基复合材料、陶瓷基复合材料与碳/碳复合材料并称为四大复合材料。本教材将从航空航天复合材料的特殊性、种类、应用及发展趋势出发，阐述航空航天复合材料的成分、组织和成型工艺之间的关系，围绕常用航空航天复合材料，如轻质金属、陶瓷、聚合物等，从材料的性质及应用环境出发，阐述制备方法及工艺，建立材料设计的系统思维，从组成与结构的关系分析材料的性能，从获得的材料性质出发选择制备方法，分析力学原理及测试途径，形成复合材料成分—结构—制备—性质的知识结构体系。同时，围绕航空航天复合材料运用于飞行器热结构，阐述热结构的防热、隔热、吸波、透波、无损检测等相关原理、设计方法、分析与评价方法等，实现航空航天复合材料设计—制造—性能—应用的一体化设计。

本书的适用对象为航空航天工程、材料科学、力学等专业的本科生或研究生。第 1 章为航空航天复合材料及热结构概述，第 2 章为航空航天复合材料力学理论基础，第 3 章为航空航天复合材料力热性能试验，第 4 章为航空航天复合材料体系分类及应用，第 5 章为航空航天轻质防热材料及结构设计，第 6 章为航空航天轻质隔热复合材料及结构设计，第 7 章为航空航天热透波结构设计及试验，第 8 章为航空航天热吸波结构设计及试验，第 9 章为航空航天热结构无损检测技术，第 10 章为航空航天新型材料及热结构，第 11 章为总结与展望。

我国航空航天复合材料的发展需要不断地培养新的人才，人才的培养离不开一批紧扣学习主题、紧跟我国重大发展需求、瞄准当今发展前沿的教材。本书正是立足上述需求，紧密围绕授课核心主题，定位于我们航空航天飞行器热结构，围绕当今最有效的复合材料体系—测试与评价方法—重大的应用需求主线，力求完善所涉及的航空航天材料课程的教材，为我国的航空航天复合材料事业培养新型专业复合型人才。此外，本书适用于航空航天工程和材料科学与工程专业的本科生与硕士生。

因本人水平有限，书中疏漏及不当之处，敬请读者批评指正。同时衷心希望该教材能够有效服务于航空航天工程、机械工程及材料科学与工程专业的同学们，也衷心希望该教材后续能够不断完善。在此，特别感谢长沙市自科基金、湖南省自科面上基金、中国科学院上海硅酸盐研究所重点实验室开放课题基金、中南大学人才启动基金的资助。

胡海龙

2023 年 6 月 19 日于长沙

目 录

Contents

第 1 章　航空航天复合材料及热结构概述

航空航天材料由于质轻、具有较高的比强度、比模量以及较好的延展性、抗腐蚀、导热、隔热、隔音、减振、耐高(低)温、耐烧蚀、透电磁波，吸波隐蔽性、可设计性、制备的灵活性和易加工性等特性，是制造飞机、火箭、航天飞行器等军用武器的理想材料。本章将围绕复合材料的基本概念、种类、组成与结构形式、成型与制造方法、增强体及基体、基本力学、航空航天领域的应用以及新型航空航天复合材料的技术与发展等方面进行概述分析。

1.1　复合材料的基本概念及种类

1.1.1　复合材料的基本概念

复合材料(composite materials)是由两种或两种以上不同性质的材料，通过物理化学原理结合在一起组成的具有新宏观性能的材料。

复合材料具有三大要素：基体(matrix)、增强体(reinforcement)和两者之间的界面(interface)，如图 1-1 所示。复合材料结构中的连续相称之为基体，基体的作用是将增强材料黏结成固态整体，以保护增强材料，传递荷载，阻止裂纹扩展。增强体是以独立形态分布于基体中的分散相。复合材料的基体和增强体，通过界面作用将两者连接起来。

复合材料的组成材料虽然保持其相对独立性，但复合材料的性能却不是组分材料性能的简单加和，而是有着重要的改进，使各组分材料在性能上互相取长补短，产生协同效应，使复合材料的综合性能优于先前任何一种组分材料而满足更多领域的需求。复合材料改善或克服了组成材料的弱点，使其不仅能按零件结构和受力情况，而且能按预定的、合理的配套性能进行最佳设计，可创造单一材料不具备的双重或多重功能，或在不同时间或条件下发挥不同的功能。

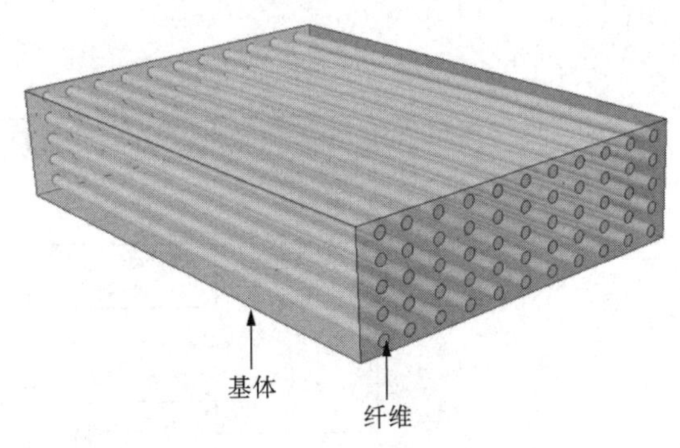

图 1-1　复合材料的构成

复合材料的性能取决于组分材料的性质和各组分材料之间结合面的性能，也就是说，复合材料的优良性能仅仅靠优质的组分材料是远远不够的。在复合材料中，增强相和基体相间还存在着明显的结合面。位于增强相和基体相间，并使两相彼此相连的、化学成分和力学性质与相邻两相有明显区别、能够在相邻两相间起传递载荷作用的区域，称为复合材料的界面。

复合材料界面对其性能影响很大，界面的功能可归纳为以下几种：

①传递效应：基体可通过界面将外力传递给增强体，起到基体与增强体之间的桥梁作用。

②阻断效应：适当的界面有阻止裂纹扩展、中断材料破坏、缓减应力集中的作用。

③不连续效应：在界面上产生物理性能的不连续性和界面摩擦出现的现象，如抗电性、电感应性、磁性、耐热性等。

④散射和吸收效应：光波、声波、热弹性波、冲击波等在界面产生散射和吸收，如透光性、隔热性、隔音性、耐机械冲击及耐热冲击等。

⑤诱导效应：复合材料中的一种组元(通常是增强体)的表面结构使另一种与之接触的物质(如聚合物基体)的结构由于诱导作用而发生变化，由此产生加强的弹性、低的膨胀性、耐冲击性和耐热性等现象。

1.1.2 复合材料的种类

依据增强体类型，可对复合材料进行以下分类(图 1-2)：

①颗粒状复合材料(particulate composites)

②不连续或短纤维复合材料(continuous or short-fiber composites)

③连续纤维复合材料(continuous fiber composites)

按基体材料类型可对复合材料进行以下分类：

①聚合物基复合材料(polymer matrix composites)

②金属基复合材料(metal matrix composites)

③陶瓷基复合材料(ceramic matrix composites)

④碳基复合材料(carbon matrix composites)

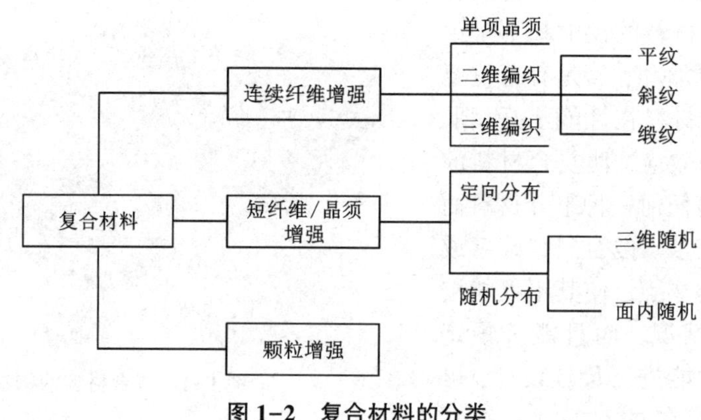

图 1-2 复合材料的分类

1.1.3 复合材料的组成

结构复合材料由基体材料和增强材料两部分组成：

①基体材料：主要起到连接、固定、传递、保护等作用，通常由树脂、金属和非金属组成；

②增强材料：起核心作用，提供材料的刚度和强度。

相比于金属材料，复合材料复杂得多，不仅具有很多特点，还可设计。

复合材料按照增强材料的形式，大致分为三类(图 1-3)：

①颗粒增强复合材料：包括非金属颗粒+非金属基体(如混凝土)、金属颗粒+非金属基体(如固体火箭剂)和非金属颗粒+金属基体(金属陶瓷)；

②纤维增强复合材料：由于纤维比同样大小的块状材料的强度大得多，通过纤维增强，可极大提升比刚度和比强度；其中纤维通常有碳纤维、玻璃纤维、硼纤维、芳纶纤维等；基体通常有树脂基体、金属基体、陶瓷基体及碳基体等；此外，纤维增强复合材料按纤维形状、尺寸可分为连续纤维、短纤维和纤维布等；

③层合复合材料：通过两层或多层不同的复合材料形成。

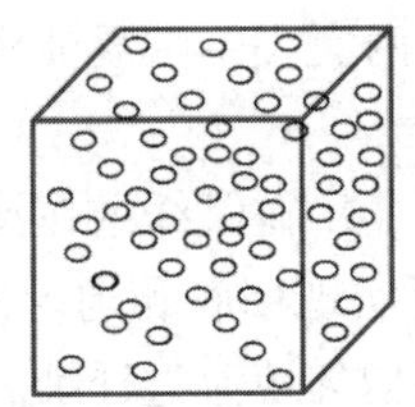
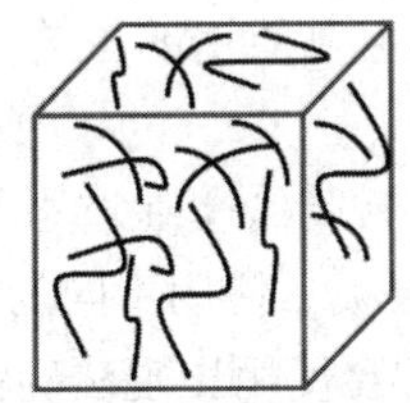
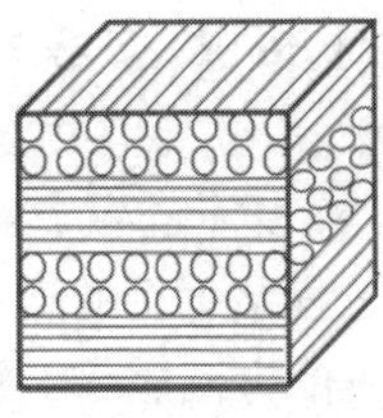

图 1-3　不同形式增强材料的复合材料

1.1.4　复合材料热结构

热结构性能参数的测试实验包括复合材料的常温力学和高温力学性能测试实验，以及导热系数和热膨胀系数的测定等。热膨胀系数关系着复合材料的应力分布，热导率影响着材料的热应力计算和结构设计。

复合材料热结构参数具有各向异性的特点，需从细观尺度方面研究复合材料预制体的纤维棒、纤维束、界面等因素对复合材料热膨胀系数及热导率的影响。复合材料在热载荷作用下的整体热应变通常是内部各个组成部分综合作用的结果，导热系数与组分材料的体积含量和界面相有关，因此热结构性能的细观尺度分析应以均匀化理论为基础，需要完成不同方向热结构参数的预测和组分材料热性能参数的确定。

围绕复合材料热结构，可以从细观与宏观两个方面对热结构性能进行预测。细观方面，从代表性体积单元即单胞的热结构性能预测着手，重点研究界面相的具体影响；宏观方面，从复合材料的实际应用环境考虑，基于热/力耦合完成理论模拟分析，继而为材料力学性能的预测和失效机理的分析提供充足的依据。

1.2　复合材料的成型及制造方法

复合材料有许多的优点：比强度高、比模量高、阻尼高、材料可设计性强、制造工艺相对简单、有些材料热稳定性好、高温性能好等。但也存在质量控制困难，制造成本较高等缺点。

1.2.1 成型工艺

复合材料一般分为单层复合材料(单层板)、层叠复合材料(层合板)和短纤维复合材料等。成型工艺主要有：手糊成型法、两步法压力成型法、缠绕成型法和纤维预制体法等，这里不详细展开。

1.2.2 制造方法

常见的复合材料制造工艺主要涉及四个基本步骤：浸渍(impregnation)、铺层(lay-up)、固结(consolidation)和固化(solidification)。上述四个步骤在所有复合材料生产中都很常见，但是操作顺序可能会因为应用领域和具体制造工艺而存在差异。例如，碳/碳复合材料的制备过程包括增强纤维及其织物的选择、基体碳先驱体的选择、C/C 预制坯体的成型、碳基体的致密化以及最终产品的加工检测等。其中，致密化程度和效率主要受织物结构、基体材料工艺参数的影响。目前使用的工艺方法有浸渍碳化、化学气相沉积(CVD)、化学气相渗透(CVI)、化学液相沉积、热解等方法。主要使用的工艺方法有两大类——浸渍碳化工艺和化学气渗透工艺。

(1)浸渍。在浸渍过程中，需要将树脂涂覆在增强纤维上，并确保纤维在浸渍过程中完全浸透。浸渍过程结束后的产品称为层板。使用不同的方法可实现彻底和均匀的浸渍，目前自动化是最常见的方法之一，并且通常会使用压辊法确保树脂均匀地流过纤维。

在纤维缠绕工艺中，纤维通过树脂进行浸渍。在手糊工艺中，会使用已经在一定环境中浸渍过的材料。在自动纤维铺放过程中，该步骤在浸渍线上完成，浸渍后的产品称为预浸料。

(2)铺层。在铺层过程中，通过在所需位置和方向放置纤维并进行浸渍，或通过将已经组合好的纤维/树脂预浸料放置在所需的位置和方向，形成复合材料层压板。复合材料部件的厚度是通过放置不同层的材料来实现的。

在长丝缠绕中，通过芯轴和托架单元的相对运动获得所需的纤维分布。纤维具有定向强度，并且纤维的方向取向直接影响最终部件的强度，因此必须手动或通过自动纤维放置系统将其放置在特定的纤维方向上。

在树脂传递模塑成型(RTM)工艺中，将干燥的预成型坯放置在成型模具中进行灌注。预制件由编织、自动铺丝(AFP)、切割和配套等制成，然后注入树脂并固化以形成层压板。

(3)固结。在固结过程中，施加压力的目的是从离散层获得整体结构，同时去除空隙和挥发物，在部件中获得所需的纤维体积分数，并获得正确的尺寸公差。这种压力可以通过抽真空、压实、压制或包裹来获得。真空法是大多数环氧树脂制造中最常用的固结方法之一。

在自动铺丝工艺中，固结是在使用压实辊铺筑时施加的。在 RTM 中，固结发生在压机内浸渍时。在长丝缠绕中，先在缠绕时施加固结力，然后在张力下用薄塑料薄膜缠绕。

(4)固化。最后一步是固化，热塑性塑料的固化时间可能不到一分钟，对于热固性塑料而言，固化时间则可能需要长达 2 h。在此期间保持真空或正压，或两者都保持。

在热固性复合材料中，固化速率取决于树脂配方和固化动力学。在固化过程中提供热量，可加快树脂的固化速度。对于热固性树脂而言，固化温度越高，其交联过程越快，但为了获得最佳结果，必须特别注意材料数据表。

在热塑性塑料中，固化过程中没有化学变化，因此固化所需的时间最短。在热塑性塑料加工中，固化速度主要取决于加工过程的冷却速度。通常，固化时间越短，该工艺可实现的生产率越高。

1.3　复合材料的纤维增强体及基体

1.3.1　增强体

常用的纤维材料有碳纤维、玻璃纤维、硼纤维、芳纶纤维、陶瓷纤维等。

(1)碳纤维是由碳元素组成的一种特种纤维。碳纤维具有耐高温、抗摩擦、导电、导热及耐腐蚀等特性；外形呈纤维状，质地柔软，可加工成各种织物。由于其石墨微晶结构沿纤维轴方向具有择优取向，因此碳纤维沿纤维轴方向有很高的强度和模量(图 1-4)。碳纤维的密度小，因此比强度和比模量高。碳纤维的主要用途是作为增强材料与树脂、金属、陶瓷等复合，制造先进复合材料。碳纤维增强环氧树脂复合材料，其比强度及比模量在现有工程材料中是最高的。碳纤维的主要产品有聚丙烯腈基、沥青基及黏胶基 3 大类，每一类产品又因原纤维种类、工艺及最终碳纤维性能等不同，又分成许多品种；“碳纤维”一词实际上是多种碳纤维的总称。

图 1-4　碳纤维

(2)玻璃纤维是最早使用的一种增强材料，它强度高、延伸率大，但弹性模量较低(和铝相近)，常用于飞行器结构中。

(3)硼纤维实际上是一种复合纤维，通常以钨丝和石英为芯材，采用化学气相沉积法制取，它的压缩强度是其拉伸强度的 2 倍，是其他增强纤维尚未看到的。

(4)芳纶纤维是一种新型有机纤维，属于聚芳酰胺，国外牌号是 Kevlar。芳纶纤维具有超高强度、高模量和耐高温、耐酸耐碱、重量轻等优良性能，其强度是钢丝的 5~6 倍，模量为钢丝或玻璃纤维的 2~3 倍，韧性是钢丝的 2 倍，而重量仅为钢丝的 1/5 左右，在 560℃的温度下，不分解，不融化。用于降落伞、防弹衣、雷达罩、导弹发动机壳体等。

(5)陶瓷纤维是一种纤维状轻质耐火材料，具有重量轻、耐高温、热稳定性好、导热率低、比热小及抗机械振动等优点，可用于发动机、石油化工设备等。

1.3.2 基体

常用的基体材料有树脂基体、金属基体、陶瓷基体、碳素基体等。

树脂基体分为热固性和热塑性两类：

①热固性：固化后不能软化；常用的包括环氧、酚醛和不饱和聚酯树脂等；环氧树脂应用最广泛，黏结力强，固化收缩小，固化成型方便；酚醛树脂耐高温，电绝缘性好，价格低；聚酯树脂工艺性好，可室温固化，价格低，但固化收缩大，耐热性低；

②热塑性：加热到转变温度会重新软化，易于制成模压复合材料；常用的包括聚乙烯、聚苯乙烯、聚酰胺(尼龙)、聚碳酸酯、聚丙烯树脂等。

树脂基体强度大多为40~100 MPa，模量为2~5 GPa。

金属基体主要用于耐高温场合，具有耐300℃以上高温、表面抗侵蚀、导电导热、不透气等优点，主要为铝、铝合金、镁、钛合金、铜等。一般有碳纤维铝基、碳化硅钛基、硼纤维铝基等。其中石墨纤维增强纯铝基强度可达680 MPa，模量为178 GPa；SiC增强6061铝合金抗拉强度达1500 MPa，模量为230 GPa。

陶瓷基体耐高温、化学稳定性极好，具有高模量和高抗压强度，但脆性、耐冲击性差；常用纤维增强制成复合材料，用于发动机部分零件。

碳素基体主要用于碳纤维增强碳基体复合材料；抗拉强度达100 MPa以上，模量为50 GPa。

1.4 复合材料的基本力学分析

1.4.1 细观力学

细观力学分析是指以纤维与基体作为基本研究单元，分析纤维和基体之间的相互作用，通过改变纤维和基体的布局和关系，研究材料的破坏机理和材料性能；这种方法精细，但复杂，通常止步于单层材料在简单应力状态下的性能，为更宏观一级的力学分析提供参数支持。

1.4.2 宏观力学

宏观力学分析是指把单层复合材料认为是均匀的各向异性的材料，不考虑纤维和基体的具体细节，用平均的力学性能表示单层材料的刚度和强度；单层板的力学参数通过细观力学分析，或者实验测定得到；在复合材料力学分析中占主导地位；这个分析尺度也是本系列的重点。

1.4.3 结构力学

结构力学分析是指从更粗略的角度分析结构的力学性能，把叠层材料作为分析问题的起点，其中层叠板的力学性能通过细观或宏观力学分析得到，或者直接通过实验测定得到。对于计算资源不足，或者不需要太精确计算时使用，可以极大地提高分析效率。此部分将会在后面的内容中介绍。

1.4.4　弹性力学

无论是在上述哪种尺度(细观、宏观、结构)进行分析，我们仍在连续介质力学的框架下进行分析，而不考虑分子动力学层面的分析方法。基本的弹性力学理论是分析的起点。

弹性力学中几个基本假设：连续性、均匀性、线弹性、小变形、各向同性和无初始应力。另外，还通过平衡微分方程、几何微分方程、本构关系方程以及边界条件建立起了弹性力学的基本框架。

复合材料力学分析基本符合弹性力学的各项假设，最大的不同在于复合材料一般是各向异性的，其他诸如一些不均匀、不连续，甚至是非线性，这里先不讨论。

1.5　复合材料的性能及航空航天应用

近年来，航空航天材料在结构和发动机应用方面的发展取得了较大的进展。如铝合金、镁合金、钛合金、镍合金，都是为航空航天工业开发的材料体系，具备突出的优势。复合材料作为一种新型材料，在飞行器中发挥着越来越重要的作用(图 1-5)。然而，当前航空航天材料仍面临着一些重大的挑战，如机械性能不足、微动磨损、应力腐蚀和腐蚀等。因此，为了开发具有优异机械性能和耐腐蚀性的下一代航空航天材料，围绕复合材料，科研人员开展了广泛的研究，以提高复合材料的性能及生命周期。

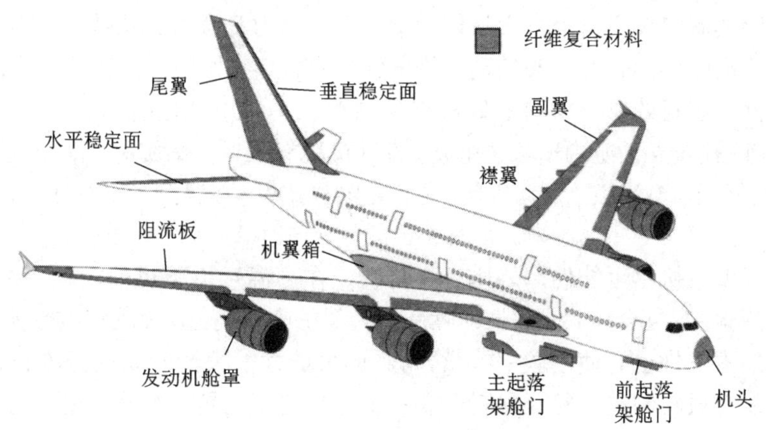

图 1-5　复合材料在航空航天领域的应用

高分子材料、金属材料、非金属材料在其领域都有其独特的性能及适用范围，随着科学技术的发展，一种材料的性能已经满足不了人们的需求时，人们把目光投向了复合材料。复合材料通常由两种或两种以上不同性能的材料复合而成，其性能比单一材料的性能好，且兼顾这些材料的性能。从广义上说，复合材料在我们的生活中无处不在，其应用已经有了很长的历史，例如：用草秆掺入黏土做成土坯；用石灰加土烧成砖头。现在的水泥加钢筋都算是广义上的复合材料。而现在复合材料的发展是从玻璃纤维化聚酯树脂开始的。复合材料一般由基体和增强体组成。基体起黏结剂的作用，增强体起到提高强度和韧性的作用。复合材料之所以被人们认可是因为它有良好的抗疲劳性、比模量高，强度高、良好的耐磨性，润滑性和耐高温性好、化学稳定性好。

就目前而言，人类对于复合材料的研究还有局限性，对于它的理论研究落后于现阶段的应用和实际生产的需要，要想使复合材料的理论工作取得重大进展，还需经过较长时间的努力。

现阶段复合材料的应用主要在以下几个领域：①航空航天领域：由于复合材料热稳定性好，比强度、比刚度高，可用于制造飞机机翼和前机身、卫星天线及其支撑结构、太阳能电池翼和外壳、大型运载火箭的壳体、发动机壳体、航天飞机结构件等。②汽车工业领域：由于复合材料具有特殊的振动阻尼特性，可减振和降低噪声、抗疲劳性能好，损伤后易修理，便于整体成形，故可用于制造汽车车身、受力构件、传动轴、发动机架及其内部构件。③化工、纺织和机械制造领域：由具有良好耐蚀性的碳纤维与树脂基体复合而成的材料，可用于制造化工设备、纺织机、造纸机、复印机、高速机床、精密仪器等。④医学领域：碳纤维复合材料具有优异的力学性能和不吸收 X 射线的特性，可用于制造医用 X 光机和矫形支架等。碳纤维复合材料还具有生物组织相容性和血液相容性，生物环境下稳定性好，也用作生物医学材料。此外，复合材料还用于制造体育运动器件和用作建筑材料等。

航空航天材料对质量和强度的要求很高，既要增加火箭发动机的推力，又要减轻飞行器的质量，减重则成为必须考虑的问题，实现飞机减重的主要手段是复合材料的广泛应用。再比如导弹的锥壳结构、卫星接口支架、整流罩的前锥、侧锥和柱段、卫星消旋天线支撑筒、水平梁等目前均已采用碳纤维。

在固定翼和非固定翼飞机上已大量使用承力和非承力复合材料构件。许多军用和民用飞机使用大量轻质高强度的碳纤维和玻璃纤维增强复合材料，如层合板和模压构件及以金属或浸渍树脂纸蜂窝为芯材的复合材料的蜂窝夹层结构。其使用部位包括舱门、翼梁、减速板、平尾结构、油箱、副油箱、舱内壁板、地板、直升机旋翼桨叶、螺旋桨、高压气体容器、天线罩、鼻锥、起落架门、整流板、发动机舱(尤其是喷气式发动机舱)、外涵道、座椅部件、通道板等。

许多现代轻型飞机尽可能使用轻质复合材料。在高温环境下可使用碳-碳复合材料，飞机的刹车盘使用碳-碳复合材料，火箭喷嘴和载人保护壳体也已开始使用碳-碳复合材料，而且喷气发动机的零部件也有使用碳-碳复合材料的可能性。火箭发动机壳体和火箭发射筒也经常采用增强复合材料制造。复合材料还有一个非常实用也是一个非常重要的应用是飞机金属结构的损伤修补。

综上，由于复合材料质量轻、具有较高的比强度、比模量以及较好的延展性、抗腐蚀、导热、隔热、隔音、减振、耐高(低)温、耐烧蚀、透电磁波，吸波隐蔽性、可设计性、制备的灵活性和易加工性等特点，是制造飞机、火箭、航天飞行器等军事武器的理想材料。

自从先进复合材料投入航空航天应用以来，有三件值得一提的成果。第一件是全部用碳纤维复合材料制成一架商用飞机——里尔 2100 号，并试飞成功；第二件是采用大量先进复合材料制成的哥伦比亚号航天飞机，这架航天飞机是用碳纤维/环氧树脂制作成的长 18.2 m、宽 4.6 m 的主货舱门，用凯芙拉纤维/环氧树脂制造成各种压力容器。在这架代表近代尖端技术成果的航天飞机上使用了树脂、金属和陶瓷基复合材料；第三件是使用了先进复合材料作为主承力结构，制造了可载 80 人的波音 767 大型客运飞机，不仅减轻了重量，还提高了飞机的各种飞行性能。

复合材料在这几个飞行器上的成功应用，表明了复合材料具有良好的性能，这对于复合材料在重要工程结构上的应用是一个极大的推动。

1.5.1　复合材料在航空领域的应用

复合材料在航空领域的应用主要体现在固定翼飞机、直升机、特种飞行器等方面。

先进复合材料用于加工主承力结构和次承力结构、其刚度和强度性能相当或超过铝合金的复合材料，目前被大量地应用在飞机机身结构制造上和小型无人机整体结构制造上。

飞机用复合材料经过近 40 年的发展，已经从最初的非承力构件发展到应用于次承力和主承力构件，可获得减轻质量 20%~30%的显著效果。目前已进入成熟应用期，对提高飞机的战术水平、可靠性、耐久性和维护性已无可置疑，其设计、制造和使用经验已日趋丰富。迄今为止，战斗机使用的复合材料占所用材料总量的 30%左右，新一代战斗机将达到 40%；直升机和小型飞机复合材料用量将达到 70%~80%，甚至出现全复合材料飞机。“科曼奇”直升机的机身有 70% 是由复合材料制成的，但仍计划通过减轻机身前下部质量以及将复合材料扩大到配件和轴承中，以使飞机再减轻 15%的质量。“阿帕奇”为了减轻质量，将采用复合材料代替金属机身。

近 10 年来，国内飞机上也较多地使用了复合材料。例如由国内三家科研单位合作开发研制的某歼击机复合材料垂尾壁板，比原铝合金结构轻 21 kg，减重 30%。北京航空制造工程研究所研制并生产的单向碳纤维及其复合材料已用于飞机前机身段、垂直尾翼安定面、机翼、阻力板、整流壁板等构件。由北京航空材料研究院研制的热塑性树脂单向碳纤维预浸料及其复合材料具有优异的抗断裂韧性、耐水性、抗老化性、阻燃性和抗疲劳性能，适合制造飞机主承力构件，可在 120℃下长期工作，已用于飞机起落架舱护板前蒙皮。

国内军用飞机复合材料使用情况如图 1-6 所示。

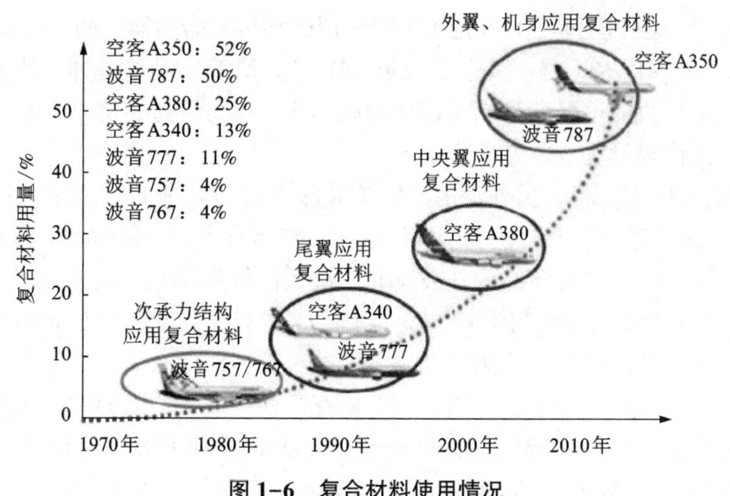

图 1-6　复合材料使用情况

(1)1975—1980 年：我国的第一个复合材料飞机结构部件为 J-12 进气道壁板。

(2)1981—1990 年：开展以刚度设计为主的飞机部件(如垂尾、前机身等)的研究，主要包括 Q-5 和 J-8Ⅱ垂尾、Q-5 前机身等。

(3)1991—2000 年：大批复合材料部件研制成功，包括 J-8Ⅱ机翼、J-10 鸭翼、XX 机雷达罩等。

(4)2001 年—至今：成功研制了与 T300 相当的国产碳纤维，军机上普遍采用碳/双马树脂，通过适航审定的民机复合材料结构已装机试飞。

1.5.2 复合材料在航天领域的应用

复合材料在航天领域的应用，主要包括卫星、宇航器，航天动力系统等方面。

(1)卫星、宇航器

高模量碳纤维质轻，刚性，尺寸稳定性和导热性好，很早就应用于人造卫星结构体、太阳能电池板和天线中。现今的人造卫星上的展开式太阳能电池板多采用碳纤维复合材料制作，而太空站和天地往返运输系统上的一些关键部件也往往采用碳纤维复合材料作为主要材料。

碳纤维增强树脂基复合材料用于制作航天飞机舱门、机械臂和压力容器等。发现号航天飞机的热瓦，十分关键，可以保证其安全地重复飞行。这类材料一共有 8 种：低温重复使用表面绝热材料；高温重复使用表面绝热材料；柔性重复使用表面绝热材料；高级柔性重复使用表面绝热材料；高温耐熔纤维复合材料；增强碳/碳材料；金属；二氧化硅织物。其中增强碳/碳材料最为关键，它可以使航天飞机承受大气层所经受的最高温度 1700℃。

(2)航天动力系统

①结构复合材料。以高性能碳(石墨)纤维复合材料为典型代表的先进复合材料作为结构、功能或结构/功能一体化构件材料，在导弹、运载火箭和卫星飞行器上发挥着不可替代的作用，其应用水平和规模已关系到武器装备的跨越式提升和型号研制的成败。碳纤维复合材料主要应用于导弹弹头、弹体箭体和发动机壳体的结构部件和卫星主体结构承力件上，C/C 和碳/酚醛是弹头端头和发动机喷管喉衬及耐烧蚀部件等重要防热材料，在三叉戟等战略导弹上均已成熟应用，国外固体发动机壳体主要采用碳纤维复合材料，如三叉戟-2 导弹、战斧式巡航导弹、大力神-4 火箭、阿里安-2 火箭、M-5 火箭等发动机壳体，其中使用量最大的是赫克里斯公司生产的抗拉强度为 5.3 GPa 的碳纤维，性能最高的是 T-800 纤维，其抗拉强度为 5.65 GPa、弹性模量为 300 GPa。

②结构/功能一体化材料。国外动力系统喷管部件已趋向全 C/C 化，入口段与喉衬采用整体式多维 C/C 编织物，出口锥用 C/C 材料或炭布带缠绕制成，延伸喷管技术相当成熟。喉衬材料方面，国外高性能惯性顶级固体发动机、星系固体发动机、战略导弹固体发动机，几乎全部采用 3D、4D C/C 复合材料喉衬。C/C 主要应用于宇航发动机及战略导弹上面级发动机。国内固体发动机壳体已成功采用玻璃纤维及芳纶纤维。

国内在轻质复合材料应用上也开展了相关研究。西安航天复合材料研究所及哈尔滨玻璃钢制品研究所进行了某型号导弹发射筒的研制，成功地进行了多种地面试验及实弹发射考核。在飞航导弹复合材料发射筒研制方面，航天科工集团三院研制了长 5.45 m，内径 502 mm 的导弹贮运发射筒；西安航天复合材料研究所、哈尔滨玻璃钢制品研究所等单位进行了网格结构材料初步应用研究，西安航天复合材料研究所同时针对网格结构缠绕成型的特点，开发了缠绕软件。在结构/功能一体化材料方面，西安航天复合材料研究所于 20 世纪 70

年代末期建立起了 X650 mm 的毡基 C/C 喉衬研制生产线，20 世纪 80 年代初又掌握了 4D C/C 喉衬工艺技术，通过工艺攻关，成功地进行了卫星平台用 50L 碳纤维高压复合材料气瓶缠绕研制工作，已进入正样阶段。此外，西安航天复合材料研究所还成功研制了宇航员生命保障系统用容器和多种环形及异形容器，在上述研究的基础上，相关产品已应用到卫星、运载火箭和军用飞机上(图 1-7)，具有十分重要的意义。

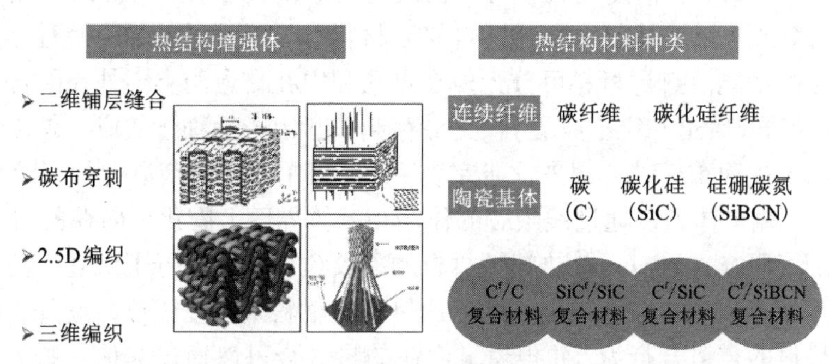

图 1-7　复合材料热结构增强体类型与热结构材料种类

1.6　航空航天新型复合材料的技术及发展

飞行器结构材料和发动机材料的发展都取得了重大的进展。飞行器结构材料的设计标准要求材料在不同的条件下具有适当的机械性能和损伤公差。铝基合金由于其众所周知的力学性能，多年来一直是该领域的主要材料。近年来，与铝基合金相比，由于其优越的力学性能，聚合物基体复合材料的使用有所提升。然而，传统的碳纤维增强聚合物基体复合材料更容易受到应力集中的影响。此外，镁基合金、钢和钛基合金在一些航空航天应用中也面临着一些挑战及限制。飞行器发动机的使用标准要求材料提供适当的机械性能、高温下的密度和耐腐蚀性。在温度为 500~600℃ 的压缩机段，钛基合金是主要材料。镍基超合金是高温(1400~1500℃)汽轮机段的主要材料。

在未来，特定的力学性能和诸如摩擦磨损、腐蚀和应力腐蚀开裂等挑战将是下一代结构材料的开发和选择的主要驱动因素。机身材料将由各种材料主导，如铝基合金、钛基合金、钢和复合材料。机身材料的进一步工作应集中于以下三个主题：①通过各种策略开发具有更高比力学性能的新型金属合金，包括微观结构细化、杂质控制和热机械加工；②开发新的方法，如成分改性、涂层和微观结构控制，以应对金属合金的挑战，包括更有效的预防钛基合金摩擦磨损的方法，更有效的腐蚀、铝基合金、镁基合金和钢的预测和预防方法；③通过纤维选择开发平衡性能更好的新型复合材料，如 MMC 和 PMC 复合材料。飞行器发动机材料的未来趋势集中在如何承受不断上升的发动机温度和保持适当的机械连接上。未来的工作应集中在以下方面：①通过合金化和热机械加工控制相，进一步提高钛基合金的耐高温性；②通过合金化元素，防止高温氧化；③通过揭示优化纤维含量，开发具有更高断裂韧性的先进复合材料。

此外，自洁聚合物和自修复材料在飞行器上具有广泛的应用潜力。自洁的材料可以在自然环境中找到。荷叶就是一个例子。当水倒在这些叶子上，它滚成珠子，带走叶子上的泥土。自清洗材料的作用机理可分为两类。第一个是基于表面的润湿性，第二个是光催化特性。在自清洗材料的疏水表面，当水随着污垢从表面滚动时，材料界面不受极性分子的吸收。光可以被光活性表面捕获，这一过程产生氧化自由基，可以矿化和吸收有机分子。基于这些特性，这种材料可以应用于未来飞机的座椅和地毯的织物上。

除了自洁净材料外，自修复或自愈材料在最近几个领域得到了广泛的研究。自愈材料可以是聚合物、陶瓷或金属基体复合材料。自修复材料可以保护结构的完整性，保持材料在机械损伤和腐蚀后的功能。自愈材料可分为外在自愈和内在自愈两类。外在的自愈依赖于愈合剂，它通过两种容器(管道和微型胶囊)预先储存起来。由于毛细管效应，愈合剂可以通过释放到裂纹平面的方式而重新结合起来。研究表明，环氧单体与溶剂混合的裂纹愈合过程更有效。这是因为，环氧单体可以通过残余胺的作用在基体界面上固化。内在的自愈主要是在人工干预的条件下。研究人员对一些热塑性材料的裂纹愈合行为进行了研究，发现由于玻璃聚合物的纠缠，可以通过在玻璃化转变温度下加热这些材料来恢复强度。此外，研究报道了热固性和热塑性材料的自愈合行为，并报道了内在的自愈合可以通过其他一些方法来实现，如光诱导愈合、可逆键形成愈合和链末端重组。自愈材料有可能用于航空航天工业。含硼的自愈材料能形成三氧化二硼，三氧化二硼可在高温下使基体裂纹密封，故该材料可用于飞机发动机部件。此外，一些自愈材料，如具有优异的抗疲劳性的自愈低玻璃纤维-环氧复合材料，有可能能用于飞机结构上，因为它能够在裂纹生长到失效之前治愈微裂纹。此外，自愈环氧复合材料等自愈材料可以通过涂层保护飞机结构免受腐蚀，因为它们可以在损伤后恢复其保护能力。

习　题

1. 复合材料的基本组成包含哪些？复合材料的主要成型工艺及制备方法是？
2. 复合材料的弹性力学本构方程？
3. 航空与航天如何区分？复合材料在航空与航天领域的主要应用包括哪些？
4. 高超音速飞行器对航空航天新型材料的力学与热物理性能有哪些进一步需求？
5. 如何围绕高超音速飞行器进行热结构设计及防热材料的选取？

第 2 章　航空航天复合材料力学理论基础

复合材料是由两种或两种以上化学、物理性质不同的组分，通过设计、制造并保持原有组分的物理和化学性质且具有特殊性能的材料。复合材料力学是建立在弹性力学、细观力学、结构力学、计算力学等固体力学各分支上，评价复合材料力学性能的一门系统学科。

复合材料当前具备轻量化、高力学性能的特性，对材料的电磁波屏蔽、透波、热防护等各种功能特性也提出了新的要求，涉及多物理性能耦合且呈现多学科交叉的发展趋势。同时，随着材料组分的优化与提升，纳米尺度增强相也大量涌现，复合材料力学理论分析现已涵盖传统的连续介质框架内固体力学，还涉及分子动力学、第一性原理等方面的知识。

航空航天复合材料是指在航空航天的极端热环境下使用的对轻量化、力学性能以及其他功能特性要求更高的复合材料体系，由于这些特殊要求，材料的力学性能评价和力学性能设计就变得尤为重要，这其中便涉及了航空航天复合材料的力学理论基础知识。

2.1　弹性力学基础

结构有限元分析中的静力分析——弹性力学，包含各向异性弹性力学模型、正交各向异性力学模型、横观各向同性力学模型、各向同性力学模型等。另外，针对复合材料线性热弹性力学理论模型进行了分析。

2.1.1　各向异性弹性力学模型

在外部载荷作用下处于平衡或运动状态的连续弹性体，称为各向异性弹性力学模型。由载荷引起的内力集度称为应力，物体中任意一点的应力状态用应力分量表示，采用正交坐标系，取三个互相正交的平面，其法线分别平行于三个坐标轴。对于直角坐标系，正交平面上的应力分布如式(2-1)所示：

$$\sigma = \begin{bmatrix} \sigma_x & \tau_{xy} & \tau_{yz} \\ \tau_{yx} & \sigma_y & \tau_{yz} \\ \tau_{zx} & \tau_{zy} & \sigma_z \end{bmatrix} \tag{2-1}$$

应力有 6 个分量，分别为：σ_x，σ_y，σ_z，τ_{xy}，τ_{xz}，τ_{yz}，其中 $\tau_{xy}=\tau_{yx}$，$\tau_{yz}=\tau_{zy}$，$\tau_{xz}=\tau_{zx}$。

相应地，连续弹性体在外载作用下发生变形，任意一点的应变状态用应变分量表示，则应变张量如式(2-2)所示：

$$\varepsilon = \begin{bmatrix} \varepsilon_x & \varepsilon_{xy} & \varepsilon_{xz} \\ \varepsilon_{yx} & \varepsilon_y & \varepsilon_{yz} \\ \varepsilon_{zx} & \varepsilon_{zy} & \varepsilon_z \end{bmatrix} \tag{2-2}$$

应变有 6 个分量，分别为：ε_x，ε_y，ε_z，ε_{xy}，ε_{xz}，ε_{yz}，其中 $\varepsilon_{xy}=\varepsilon_{yx}$，$\varepsilon_{yz}=\varepsilon_{zy}$，$\varepsilon_{xz}=\varepsilon_{zx}$。

应力与应变关系式为：

$$\begin{bmatrix}\sigma_1\\\sigma_2\\\sigma_3\\\sigma_4\\\sigma_5\\\sigma_6\end{bmatrix}=\begin{bmatrix}C_{11}&C_{12}&C_{13}&C_{14}&C_{15}&C_{16}\\C_{21}&C_{22}&C_{23}&C_{24}&C_{25}&C_{26}\\C_{31}&C_{32}&C_{33}&C_{34}&C_{35}&C_{36}\\C_{41}&C_{42}&C_{43}&C_{44}&C_{45}&C_{46}\\C_{51}&C_{52}&C_{53}&C_{54}&C_{55}&C_{56}\\C_{61}&C_{62}&C_{63}&C_{64}&C_{65}&C_{66}\end{bmatrix}\begin{bmatrix}\varepsilon_{11}\\\varepsilon_{22}\\\varepsilon_{33}\\\gamma_{23}\\\gamma_{31}\\\gamma_{12}\end{bmatrix} \tag{2-3}$$

用矩阵符号表示为 $\sigma_{ij}=\boldsymbol{C}_{ij}\varepsilon_{ij}$，其中系数矩阵 $\boldsymbol{C}_{ij}$ 为弹性矩阵，有对称性，也称为刚度系数矩阵。同时，倘若用应力分量表示应变分量，应力与应变关系的表达式为：

$$\begin{bmatrix}\varepsilon_{11}\\\varepsilon_{22}\\\varepsilon_{33}\\\gamma_{23}\\\gamma_{31}\\\gamma_{12}\end{bmatrix}=\begin{bmatrix}S_{11}&S_{12}&S_{13}&S_{14}&S_{15}&S_{16}\\S_{21}&S_{22}&S_{23}&S_{24}&S_{25}&S_{26}\\S_{31}&S_{32}&S_{33}&S_{34}&S_{35}&S_{36}\\S_{41}&S_{42}&S_{43}&S_{44}&S_{45}&S_{46}\\S_{51}&S_{52}&S_{53}&S_{54}&S_{55}&S_{56}\\S_{61}&S_{62}&S_{63}&S_{64}&S_{65}&S_{66}\end{bmatrix}\begin{bmatrix}\sigma_{11}\\\sigma_{22}\\\sigma_{33}\\\sigma_{23}\\\sigma_{31}\\\sigma_{12}\end{bmatrix} \tag{2-4}$$

此时，用矩阵符号表示为 $\varepsilon_{ij}=S_{ij}\sigma_{ij}$，其中 S_{ij} 为柔度系数，$\boldsymbol{S}$ 为柔度矩阵，柔度矩阵为刚度矩阵的逆矩阵，S_{ij} 具有对称性。对均质材料来说，柔度矩阵和刚度矩阵均可认为是弹性常数。

2.1.2 正交各向异性力学模型

工程复合材料具有对称的内部结构，具有弹性对称性。此外，如果材料内部每一点都有这样一个平面，在这个平面的对称点上弹性性能相同，这样的材料将具有一个弹性对称平面。如果一个材料具有三个正交的弹性对称面，即存在 3 个正交的弹性主轴，只有 9 个独立的刚度系数，则这种材料称为正交各向异性材料。

对于正交各向异性，材料的刚度系数满足：

$$C_{14}=C_{16}=C_{24}=C_{26}=C_{34}=C_{36}=C_{45}=C_{56}=0 \tag{2-5}$$

刚度矩阵 $\boldsymbol{C}$ 和柔度矩阵 $\boldsymbol{S}$ 分别为：

$$\boldsymbol{C}=\begin{bmatrix}C_{11}&C_{12}&C_{13}&0&0&0\\C_{21}&C_{22}&C_{23}&0&0&0\\C_{31}&C_{32}&C_{33}&0&0&0\\0&0&0&C_{44}&0&0\\0&0&0&0&C_{55}&0\\0&0&0&0&0&C_{66}\end{bmatrix} \tag{2-6}$$

$$S=\begin{bmatrix} S_{11} & S_{12} & S_{13} & 0 & 0 & 0 \\ S_{21} & S_{22} & S_{23} & 0 & 0 & 0 \\ S_{31} & S_{32} & S_{33} & 0 & 0 & 0 \\ 0 & 0 & 0 & S_{44} & 0 & 0 \\ 0 & 0 & 0 & 0 & S_{55} & 0 \\ 0 & 0 & 0 & 0 & 0 & S_{66} \end{bmatrix} \tag{2-7}$$

若将坐标方向作为弹性主方向，则正应力只会引起线应变，剪应力只会引起剪应变，两者互补耦合，即正应力不引起剪应变，剪应力也不引起线应变。

2.1.3　横观各向同性力学模型

某一平面内的各方向弹性性质相同，这个面称为各向同性面，而垂直此面方向的力学性质是不同的，具有这种性质的物体称为横观各向同性体。横观各向同性材料具有一个各向同性的弹性性能对称面，在此平面内，坐标系绕着法向轴旋转，应力应变具有相同的关系，弹性张量保持不变。横观各向同性的材料的刚度矩阵和柔度矩阵分别为：

$$C=\begin{bmatrix} C_{11} & C_{12} & C_{13} & 0 & 0 & 0 \\ C_{12} & C_{11} & C_{13} & 0 & 0 & 0 \\ C_{13} & C_{13} & C_{33} & 0 & 0 & 0 \\ 0 & 0 & 0 & C_{44} & 0 & 0 \\ 0 & 0 & 0 & 0 & C_{44} & 0 \\ 0 & 0 & 0 & 0 & 0 & \frac{1}{2}(C_{11}-C_{12}) \end{bmatrix} \tag{2-8}$$

$$S=\begin{bmatrix} S_{11} & S_{12} & S_{13} & 0 & 0 & 0 \\ S_{12} & S_{11} & S_{13} & 0 & 0 & 0 \\ S_{13} & S_{13} & S_{33} & 0 & 0 & 0 \\ 0 & 0 & 0 & S_{44} & 0 & 0 \\ 0 & 0 & 0 & 0 & S_{44} & 0 \\ 0 & 0 & 0 & 0 & 0 & 2(S_{11}-S_{12}) \end{bmatrix} \tag{2-9}$$

因此，$\boldsymbol{C}$ 和 $\boldsymbol{S}$ 均只有 5 个独立系数，分别为 C_{11}、C_{12}、C_{13}、C_{33}、C_{44} 和 S_{11}、S_{12}、S_{13}、S_{33}、S_{44}。

2.1.4　各向同性力学模型

若各向同性材料中每一点在任意方向上的弹性特性都相同，则刚度、柔度系数满足：

$$C_{11}=C_{22}=C_{33}$$

$$C_{12}=C_{13}=C_{23}$$

$$C_{44}=C_{55}=C_{66}=\frac{1}{2}(C_{11}-C_{12})$$

$$S_{11}=S_{22}=S_{33}$$

$$S_{12} = S_{13} = S_{23}$$

$$S_{44} = S_{55} = S_{66} = 2(S_{11} - S_{12}) \tag{2-10}$$

此时，各向同性材料中的独立的刚度系数和柔度系数只有 2 个，这与各向同性材料广义胡克定律中只有 2 个独立弹性常数的结论完全一致，且各向同性材料的刚度和柔度矩阵分别为：

$$\boldsymbol{C} = \begin{bmatrix} C_{11} & C_{12} & C_{12} & 0 & 0 & 0 \\ C_{12} & C_{11} & C_{12} & 0 & 0 & 0 \\ C_{12} & C_{12} & C_{11} & 0 & 0 & 0 \\ 0 & 0 & 0 & \frac{1}{2}(C_{11} - C_{12}) & 0 & 0 \\ 0 & 0 & 0 & 0 & \frac{1}{2}(C_{11} - C_{12}) & 0 \\ 0 & 0 & 0 & 0 & 0 & \frac{1}{2}(C_{11} - C_{12}) \end{bmatrix} \tag{2-11}$$

$$\boldsymbol{S} = \begin{bmatrix} S_{11} & S_{12} & S_{12} & 0 & 0 & 0 \\ S_{12} & S_{11} & S_{12} & 0 & 0 & 0 \\ S_{12} & S_{12} & S_{11} & 0 & 0 & 0 \\ 0 & 0 & 0 & 2(S_{11} - S_{12}) & 0 & 0 \\ 0 & 0 & 0 & 0 & 2(S_{11} - S_{12}) & 0 \\ 0 & 0 & 0 & 0 & 0 & 2(S_{11} - S_{12}) \end{bmatrix} \tag{2-12}$$

2.1.5 各模型应力应变关系分析

弹性力学中几个基本假设：连续性、均匀性、线弹性、小变形、各向同性和无初始应力。通过平衡微分方程、几何微分方程、本构关系方程以及边界条件，能够建立起弹性力学的基本框架。

复合材料力学分析基本符合弹性力学的各项假设，最大的不同在于复合材料一般是各向异性的，当然也存在一些不均匀、不连续，甚至是非线性的复合材料。

刚度矩阵是应变通过线性变换到应力，柔度矩阵是应力通过线性变换到应变；这是线性本构框架下的理论分析，对于材料非线性的问题，暂不做讨论。

刚度矩阵和柔度矩阵是对称矩阵。因此，对于一般情况而言，即完全各向异性的材料，有 21 个独立变量(表 2-1)。当存在一个对称面时，即对于单对称(单斜体)材料，有 13 个独立变量。当存在两个正交对称面时，第三个正交面也是对称的，即为正交各向异性材料，也是我们这里讨论的重点，有 9 个独立变量；此时，正应力与剪应变之间没有耦合，剪应力与正应变之间没有耦合，不同平面内的剪应力和剪应变之间也没有相互作用。当垂直于轴线的平面各向同性时，为横观各向同性材料，有 5 个独立变量。最特殊的情况，也是最常见的材料，为各向同性材料，有 2 个独立变量，一般用拉梅系数、杨氏模量、剪切模量、泊松比等参数描述。

表 2-1　独立变量分析

材料类型	独立常数	非零分量个数（正轴）	非零分量个数（偏轴）	非零分量个数（一般）
三斜轴系	21	36	36	36
单斜轴系	13	20	36	36
正交各向异性	9	12	20	36
横观各向同性	5	12	20	36
各向同性	2	12	12	12

2.1.6　线性热弹性力学理论模型

根据线性热弹性理论，应变与应力关系的表达式为：

$$\begin{cases}\varepsilon_x = \dfrac{\partial u}{\partial x} = \dfrac{1}{E}[\sigma_x - \mu(\sigma_y + \sigma_z)] + \alpha(T)\Delta T \\ \varepsilon_y = \dfrac{\partial v}{\partial y} = \dfrac{1}{E}[\sigma_y - \mu(\sigma_z + \sigma_x)] + \alpha(T)\Delta T \\ \varepsilon_z = \dfrac{\partial w}{\partial z} = \dfrac{1}{E}[\sigma_z - \mu(\sigma_x + \sigma_y)] + \alpha(T)\Delta T \end{cases} \tag{2-13}$$

$$\gamma_{xy} = \frac{\tau_{xy}}{G},\ \gamma_{yz} = \frac{\tau_{yz}}{G},\ \gamma_{zx} = \frac{\tau_{zx}}{G} \tag{2-14}$$

式中：σ_x、σ_y 和 σ_z 为应力分量；ε_x、ε_y 和 ε_z 为应变；γ_{xy}、γ_{yz} 和 γ_{zx} 为剪应变；u、v 和 w 为位移分量；α 为热膨胀系数；T 为温度；ΔT 为温度差；E 为弹性模量；G 为剪切模量；μ 为泊松比。

热弹性平衡微分方程为：

$$\begin{cases}\dfrac{\partial \sigma_x}{\partial x} + \dfrac{\partial \tau_{xy}}{\partial y} + \dfrac{\partial \tau_{xz}}{\partial z} = 0 \\ \dfrac{\partial \sigma_y}{\partial y} + \dfrac{\partial \tau_{yz}}{\partial z} + \dfrac{\partial \tau_{xy}}{\partial x} = 0 \\ \dfrac{\partial \sigma_z}{\partial z} + \dfrac{\partial \tau_{xz}}{\partial x} + z = 0 \end{cases} \tag{2-15}$$

式中：τ_{xy}、τ_{yz} 和 τ_{xz} 分别为对应于 γ_{xy}、γ_{yz} 和 γ_{zx} 的剪切应力。

应力、应变、初应变及节点位移之间关系的有限元方程可表示为：

$$\begin{cases}\boldsymbol{u} = \boldsymbol{N}\boldsymbol{q}^{\mathrm{e}} \\ \boldsymbol{\varepsilon} = \boldsymbol{B}\boldsymbol{q}^{\mathrm{e}} \\ \boldsymbol{\sigma} = \boldsymbol{B}\boldsymbol{q}^{\mathrm{e}}\boldsymbol{D} - \boldsymbol{D}\boldsymbol{\varepsilon}_0 \end{cases} \tag{2-16}$$

式中：$\boldsymbol{\sigma}$ 为应力；$\boldsymbol{\varepsilon}_0$ 为初应变（$\varepsilon_0 = 0$）；$\boldsymbol{B}$ 为几何矩阵；$\boldsymbol{D}$ 为弹性矩阵；$\boldsymbol{N}$ 为形状函数矩阵；$\boldsymbol{q}^{\mathrm{e}}$ 为节点位移向量。

整体刚度矩阵与整体节点载荷的关系式为：

$$\boldsymbol{K\delta} = \boldsymbol{R} \tag{2-17}$$

式中：$\boldsymbol{K}$ 为整体刚度矩阵，由单元刚度矩阵按整体节点编号叠加而成；$\boldsymbol{R}$ 为整体节点载荷向量，由各单元所受外载荷向量叠加而成；$\boldsymbol{\delta}$ 为整体节点的位移列向量。

2.2 复合材料力学理论

2.2.1 宏观力学分析

复合材料宏观力学的建立原则是：假定复合材料是均匀的，不考虑复合材料中各组分的受力情况，只考虑复合材料整体的平均性能表现，继而研究复合材料整体的宏观力学性能。根据这种假设，由于不考虑纤维束与基体的具体区别，把纤维束与基体组成的单层复合材料看成均匀的各向异性材料，然后测量单层材料的刚度和强度，并将其平均力学性能作为该单层材料的材料特性，用此来分析单层和叠层材料的力学性质，此方法得到的结果与实际相符。对复合材料进行宏观力学分析时，必须要获得单层材料的弹性常数、强度等宏观力学性能参数。然而在实际研究中，这些宏观力学参数一般需通过实验测定或通过细观力学分析获得。

2.2.2 细观力学分析

纤维增强复合材料在不同方向上的力学性能是不同的。不同的纤维体积含量，不同的编织角，不同的编制结构，不同的铺层方式，都会影响编织复合材料的宏观性能，此时将细观力学应用到了复合材料的分析当中，这对于提高复合材料的性能及结构设计起到了至关重要的作用。

复合材料细观力学是指从细观角度考虑材料中各组分之间的关系来研究复合材料的宏观性能。对于编织复合材料，纤维束和树脂是其基本的组成单元。如果明确纤维束与树脂的力学性能、纤维束的尺寸以及排布形式以及纤维束与树脂的相互作用，就可以运用复合材料力学知识来分析其整体结构的宏观性能，由于编织结构中的纤维排布具有周期性，因此可以选取一个能够代表整体结构的单元体。对选取的单元体进行简化，就可得到所需要的周期性的单胞模型，继而使用材料力学或弹性力学对单胞模型进行分析，推导复合材料的宏观性能。通过此分析，则可对不同编织形式的力学性能进行预测。然而由于复合材料细观结构的复杂性，目前只能对单层复合材料简单应力状态下的力学性能进行分析。

单层复合材料：复合材料宏观力学主要围绕层合板展开，而单层板是层合板的特殊情况，也是层合的基本组成单元。

(1)单层板的应力-应变

平面应力问题针对很薄(厚度尺寸远小于长宽尺寸)的等厚度板(图 2-1)，并且只在板边上受有平行于板面并且不沿厚度变化的面力，体力也平行于板面

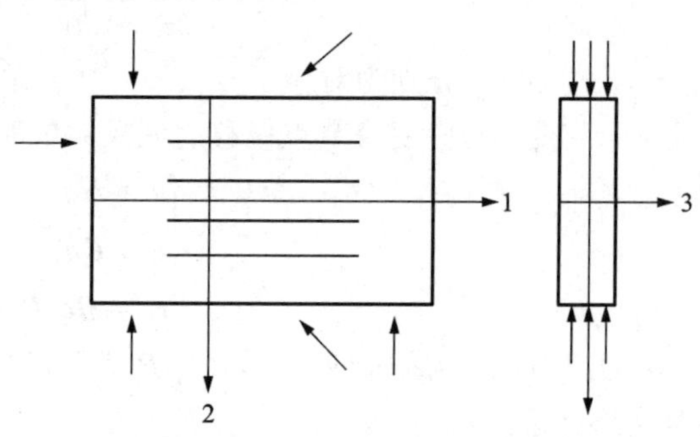

图 2-1 单层板应力分布简化图

且不沿厚度变化，因此近似认为：

$$\left.\begin{aligned}&\sigma_3=0\\&\tau_{23}=\tau_{32}=\sigma_4=0\\&\sigma_1,\ \sigma_2,\ \tau_{12}=\tau_{21}=\sigma_6\neq 0\\&\gamma_{23}=\gamma_{32}=2\varepsilon_4=0\\&\gamma_{13}=\gamma_{31}=2\varepsilon_5=0\\&\varepsilon_1,\ \varepsilon_2,\ \varepsilon_3,\ \gamma_{12}\neq 0\end{aligned}\right\}\tag{2-18}$$

对于正交各向异性材料，其主方向的本构关系[柔度矩阵形式见式(2-19)]为：

$$\begin{Bmatrix}\varepsilon_1\\\varepsilon_2\\\gamma_{12}\end{Bmatrix}==\begin{bmatrix}S_{11}&S_{12}&0\\S_{12}&S_{22}&0\\0&0&S_{66}\end{bmatrix}\begin{Bmatrix}\sigma_1\\\sigma_2\\\tau_{12}\end{Bmatrix}==\begin{bmatrix}\dfrac{1}{E_1}&-\dfrac{\nu_{12}}{E_2}&0\\-\dfrac{\nu_{21}}{E_1}&\dfrac{1}{E_2}&0\\0&0&\dfrac{1}{G_{12}}\end{bmatrix}\begin{Bmatrix}\varepsilon_1\\\varepsilon_2\\\gamma_{12}\end{Bmatrix}=S\sigma\tag{2-19}$$

刚度矩阵与柔度矩阵互逆，则刚度矩阵形式为：

$$\begin{Bmatrix}\sigma_1\\\sigma_2\\\tau_{12}\end{Bmatrix}=\begin{bmatrix}C_{11}&C_{12}&0\\C_{12}&C_{22}&0\\0&0&C_{66}\end{bmatrix}\begin{Bmatrix}\varepsilon_1\\\varepsilon_2\\\gamma_{12}\end{Bmatrix}=\begin{bmatrix}\dfrac{E_2}{1-\nu_{12}\nu_{21}}&\dfrac{\nu_{21}E_1}{1-\nu_{12}\nu_{21}}&0\\\dfrac{\nu_{12}E_2}{1-\nu_{12}\nu_{21}}&\dfrac{E_2}{1-\nu_{12}\nu_{21}}&0\\0&0&G_{12}\end{bmatrix}\begin{Bmatrix}\varepsilon_1\\\varepsilon_2\\\gamma_{12}\end{Bmatrix}=C\varepsilon\tag{2-20}$$

对于正交各向异性材料，存在 4 个独立的工程参数。

倘若作为完整的矩阵处理(即考虑平面外的第三个方向)，则对柔度矩阵求逆会得到稍微有些不同的刚度矩阵 $\boldsymbol{C}$；矩阵 $\boldsymbol{C}$ 会略大于 $\boldsymbol{Q}$，这是由于平面应力的处理方式不一样；因此，$\boldsymbol{Q}$ 在一些场合被称为折减刚度矩阵。

(2)单层板任意方向的应力-应变

前面讨论了材料主方向的应力-应变；而实际复合材料应用过程中，由于复合材料不是各向同性的，多层板之间存在不同方向的铺层，并且并不总能和多层板的全局坐标方向一致；因此，我们需要先讨论单层板在任意方向的应力-应变关系(图 2-2)。

值得注意的是，在偏轴状态下，拉伸会引起剪切变形；并且不同的铺层角度，会引起不同方向刚度的不同，即各向异性弹性模量是随着角度变化的；材料性能的极值也并不一定发生在材料的主方向上。

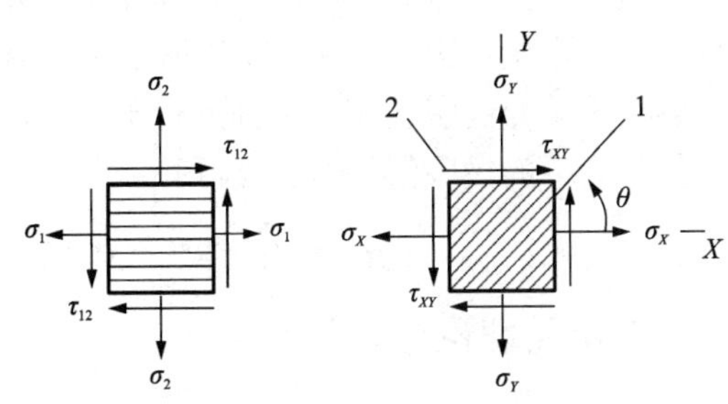

图 2-2　单层板任意方向的应力-应变简化图

(3)正交各向异性单层板的强度理论

材料在外力作用下，会发生变形，这就是上述讨论的刚度相关问题；而当外力不断变大时，材料的变形能力不是无限的，当达到材料某些极限时，材料可能发生塑性变形，或者是脆断，这就是强度理论所讨论的范畴；强度破坏是结构的主要失效形式之一。

材料通常有两种破坏形式：

①脆性破坏：材料没有明显的塑性阶段，完整的破坏过程为弹性-断裂；

②塑性破坏：材料有明显的塑性行为，完整的破坏过程为弹性-塑性-断裂。

材料破坏机理是十分复杂的。在单向应力状态下，可以通过简单的拉伸或压缩试验，获取判断材料破坏的准则；但在二向或三向应力状态下，材料受力状态复杂，无法通过有限的试验对各种工况下的状态进行预测。然而，人们在工程中，需要对材料或结构的强度失效进行预测；因此，对于材料的破坏机理，或者破坏判断的准则，提出了多种假设，这些相关的论述就是强度理论。

宏观上的强度理论不涉及材料的破坏形式、过程和机理，是一种唯象学；不同的强度理论只能预测某类问题，并不能解释所有的材料破坏问题，强度理论只是一种假说。

将围绕常用的强度理论开展讨论，通常针对各向同性材料而言；这几种强度理论可以用单向应力状态的试验结果建立复杂应力状态的强度条件，也就是材料力学中所说四种强度理论。该理论认为，无论是简单或者复杂的应力状态，引起失效的因素是相同的，造成失效的原因与应力状态无关(尽管实际上是有关的)，因此我们可以用单向应力状态的试验结果，建立复杂应力状态的强度条件。

(1)第一强度理论为最大正应力理论，通常适用于脆性材料。该理论认为，无论什么应力状态，只要材料的最大正应力超过了强度极限，即认为材料失效[式(2-21)]。

$$\sigma_1 \leqslant [\sigma],\ [\sigma_3] \leqslant [\sigma] \tag{2-21}$$

(2)第二强度理论为最大正应变理论，仅适用于少数脆性材料，应用较少。该理论认为，无论什么应力状态，只要材料的最大正应变超过了应变极限，即认为材料失效[式(2-22)]。

$$\varepsilon_1 \leqslant [\varepsilon],\ [\varepsilon_3] \leqslant [\varepsilon] \tag{2-22}$$

(3)第三强度理论为最大剪应力理论，通常适用于塑性材料，其应用广泛。该理论认为，无论什么应力状态，只要材料的最大剪应力超过了强度极限，即认为材料失效。而通常许用剪应力为许用正应力的0.5~0.7[式(2-23)]。

$$\tau_{\max} = \frac{\sigma_1 - \sigma_3}{2} \leqslant [\tau] \tag{2-23}$$

(4)第四强度理论为最大畸变能密度理论，适用于绝大多数塑性材料，其应用非常广泛，较第三强度理论更为准确，但形式较为复杂。相比于前三种理论，第四强度理论考虑了复杂应力状态。该理论认为，形状改变比能是引起材料失效的主要原因，无论什么应力状态，只要材料的最大畸变能密度超过了强度极限，即认为材料失效；而这里的强度极限一般指的是单向应力状态下的极限值[式(2-24)]。

$$\sqrt{\sigma_1^2 + \sigma_2^2 + \sigma_3^2 - \sigma_1\sigma_2 - \sigma_2\sigma_3 - \sigma_3\sigma_1} \leqslant [\sigma] \tag{2-24}$$

2.2.3 有限元理论分析法

有限元分析(finite element analysis, FEA)就是使用一种称为有限元法数值方法解偏微分方程，继而对复合材料进行模拟的分析方法，其利用简单却相互作用的元素(即网格单元)，模拟出物理现象的变化过程。

作为柔性传感器基体的聚二甲基硅氧烷(PDMS)，是一种超弹性材料，其应力-应变关系由应变能密度函数导出，而其应变能密度函数由本构模型定义。接下来将主要对超弹性理论进行分析，选择合适的本构模型及参数，为柔性传感器基体选择合理的本构有限元模型。

在有限元分析中，常会遇到如橡胶、生物组织等材料。由于这些材料有着诸如大弹性变形、不可压缩性、黏弹性等同其他材料有着巨大区别的力学性能，这些材料统称为超弹性材料，并将描述这类材料的力学模型称之为超弹性模型。超弹性材料在航空航天、航海以及土木工程等领域中应用得非常多，这也导致了有大量的研究人员对其进行分析与研究，从而建立了许多历经实际工程应用和验证的超弹性本构模型。

目前根据是否对材料内部的微观物理原理进行探究，而主要将超弹性本构模型分为两种，一种是探究超弹性材料内在微观物理原理的分子链网络模型，另一种是不探究超弹性材料内在微观物理原理而直接通过试验结果进行总结规律的唯象模型。

(1)连续介质力学唯象模型

根据连续介质力学，若弹性材料为各向同性体，则应变能函数 W 可用三个应变不变量 I_1、I_2、I_3 表示，即

$$W(E) = W(I_1, I_2, I_3) \tag{2-25}$$

式中：E 为 Green 应变，如式(2-25)所示，由左、右 Cauchy-Green 变形张量 B 和 C 可以得到三个应变不变量，即

$$\left.\begin{aligned} I_1 &= \mathrm{tr}B = \mathrm{tr}C \\ I_2 &= \frac{1}{2}(I_1^2 - \mathrm{tr}B^2) = \frac{1}{2}(I_1^2 - \mathrm{tr}C^2) \\ I_3 &= \det B = \det C = \frac{1}{6}(I_1^2 - 3I_1\mathrm{tr}B^2 + 2\mathrm{tr}B^2) \end{aligned}\right\} \tag{2-26}$$

式中：R_0 表示最初时刻的物质形状，称为“参考构型”；R 表示 t 时刻的形状，称为“当前构型”，由运动产生变化。X 为最初时刻 R_0 上各点的坐标，称为“物质坐标”，x 为 R 上各点坐标，称为“空间坐标”。引入形变梯度张量 F，形变梯度张量描述的是从参考构型到当前构型的变化，即当前构型上，空间坐标对物质坐标的导数，它联系着当前点与参考点，故也称为两点张量[式(2-27)]，即：

$$\begin{gathered} F = \frac{\partial x}{\partial X} = x\,\nabla \\ F = \begin{pmatrix} x \\ y \\ z \end{pmatrix}\begin{pmatrix} \dfrac{\partial}{\partial x} & \dfrac{\partial}{\partial y} & \dfrac{\partial}{\partial z} \end{pmatrix} = \begin{pmatrix} \dfrac{\partial x}{\partial X} & \dfrac{\partial x}{\partial Y} & \dfrac{\partial x}{\partial Z} \\ \dfrac{\partial y}{\partial X} & \dfrac{\partial y}{\partial Y} & \dfrac{\partial y}{\partial Z} \\ \dfrac{\partial z}{\partial X} & \dfrac{\partial z}{\partial Y} & \dfrac{\partial z}{\partial Z} \end{pmatrix} \end{gathered} \tag{2-27}$$

从参考构型到当前构型，具体公式如下：

$$\mathrm{d}X = N\mathrm{d}x,\ \mathrm{d}x = n\mathrm{d}s,\ \mathrm{d}x = F\mathrm{d}X,\ n\mathrm{d}x = F\cdot N\mathrm{d}X,\ F\cdot N = \frac{\mathrm{d}x}{\mathrm{d}X}n = \Lambda n \tag{2-28}$$

式中：Λ 为一个代数量，是长度的比值。对于参考构型[式(2-29)]，可表示如下：

$$N \cdot N = 1,\ (\Lambda F^{-1}n)(\Lambda F^{-1}n) = 1,\ n \cdot (F^{-1})^{\mathrm{T}} \cdot (F^{-1}) \cdot n = \Lambda^{-2} \tag{2-29}$$

同理，对于当前构型，有：

$$n \cdot n = 1,\ N \cdot (F)^{\mathrm{T}} \cdot (F) \cdot N = \Lambda^{2} \tag{2-30}$$

故 $\mathrm{d}x$、$\mathrm{d}X$、F 三者之间，只要知道其中两个，就可以求解另一个。

$$B = F \cdot F^{\mathrm{T}},\ C = F^{\mathrm{T}} \cdot F \tag{2-31}$$

而 B、C 分别为左、右 Cauchy-Green 形变张量，则：

$$\Lambda = \sqrt{N \cdot C \cdot N},\ \Lambda^{-1} = \lambda = \sqrt{n \cdot B^{-1} \cdot n} \tag{2-32}$$

应变不变量可以进一步由主伸长率确定：

$$I_1 = \lambda_1^2 + \lambda_2^2 + \lambda_3^2,\ I_2 = \lambda_1^2\lambda_2^2 + \lambda_2^2\lambda_3^2 + \lambda_3^2\lambda_1^2,\ I_3 = \lambda_1^2\lambda_2^2\lambda_3^2 \tag{2-33}$$

式中：λ_1、λ_2、λ_3 分别为 x、y、z 三个方向的主拉伸率。

(2)分子链网络统计模型

在分子链网络统计模型中，由分子链构成的网络结合在一起形成了三维网络整体，此三维网络表示超弹性材料的简化结构。超弹性材料在形变过程中的弹性是由熵变引起的，而超弹性材料的熵变取决于其分子链构象的多少。因此，Treloar 采用高斯统计分布估计构象的量，从而得到了弹性应变能函数，即

$$W_{\mathrm{G}} = \frac{1}{2}nkT(I_1 - 3) \tag{2-34}$$

式中：I_1 为第一应变不变量，且 $I_1=\lambda_1^2+\lambda_2^2+\lambda_3^2$，该模型适用于在小变形的情况下待测物体的超弹性材料。

而当材料承受较大变形时，上述模型将不再适用。因此在大应变情况下，应用较为广泛的是 Arruda 研究出的 8 链网络模型，其模型应变能函数为：

$$W = C_{\mathrm{R}}\sqrt{N}\left[\beta_{\mathrm{c}}\lambda_{\mathrm{c}} + \ln\left(\frac{\beta_{\mathrm{c}}}{\sin h\beta_{\mathrm{c}}}\right)\right] \tag{2-35}$$

式中：$C_{\mathrm{R}}=nkT$、$\beta_{\mathrm{c}}=\mathrm{L}^{-1}(\lambda_{\mathrm{c}}/\sqrt{n})$、$\lambda_{\mathrm{c}}=\sqrt{\lambda_1^2+\lambda_2^2+\lambda_3^2}/3$，而 $\mathrm{L}^{-1}(x)$ 为 Langevin 函数 $\mathrm{L}(x)=\cot h(x)-1/x$ 的反函数。根据上述各种模型求解而得到材料的应变能函数 W 后，可以通过对其应变能函数求偏导，从而得到其应力-应变关系。

(3)Mooney-Rivlin 双参数模型

考虑柔性应变传感器所进行的中等应变，在有限元分析中，对多孔柔性基体使用了 Mooney-Rivlin 本构模型。Mooney-Rivlin 是一个非常经典的模型。它适合于中、小应变的变形，在小应变范围内(0~100%拉伸和 30%压缩)能够较好地表征复合材料的力学行为。

在一个简单剪切变形中，变形梯度张量为 F，则微元 $\mathrm{d}X$ 可由微元 $\mathrm{d}x$ 表示为 $\mathrm{d}X=F\mathrm{d}x$。在如图 2-3 所示的简单剪切变形示意图中，变形单元中任意一点的直角笛卡儿坐标可以写成：

$$x_1 = X_1 + \gamma X_2,\ x_2 = X_2,\ x_3 = X_3 \tag{2-36}$$

γ 为剪切模量，因此由公式(2-36)可知，变形梯度张量 F 可以表示为：

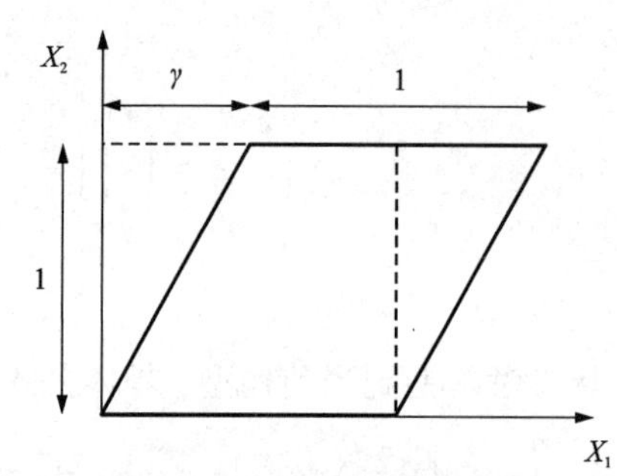

图 2-3　剪切变形简化示意图

$$F = \nabla x = \begin{bmatrix} 1 & \gamma & 0 \\ 0 & 1 & 0 \\ 0 & 0 & 1 \end{bmatrix} \tag{2-37}$$

由公式(2-37)可得左 Cauchy-Green 变形张量 B 为：

$$B = FF^{\mathrm{T}} = \begin{bmatrix} \gamma^2 + 1 & \gamma & 0 \\ 0 & 1 & 0 \\ 0 & 0 & 1 \end{bmatrix} \tag{2-38}$$

因此由公式(2-26)可以得出第一、第二及第三应变不变量 I_1、I_2、I_3 分别为：

$$\left.\begin{aligned} I_1 &= \mathrm{tr}B = \gamma^2 + 3 \\ I_2 &= \frac{1}{2}[(\mathrm{tr}B)^2 - \mathrm{tr}B^2] = \gamma^2 + 3 \\ I_3 &= J = \det B \end{aligned}\right\} \tag{2-39}$$

当考虑一个长方体的不可压缩弹性体材料在一个方向受到压缩应变作用时，根据圣维南原理，假设压缩应变为$-\varepsilon$，那么参考构形的体积为：

$$V = L_1 L_2 L_3 \tag{2-40}$$

当前构形体积为：

$$V = (L_1 + \mathrm{d}L_1)(L_2 + \mathrm{d}L_2)(L_3 + \mathrm{d}L_3) = (L_1 - \varepsilon L_1)(L_2 + L_2\nu\varepsilon)(L_3 + L_3\nu\varepsilon) \tag{2-41}$$

在忽略小应变 ε 的高阶项后，体积比为：

$$J = \frac{V - V_0}{V} = 1 + \varepsilon(2\nu - 1) \tag{2-42}$$

取 $\nu = 0.49$，因此得到 $J = 1$，由此可知超弹性材料表现出的状态为不可压缩，因此 $I_3 = J = 1$，即 I_3 无法对本构模型里的应变能函数造成任何影响。对于不可压缩各向同性超弹性材料，一个合适的应变能函数可以表示为左 Cauchy-Green 张量 B 的一组独立的应变不变式，即

$$W = W[I_1(B), I_2(B)] - \frac{1}{2}p(I_3 - 1) \tag{2-43}$$

$p/2$ 可以被解释为一个不确定的拉格朗日乘数。第二皮奥拉基尔霍夫应力张量为：

$$S = 2\frac{\partial W(C)}{\partial C} \tag{2-44}$$

Cauchy 应力 σ 可以通过 $\sigma = J^{-1}FSF^{\mathrm{T}}$ 以第二皮奥拉基尔霍夫应力张量转化得来。根据左 Cauchy-Green 张量 B，可以用数学运算方法将 Cauchy 应力重写为：

$$\sigma = 2J^{-1}\left[\left(I_2\frac{\partial W}{\partial I_2} + I_3\frac{\partial W}{\partial I_3}\right) + \frac{\partial W}{\partial I_1}B - I_3\frac{\partial W}{\partial I_2}B^{-1}\right] \tag{2-45}$$

将式(2-41)、式(2-42)、式(2-43)和式(2-44)代入式(2-45)，得到剪切应力分量：

$$\sigma_{1,2} = 2\left(\frac{\partial W}{\partial I_1} + \frac{\partial W}{\partial I_2}\right)\gamma \tag{2-46}$$

Mooney 和 Rivlin 观察到橡胶在简单剪切加载条件下的响应是线性的。在此基础上，他们提出了基于前两个不变量的应变能函数，一阶模型表示为：

$$W(I_1, I_2) = C_{10}(I_1 - 3) + C_{01}(I_2 - 3) \tag{2-47}$$

式中：C_{10} 和 C_{01} 为材料参数。

基于实验结果，本书采用 Mooney-Rivlin 超弹性材料本构模型(图 2-4)，将固体结构与多孔结构柔性应变传感器力学性能进行理论模拟对比分析，验证多孔结构的优异性。其结论表明，当石墨烯纳米片含量为 0%～10%时，发现在相同应变下，多孔结构柔性应变传感器的端面载荷一直较小，且其在 100%应变时的最大应力与最小应力皆小于固体结构柔性应变传感器(图 2-5)，显示了多孔结构对柔性应变传感器的力学性能具有优化作用。

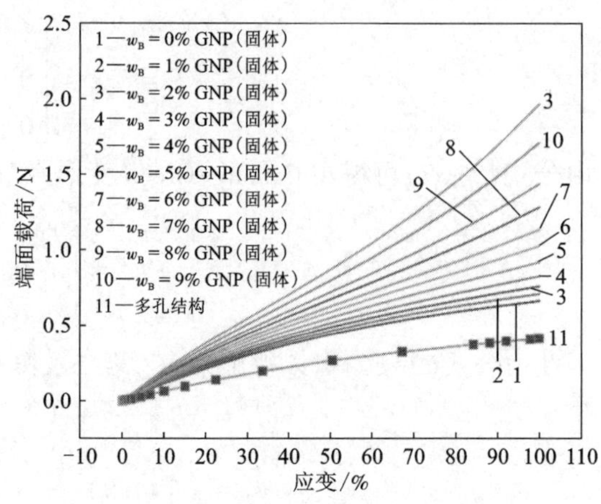

图 2-4 多孔结构基体柔性应变传感器模型在端面的载荷随应变变化的曲线

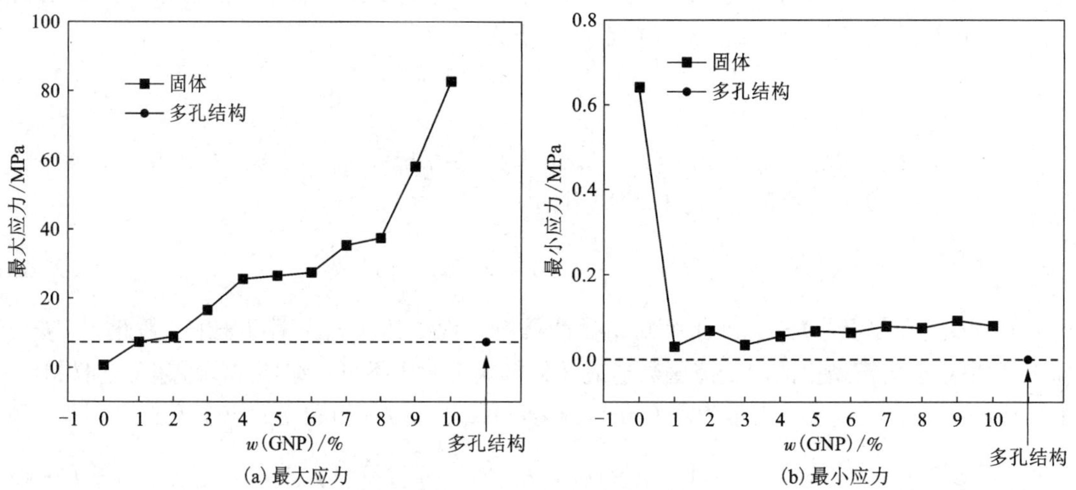

图 2-5 多孔结构及不同浓度 GNPs 的固体结构传感器模型对比

2.2.4 界面力学理论

界面对于应力在基体与增强体之间的传递起着至关重要的作用，界面的力学行为直接影响着复合材料的整体力学性能；另外，纳米增强体的加入能够显著地改善复合材料的界面，从而改善复合材料的力学性能。早期，研究者们提出了理想界面模型，之后为了消除裂纹尖端的应力震荡，又提出了非均匀界面模型，以及界面两侧位移不连续但应力连续的弹簧界面模型。然而，由于基体与增强体界面结构、结合方式等的不同，各类界面问题显现，如界面弹塑性断裂问题、裂纹尖端扩展问题等，因此研究者们不断发展了新的有针对性的界面模型，继而更好地解决界面力学问题。

(1)内聚力模型

内聚力模型(cohesive zone model，CZM)，能定量描述复合材料界面力学行为的本构模型，建立了界面应力与张开位移之间的对应关系，能够很好地模拟出局部界面的脱黏与裂纹扩展等力学行为。然而，CZM 模型需要通过获取试验数据来建立界面应力与位移的关系。

(2)分子动力学模拟

分子动力学(molecular dynamics，MD)对界面力学行为直接进行应力位移数据分析。然而该模拟需要依靠准确的界面原子势函数。

(3)界面裂纹扩展 Rice 模型

Rice 理论模型主要描述了界面裂纹的解理扩展和裂纹尖端位错的发射两种机制，即界面裂纹扩展呈现脆性还是韧性取决于两种机制的竞争。具体表现为：在界面裂纹扩展中，裂纹尖端呈现相当数量的位错发射，当其临界能量释放率小于界面解理断裂能时，位错发射的能量条件先达到，此时裂纹尖端发射的大量位错堆积钝化裂纹尖端，界面裂纹表现为韧性；反之，裂纹表现为脆性扩展(图 2-6)。

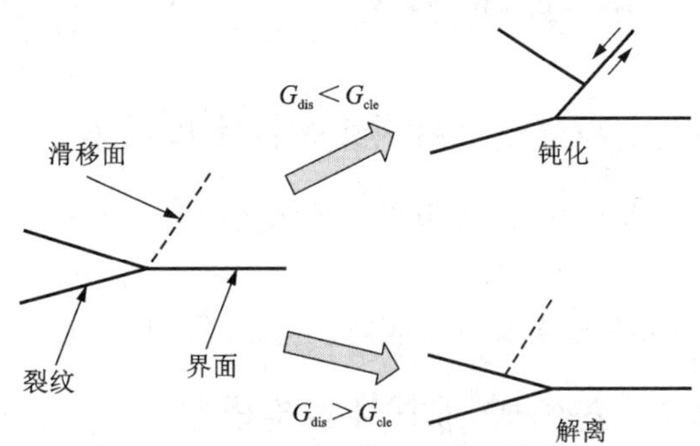

图 2-6　界面裂纹扩展机制示意图

界面裂纹尖端位错发射的临界能量释放率根据 P-N 模型可计算出具体数值。P-N 模型具体为：当位错偏离平衡位置时，必须克服点阵阻力，此时阻力的最大值即为位错产生的临界分切应力 σ_c，此力即为 P-N 力。σ_c 表示的物理意义为位错偏离平衡位置时原子层发生相对移动所需的能量，即错排能。P-N 方程为：

$$\int_{-\infty}^{+\infty}\frac{\frac{\mathrm{d}u(x')}{\mathrm{d}x'}}{x-x'}=\frac{1-\nu}{2}\frac{b}{a}\sin\frac{4\pi u(x)}{b} \tag{2-48}$$

式中：$u(x')$为滑移面内与位错线相距 x'时上层原子相对下层原子产生的位移；ν 为泊松比；a 为原子面的层间距；b 为 $x=-\infty$ 至 $x=+\infty$ 之间的位错柏氏矢量和；当 $\mu(+\infty)=-b/4$，$\mu(-\infty)=b/4$ 时，可求出 $u(x)$，即

$$u(x)=-\frac{b}{2\pi}\tan^{-1}\frac{2(1-\nu)x}{a}=-\frac{b}{2\pi}\tan^{-1}\frac{x}{f} \tag{2-49}$$

式中：$f=\frac{a}{2(1-\nu)}$表示位错半宽。若位错中心移动 αb($\alpha<1$)时，单位长度位错引起的错排能 W 可表示为：

$$W=\frac{\mu b^2}{4\pi(1-\nu)}\left(1+2\mathrm{e}^{-\frac{4\pi f}{b}}\cos 4\pi\alpha\right) \tag{2-50}$$

式中：μ 为剪切模量，当位错移动 αb 时，受到的阻力 F 和最大阻力 F_{max} 分别为：

$$\begin{aligned} F&=-\frac{\partial W}{\partial(\alpha b)}=\frac{2\mu b}{1-\nu}\mathrm{e}^{-\frac{4\pi f}{b}}\sin(4\pi\alpha)\\ F_{max}&=\frac{2\mu b}{1-\nu}\mathrm{e}^{-\frac{4\pi f}{b}} \end{aligned} \tag{2-51}$$

此时 F 呈现周期性，周期为$\frac{\pi}{2\alpha}$，且 $\sin(4\pi\alpha)=1$

$$\sigma_c = \frac{F_{max}}{b} = \frac{2\mu b}{1-\nu}e^{-\frac{4\pi f}{b}} = \frac{2\mu b}{1-\nu}e^{-\frac{2\pi\alpha}{b(1-\nu)}} \tag{2-52}$$

若位错发生移动，外加切应力应大于 F_{max}，$F_{max}=\sigma_c b$，σ_c 此时的物理意义为克服点阵阻力移动单位位错所需的临界切应力(理想晶体中)[式(2-52)]。

2.3 高温固体力学

2.3.1 高温复合材料线弹性本构模型

高温复合材料线弹性本构模型为：

$$\sigma = \varepsilon E \tag{2-53}$$

式中：σ、ε、E 分别为应力、应变、弹性模量。

2.3.2 J-N-M 非线性本构模型

$$E_i = A_i\left[1 - B_i\left(\frac{U}{U_0}\right)^{C_i}\right] \tag{2-54}$$

式中：A_i 为复合材料主轴上的弹性常数。

式(2-54)显示了应力-应变的非线性变化(图 2-7 中的 C 段曲线)。其中 $U=(\sigma_x\varepsilon_x+\sigma_y\varepsilon_y+\sigma_z\varepsilon_z+\tau_{yz}\gamma_{yz}+\tau_{zx}\gamma_{zx}+\tau_{xy}\gamma_{xy})/2$，$E_i$ 为材料的非线性力学性能，通常为泊松比或弹性模量；A_i 为第 i 条应力-应变曲线对应的初始斜率；B_i 为第 i 条应力-应变曲线对应的初始斜率；C_i 为第 i 条应力-应变曲线对应的曲率变化率；U 为应变能量密度；U_0 为 U 的归一化常数。将上述公式进一步变形，有

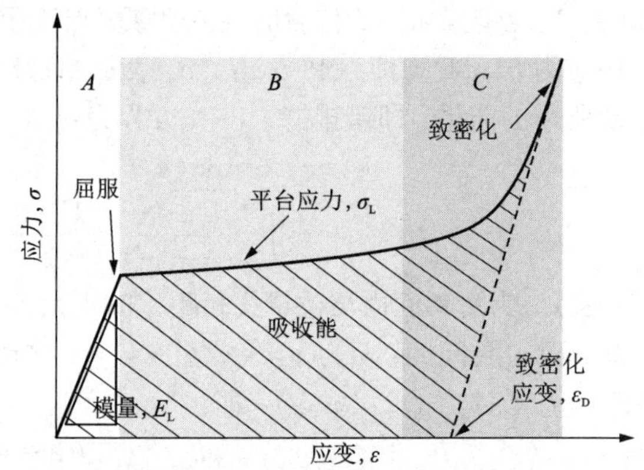

图 2-7　应力-应变曲线

$$1 - E_i/A_i = B_i(U/U_0)^{C_i}$$

$$\ln(1 - E_i/A_i) = \ln B_i + C_i(\ln U - \ln U_0) \tag{2-55}$$

若令 $U_0=1$，$x=\ln U$，$y=\ln(1-E_i/A_i)$，则上述公式可转换为 $y=\ln B_i+C_i x$ 的线性表达式，基于最小二乘法，通过 i 个试验数据点得到相应曲线的 C_i、B_i 值，即

$$B_i = \exp\left[\frac{\sum y}{n} - \frac{1}{n}\left(\sum xC_i\right)\right]$$

$$C_i = \frac{n\sum(xy) - \left(\sum x\right) - \left(\sum y\right)}{n\sum(x^2) - \left(\sum x\right)^2} \tag{2-56}$$

2.3.3　J-N-M 的高温修正理论模型

之前的 J-N-M 模型是建立在室温的基础上，在高温情况下，倘若将材料的弹性模量与温度的关系考虑进去，建立材料的高温本构关系模型，则 J-N-M 的高温修正理论模型为：

$$E(\varepsilon)=\exp(-\beta T)\cdot A_i\cdot\left[1-B_i\left(\frac{U}{U_0}\right)^{c_i}\right] \tag{2-57}$$

式中：$\Delta T=T-25$（即此时的温度与室温之差），β 与 ΔT 近似呈线性关系。则式（2-57）可转换为：

$$E(\varepsilon)=\exp(-a\Delta T-b)\cdot A_i\cdot\left[1-B_i\left(\frac{U}{U_i}\right)^{c_i}\right] \tag{2-58}$$

式中：a、b 可通过试验数据得知。

习　题

1. 复合材料的线弹性力学本构方程是？围绕各向异性弹性力学模型、正交各向异性力学模型、横观各向同性力学模型以及各向同性力学模型，如何进行应力应变分析？

2. 复合材料宏观力学与细观力学有何区别？在解决复合材料具体问题时，如何采用细观力学进行具体的力学性能分析？

3. 复合材料有限元理论模型可以解决哪些力学问题？如何围绕有限元模型来分析复合材料的力学甚至电学方面的性能变化？

4. 新时期界面力学理论的模型有哪些？与先前的界面力学相比，这些模型解决了哪些具体的问题？

5. 如何用高温力学理论模型及其修正模型对实验数据进行对比验证分析？

第3章　航空航天复合材料力热性能试验

随着高超声速飞行器设计速度的大幅度提高，其气动热环境变得越来越严酷。严重的气动加热所产生的高温，会显著降低高超声速飞行器材料的强度极限和飞行器结构的承载能力，使结构产生热变形，破坏部件的气动外形并影响飞行器结构的安全性能。为保证高速飞行器的安全，确认飞行器的材料和结构是否能经得起高速飞行时所产生的热冲击及高温热应力破坏，必须对高速飞行器材料和结构进行气动热模拟试验或热强度试验。模拟飞行器材料和结构在高速飞行时的受热状况，分析热试验过程中飞行器部件的热应力、热变形、结构热膨胀量等参数的变化对飞行器结构强度的影响，并且还需要通过热力耦合的热强度试验来研究高超声速飞行器材料和结构的承载能力、使用寿命以及安全可靠性。

3.1　力学性能试验测定

3.1.1　拉伸强度

(1)常规拉伸强度

$$\sigma_t = P_b/(b \cdot h) \tag{3-1}$$

式中：σ_t 为拉伸强度，MPa；P_b 为试样破坏时的最大载荷值，N；b 为试样宽度，mm；h 为试样厚度(图3-1)，mm。

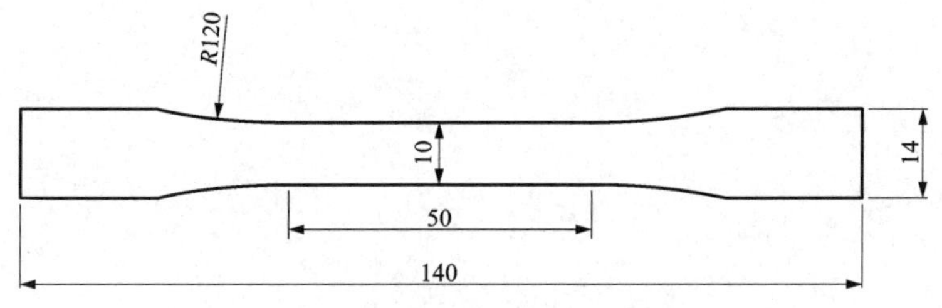

图3-1　拉伸试样的尺寸(单位：mm)

$$E_t = \Delta P \cdot L/(\Delta L \cdot b \cdot h) \tag{3-2}$$

式中：E_t 为拉伸弹性模量，MPa；ΔP 为载荷-变形曲线上初始直线段的载荷增量，N；ΔL 为 ΔP 对应的标距 L 内的变形增量，mm；L 为测量的标距，mm。

$$\mu_{LT} = -\varepsilon_T/\varepsilon_L \tag{3-3}$$

式中：μ_{LT} 为泊松比；ε_T 为与 ΔP 相对应的纵向应变；ε_L 为与 ΔP 相对应的横向应变。

(2)拉伸剪切强度

依据标准(ASTM D3165—07)进行单拉剪切强度测试，测试速率为 2 mm/min。

基于图 3-2 所示的拉伸剪切试样尺寸，拉伸剪切强度可表示为：

$$W = P/F \tag{3-4}$$

式中：W 为拉伸剪切强度，MPa；P 为施加的载荷，N；F 为剪切面积，mm^2。

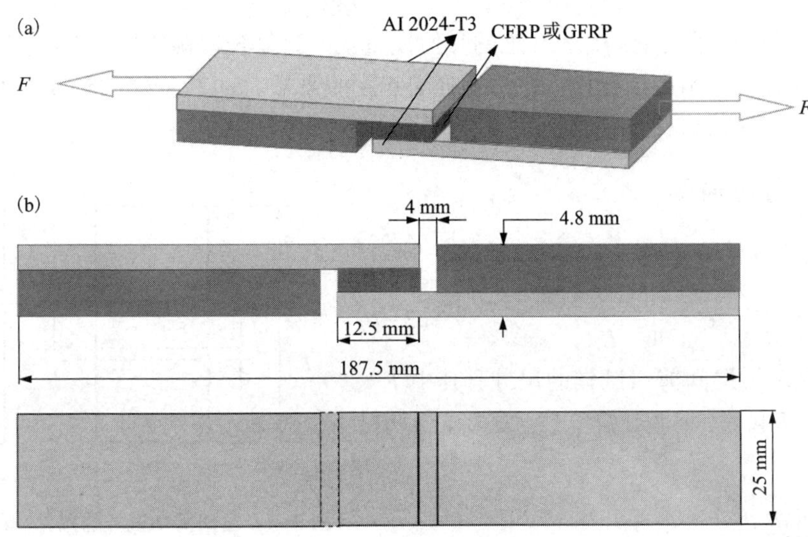

图 3-2　拉伸剪切试样

3.1.2　压缩强度

利用万能试验机对复合材料进行室温压缩性能测试，压缩速率为 0.5 mm/min，样品尺寸为 ϕ5 mm×3 mm(图 3-3)。其压缩强度的计算式为：

$$\sigma = \frac{F_{max}}{W \cdot H} \tag{3-5}$$

式中：F_{max} 为最大压缩载荷；W 为试样宽度；H 为试样的厚度。

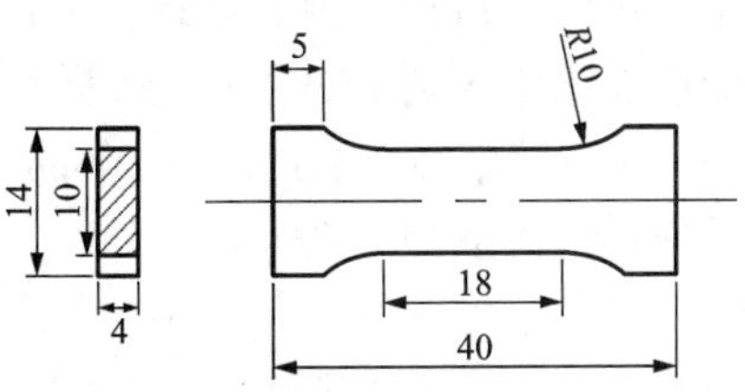

图 3-3　压缩试样的尺寸(单位：mm)

其中，纤维复合材料压缩强度随温度会发生变化，主要归因于材料中的残余应力的影响。残余应力主要是由基体和纤维的热膨胀系数不匹配导致的。基体的热残余应力可通过以下公式计算：

$$\sigma_{rm} = \left(E_m \frac{\Phi_2}{\Phi_1}\right)\left(\frac{E_f}{E_c}\right)\left(\frac{V_f}{1-\nu}\right)(\alpha_f - \alpha_m)(T_t - T_p)$$

$$\Phi_1 = 1 - 0.5\left(\frac{1-2\nu}{1-\nu}\right)\left(1 - \frac{E_c}{E_f}\right) \quad (3-6)$$

$$\Phi_2 = 0.5\left(1 + \frac{E_c}{E_f}\right)$$

式中：E_m 为基体的弹性模量；E_f 为纤维的弹性模量；E_c 为复合材料的弹性模量；V_f 为纤维的体积分数；ν 为复合材料的泊松比；α_f 为纤维的热膨胀系数；α_m 为基体的热膨胀系数；T_t 为实验温度；T_p 为复合材料的制备温度。

3.1.3 层间剪切强度

层间剪切强度计算式为：

$$\sigma = \frac{F_{max}}{W \cdot L} \quad (3-7)$$

图 3-4 显示了层间剪切试样的尺寸，其中 F_{max} 为最大层间剪切载荷，W 为试样宽度，L 为试样两槽口的间距。

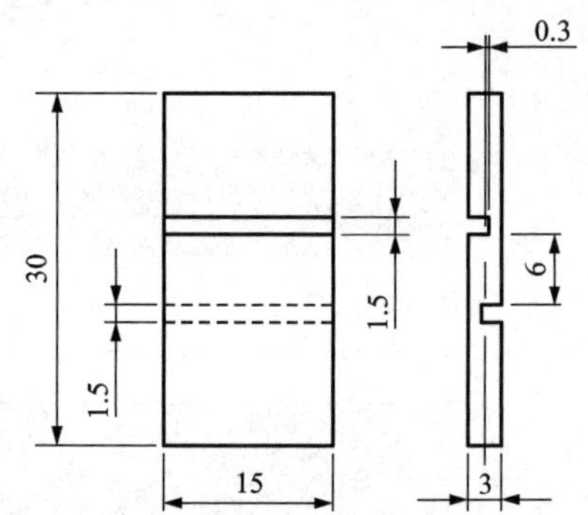

图 3-4 层间剪切试样的尺寸(单位：mm)

3.1.4 弯曲强度

抗弯强度：样品加工为 3.0 mm×4.0 mm×36.0 mm 的尺寸，采用三点弯曲法在材料力学性能试验机上测试样品的抗弯强度。测试跨距为 30.0 mm，加载速率为 0.5 mm/min，每种样品选取至少 5 根试样进行测量，求平均值和标准偏差。

3.1.5 断裂韧性

单边切口梁法(single edge notched beam，又称 SENB 法)是在矩形截面的长柱状试样中部开一个很小的切口作为预置裂纹，一般设置切口宽度小于等于 0.25 mm，深度与试样高度的比值应该在 1/2.5 到 1/2 之间，试样加载直至断裂。例如，样品加工为 3.0 mm×6.0 mm×36.0 mm 的尺寸，在 3.0 mm×36.0 mm 面切口深度为 3.0 mm，切口宽度为 0.25 mm。

试样尺寸的数理关系为：

$$c/W = 0.4 \sim 0.6$$
$$L/W = 4 \quad (3-8)$$
$$B \approx W/2$$

式中：W 代表试样的高度，mm；B 代表试样的宽度，mm；c 代表预制裂纹的深度，mm；L 代表跨距(图 3-5)，mm。

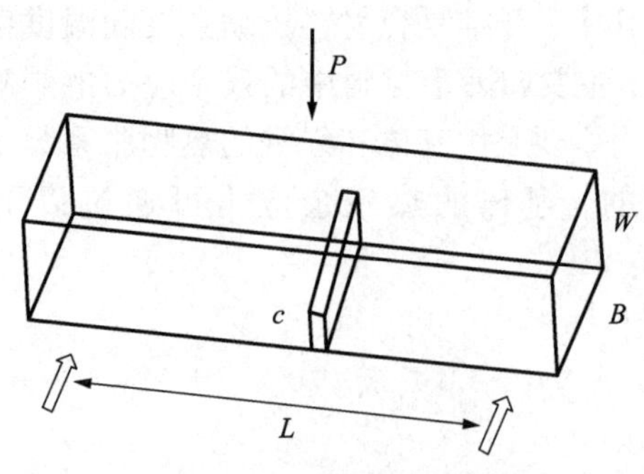

图 3-5 单边切口梁试样

断裂韧性的计算式为：

$$K_{IC} = \sigma Y \sqrt{a} = \frac{PL}{BW^{\frac{3}{2}}} f(c/W) \quad (3-9)$$

$$f(c/W) = 2.9(c/W)^{\frac{1}{2}} - 4.6(c/W)^{\frac{3}{2}} + 21.8(c/W)^{\frac{5}{2}} - 37.6(c/W)^{\frac{7}{2}} + 38.7(c/W)^{\frac{9}{2}}$$

式中：P 表示施加的载荷，N。

3.1.6　疲劳与蠕变

复合材料疲劳寿命研究早期，研究人员主要采用研究金属疲劳的方法。但是复合材料损伤和疲劳失效机理与金属完全不同，金属材料疲劳破坏过程主要分为裂纹萌生、裂纹扩展和快速断裂。复合材料疲劳损伤主要分为三个阶段：①层合板子层内部首先产生较多的基体微裂纹，随着疲劳循环次数的增加，微裂纹密度迅速增加，伴有裂纹扩展、聚合，裂纹达到特征饱和状态，此时微裂纹均为层内裂纹；②损伤扩展速度趋于平缓，层内裂纹发生了耦合并出现界面脱胶现象，从而诱发层间分层损伤；③随着循环数不断增加，出现多种损伤形式且损伤程度愈发严重，材料的力学性能迅速下降，出现纤维断裂损伤，层合板发生彻底断裂。

(1)疲劳寿命模型

疲劳寿命模型主要是指对 S-N 疲劳寿命曲线进行插值，结合疲劳失效准则，预测特定载荷下的疲劳寿命的模型。此类模型不考虑疲劳损伤的微观机理、材料性能退化、损伤之间的耦合和损伤的累积，但需要进行大量的基础试验来确定不同结构形式、载荷水平和应力比下的 S-N 曲线。

早期模型：Hashin 和 Rotem 于 1973 年提出了一个区分纤维与基体失效模式的疲劳失效准则，具体如下所示。

$$\frac{\sigma_A}{\sigma_A^{\mu}} = 1$$

$$\left(\frac{\sigma_T}{\sigma_T^{\mu}}\right)^2 + \left(\frac{\tau}{\tau^{\mu}}\right)^2 = 1 \tag{3-10}$$

式中：σ_A 与 σ_T 分别为纤维与基体方向的应力；σ_A^{μ}、σ_T^{μ}、τ^{μ} 分别为 S-N 曲线上对应的最大纵向拉伸应力、横向拉伸应力和剪应力。

Philippidis 和 Vassilopoulos 基于 Tasi-Hill 静力失效准则将式(3-10)扩展为疲劳失效准则，即

$$\left(\frac{\sigma_{11}}{\sigma_{11f}}\right)^2 + \left(\frac{\sigma_{22}}{\sigma_{22f}}\right)^2 + \left(\frac{\tau_{12}}{\tau_{12f}}\right)^2 - \left(\frac{\sigma_{11}}{\sigma_{11f}}\right)\left(\frac{\sigma_{22}}{\sigma_{22f}}\right) < 1 \tag{3-11}$$

利用幂函数关系式建立了应变能密度和疲劳寿命之间的关系，针对复合材料疲劳问题，借鉴疲劳损伤参数，通过有限元计算最大正应力和剪切应力及其对应的增量，则损伤参数为：

$$\Delta W^* = \sigma_{22}^{\max}\Delta\varepsilon_{22} + \tau_{12}^{\max}\Delta\gamma_{12}/2 \tag{3-12}$$

(2)疲劳失效准则及损伤演化准则

复合材料在单轴疲劳加载下，随着循环次数的增加，剩余强度下降，当下降至施加应力水平 σ 时，试验件彻底失效，复合材料结构在实际使用期间需承受不同载荷情况，因此需要研究不同应力水平下的强度退化规律。图 3-6 显示了不同应力水平下强度退化演变过程：在高应力水平下，退化规律呈现出突然失效现象，加载期间剩余强度几乎为常数，临近失效时，强度迅速下降，试验件彻底破坏；低应力水平下，试验件的强度退化呈现出缓慢失效规律。

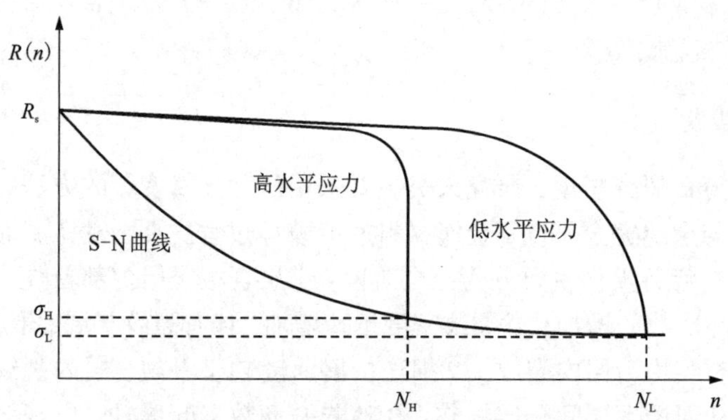

图 3-6　不同应力状态下强度退化演变过程

Shokrieh 与 Lessard 提出了能够表征不同应力状况下强度退化演变规律的数理模型，即

$$\left(\frac{R(n)-\sigma}{R(0)-\sigma}\right)^{\alpha}=1-\left(\frac{\lg n-\lg 0.25}{\lg N_f-\lg 0.25}\right)^{\beta} \tag{3-13}$$

式中：α 与 β 为材料参数，无量纲参数；$R(0)$为静强度；n 为循环次数；N_f 为疲劳寿命。

此外，为了进一步确定疲劳寿命、施加应力和应力之间的数值关系，数理模型可以修正为：

$$R(n,\sigma,k)=\left[1-\left(\frac{\lg n-\lg 0.25}{\lg N_f-\lg 0.25}\right)^{\beta}\right]^{\frac{1}{\alpha}}(R_s-\sigma)+\sigma \tag{3-14}$$

式中：R_s 为静强度；n 为循环次数；σ 为加载的疲劳应力；N_f 为疲劳寿命；α 与 β 为实验拟合参数。

对应的疲劳寿命、施加应力和应力之间的数值关系，数理模型可以修正为：

$$E(n,\sigma,k)=\left[1-\left(\frac{\lg n-\lg 0.25}{\lg N_f-\lg 0.25}\right)^{\lambda}\right]^{\frac{1}{\gamma}}\left(E_s-\frac{\sigma}{\varepsilon_f}\right)+\frac{\sigma}{\varepsilon_f} \tag{3-15}$$

式中：$E(n,\sigma,k)$为剩余刚度；E_s 为初始刚度；ε_f 为失效应变；n 为循环次数；σ 为加载的疲劳应力；N_f 为疲劳寿命；λ 与 γ 为实验拟合参数。

3.2　热物理性能测试

3.2.1　热膨胀性能测试

复合材料的热膨胀系数通过热膨胀仪（NETZSCH，DIL402C）进行测定，试样的尺寸为 ϕ5 mm×20 mm，测试温度为室温至 300℃，数据温度选取从 50℃ 至 290℃，升温速率为 2℃/min。热膨胀系数分为物理热膨胀系数和工程热膨胀系数，计算如下：

$$\alpha_P=\frac{1}{l_0}\frac{\mathrm{d}l}{\mathrm{d}T}$$

$$\alpha_T=\frac{1}{l_0}\frac{l_T-l_0}{T-T_0} \tag{3-16}$$

式中：α_P、α_T 分别表示物理热膨胀系数和工程热膨胀系数；l 表示样品长度；T 表示温度；l_0、T_0 分别表示样品的初始长度和初始温度。此外，物理热膨胀系数为材料即时的热膨胀系数，工程热膨胀系数为材料从初始温度开始的累积膨胀，实际应用中多采用工程热膨胀系数表示。

3.2.2　热导率性能测试

复合材料的热扩散系数 α 是采用激光导热系数测量仪测试(NETZSCH，LFA467 Hyper Flash 型号)的。测试样品尺寸为 ϕ12 mm×2.5 mm 或 ϕ10 mm×2.5 mm，测试环境为充 N_2 保护。热导率计算式为：

$$\kappa = \rho C_p \alpha \tag{3-17}$$

式中：κ 为热导率；ρ 为复合材料的密度；C_p 为复合材料的比热容[比如，Si_3N_4 的比热容 C_p = 0.68 J/(g·K)]；α 为热扩散系数。

3.2.3　电导率性能测试

利用电阻测试仪对复合材料进行了电导率测试。样品尺寸为 20 mm×5 mm×1 mm，试样表面需要抛光处理。

3.3　复合材料失效准则

纤维增强复合材料是一种多相材料，具有各向异性、不均匀性、铺层可设计性、损伤模式多样性以及三维层合效应，因此，复合材料层合板的损伤机理非常复杂。常见的失效模式包括纤维断裂、基体失效、纤维基体界面脱黏和分层等。实际使用中，由于受载形式复杂，损伤模式间相互影响与诱导，表现出更复杂的耦合损伤行为。复合材料结构通常采用单层板失效准则进行评估，将每层应力或应变状态与单层板许用强度值和应变进行比较。常用的单层板失效理论包括：Tsai-Wu 准则、Hashin 准则、Puck 准则以及 Cuntze 准则。

复合材料的宏观性能与组分材料的性能和细观特征密切相关，宏观结构的破坏起源于组分材料的细观损伤，研究宏观性能需要先确定细观尺度上的应力应变分布。复合材料宏观力学基于均匀化假设，忽略了组分材料之间的相互影响。为了充分发挥复合材料可设计性的优势，挖掘复合材料应用的潜能，就要求深入研究组分材料的失效机理，从细观力学角度更加精细地模拟复合材料结构的整个失效过程。因此，关于复合材料的失效准则，主要包括细观强度准则和宏观强度准则两大类。

3.3.1　宏观强度理论

宏观强度准则是根据试验测得的单向板的力学性能对层合板结构的力学性能进行预测，包括以下强度准则。

(1)最大应力准则

最大应力准则认为，复合材料纵向应力、横向应力、面内剪切应力中任一个达到各自主方向强度，材料就发生失效，如公式(3-18)所示。因其没有考虑各应力分量间的交互作用，在双轴或多轴应力状态时通常会高估材料的强度。

$$\max\left\{\frac{\sigma_1}{X}, \frac{\sigma_2}{Y}, \frac{\tau_{12}}{S_{12}}\right\} = 1 \tag{3-18}$$

式中：当应力为正时，X 与 Y 取拉伸极限强度；应力为负时，X 与 Y 取压缩极限强度。

(2)最大应变准则

最大应变准则认为，复合材料纵向应变、横向应变、面内剪切应变中，任一个达到各自主方向断裂应变，材料就发生失效，如公式(3-19)所示。与最大应力准则相似，最大应变准则忽略了各应变分量之间的交互作用，在双轴或多轴应变状态下会高估材料的强度。

$$\max\left\{\frac{\varepsilon_1}{\varepsilon''_1}, \frac{\varepsilon_2}{\varepsilon''_2}, \frac{\gamma_{12}}{\gamma''_{12}}\right\} = 1 \tag{3-19}$$

式中：当应变为正时，ε''_1与 ε''_2取拉伸破坏应变，应变为负时，取压缩破坏应变。

(3)Hill-Tasi 准则

Hill-Tsai 强度准则是在各向异性材料 Von-Mises 屈服准则的基础上发展而来的，综合考虑了材料的三个主方向应力分量的交互作用，但没有考虑复合材料拉、压强度的不同[式(3-20)]。

$$\frac{\sigma_1^2}{X^2} - \frac{\sigma_1\sigma_2}{X^2} + \frac{\sigma_2^2}{Y^2} + \frac{\tau_{12}^2}{S_{12}^2} = 1 \tag{3-20}$$

(4)Hoffman 强度准则

Hoffman 对 Hill-Tsai 强度准则进行了改进，考虑了拉、压强度的不同对材料破坏的影响，并在强度准则中引入了应力一次项，即

$$\frac{\sigma_1^2}{X_T X_C} + \frac{X_C - X_T}{X_T X_C} - \frac{\sigma_1\sigma_2}{X_T X_C} + \frac{\sigma_2^2}{Y_T Y_C} + \frac{Y_C - Y_T}{Y_T Y_C}\sigma_2 + \frac{\tau_{12}^2}{S_{12}^2} = 1 \tag{3-21}$$

(5)Tasi-Wu 张量强度准则

应力一次项用以表征材料不同的拉、压强度，应力二次项描述应力空间的椭球面。该准则中忽略了应力三阶或高阶项，因为高阶项的存在可能会导致失效包面张开，进而改善强度理论与试验结果之间的一致性，该准则是以张量形式表达的强度准则，即

$$\boldsymbol{F}_1\sigma_1 + \boldsymbol{F}_2\sigma_2 + \boldsymbol{F}_{11}\sigma_1^2 + \boldsymbol{F}_{22}\sigma_2^2 + \boldsymbol{F}_{66}\tau_{12}^2 + 2\boldsymbol{F}_{12}\sigma_1\sigma_2 = 1 \tag{3-22}$$

式中：张量 F_i 和 F_{ij} 的某些系数可通过 X_T、X_C、Y_T、Y_C、S_{12} 等参数来确定[式(3-23)]。

$$\boldsymbol{F}_1 = \frac{1}{X_T} - \frac{1}{X_C},\ \boldsymbol{F}_2 = \frac{1}{Y_T} - \frac{1}{Y_C},\ \boldsymbol{F}_{11} = \frac{1}{X_T X_C},\ \boldsymbol{F}_{66} = \frac{1}{S_{12}^2},\ -1 < \frac{\boldsymbol{F}_{12}}{\sqrt{\boldsymbol{F}_{11}\boldsymbol{F}_{22}}} < 1 \tag{3-23}$$

(6)Hashin 强度准则

该准则能够区分纤维拉伸、纤维压缩、基体拉伸和基体压缩四种损伤模式，并在纤维拉伸失效准则中引入了剪切应力项。

纤维拉伸失效为：

$$\left(\frac{\sigma_1}{X_T}\right)^2 + \left(\frac{\tau_{12}^2 + \tau_{13}^2}{S_{12}^2}\right) = 1 \tag{3-24}$$

纤维压缩失效：与最大主应力准则相同。

基体拉伸失效为：

$$\left(\frac{\sigma_2 + \sigma_3}{Y_T}\right)^2 + \frac{\tau_{23}^2 - \sigma_2\sigma_3}{S_{23}^2} + \frac{\tau_{12}^2 + \tau_{13}^2}{S_{12}^2} = 1 \tag{3-25}$$

式中：$\sigma_2+\sigma_3 \geqslant 0$。

基体压缩失效为：

$$\left[\left(\frac{Y_C}{2S_{23}}\right)^2 - 1\right]\frac{\sigma_2+\sigma_3}{-Y_C} + \left(\frac{\sigma_2+\sigma_3}{2S_{23}}\right)^2 + \frac{\tau_{23}^2 - \sigma_2\sigma_3}{S_{23}^2} + \frac{\tau_{12}^2+\tau_{13}^2}{S_{12}^2} = 1 \tag{3-26}$$

式中：$\sigma_2+\sigma_3 \geqslant 0$。

3.3.2　细观强度理论

细观力学的强度理论根据基体和增强相的材料性能参数确定复合材料的极限承载能力，这也是对复合材料宏观强度理论的扩展和补充。

(1) Chaims 强度准则

使用准则为：在单轴载荷下采用最大应力准则进行判断，当单层板受到多个载荷同时作用时，则采用 Chaims 强度准则判据[式(3-27)]。

$$\left(\frac{\sigma_{11}}{X_T}\right)^2 + \left(\frac{\sigma_{22}}{Y_C}\right)^2 - K\left(\frac{\sigma_{11}}{X_T}\frac{\sigma_{22}}{Y_C}\right) + \left(\frac{\sigma_{12}}{S}\right)^2 \geqslant 1 \tag{3-27}$$

式中：$K=[(1+4\nu_{12}-\upsilon_{13})E_{22}+(1-\upsilon_{23})E_{11}]/[E_{11}E_{22}(2+\upsilon_{12}E_{22}/E_{11}+\upsilon_{23})]^{\frac{1}{2}}$，此外 X_T、X_C、Y_T、Y_C、S 都是通过细观力学的方法求解而得。

(2) Mayes 强度准则

该准则认为只要满足任何一个失效条件，即认为单层内发生了破坏，准则中所需参数通过单向板强度进行反推获取。

纤维拉伸破坏为：

$$X_T^f(\sigma_{11}^f)^2 + \frac{1}{(S^m)^2}[(\sigma_{12}^f)^2 + (\sigma_{13}^f)^2] \geqslant 1 \tag{3-28}$$

纤维压缩破坏为：

$$X_C^f(\sigma_{11}^f)^2 + \frac{1}{(S^m)^2}[(\sigma_{12}^f)^2 + (\sigma_{13}^f)^2] \geqslant 1 \tag{3-29}$$

基体拉伸破坏为：

$$\frac{1}{(Y_T^m)^2 + (\sigma_{33}^m)^2}\left\{(\sigma_{22}^m)^2 + (\sigma_{33}^m)^2 + (\sigma_{12}^m)^2 + \frac{1}{(S^m)^2}[(\sigma_{12}^m)^2 + (\sigma_{13}^m)^2]\right\} \geqslant 1 \tag{3-30}$$

基体压缩破坏为：

$$\frac{1}{(Y_C^m)^2 + (\sigma_{33}^m)^2}\left\{(\sigma_{22}^m)^2 + (\sigma_{33}^m)^2 + (\sigma_{12}^m)^2 + \frac{1}{(S^m)^2}[(\sigma_{12}^m)^2 + (\sigma_{13}^m)^2]\right\} \geqslant 1 \tag{3-31}$$

(3) Huang 强度准则

该准则在纤维和基体细观应力基础上分别对组分材料进行失效判断，纤维和基体拉伸破坏准则采用最大主应力准则，纤维和基体压缩破坏准则为[式(3-32)]：

$$\begin{aligned}&\frac{\sigma_{11}^f+\sigma_{22}^f}{2} - \frac{1}{2}\sqrt{(\sigma_{11}^f-\sigma_{22}^f)^2 + 4(\sigma_{12}^f)^2} \leqslant -X_C^f\\&\frac{\sigma_{11}^m+\sigma_{22}^m}{2} - \frac{1}{2}\sqrt{(\sigma_{11}^m-\sigma_{22}^m)^2 + 4(\sigma_{12}^m)^2} \leqslant -X_C^m\end{aligned} \tag{3-32}$$

(4) Tsai-Ha 强度准则

该准则分别对纤维、基体组分材料和界面进行失效判断，纤维失效采用最大主应力准则，基体失效采用一阶应力不变量和 Von Mises 应力进行判断[式(3-33)]。

$$\frac{\sigma_{VM}^2}{C_{mi}T_{mi}} + \left(\frac{1}{T_{mi}} - \frac{1}{C_{mi}}\right)I_1 \geqslant 1$$

$$I_1 = \sigma_{m1} + \sigma_{m2} + \sigma_{m3}$$

$$\sigma_{VM} = \sqrt{\frac{1}{2}[(\sigma_{m1} - \sigma_{m2})^2 + (\sigma_{m2} - \sigma_{m3})^2 + (\sigma_{m3} - \sigma_{m1})^2 + 3(\sigma_{m4}^2 + \sigma_{m5}^2 + \sigma_{m6}^2)]} \tag{3-33}$$

式中：T_{mi}、C_{mi} 分别为基体的拉伸、压缩强度；σ_{mi} 为基体的主应力和剪切应力。

界面失效判定依据为：

$$\left(\frac{\langle t_n \rangle}{Y_n}\right)^2 + \left(\frac{t_s}{Y_s}\right)^2 \geqslant 1 \tag{3-34}$$

运算符〈 〉为 Mc-Cauley 括弧，定义为$\langle x \rangle = \max\{0, x\}$，$x \in R$。$t_n$ 与 t_s 分别为界面上的正应力和剪应力；Y_n 与 Y_s 分别为界面的拉伸强度和剪切强度。

3.4 复杂应力状态力学性能试验技术

连续碳纤维增强碳化硅陶瓷基复合材料具有较高的比强度、比刚度以及耐高温、抗氧化、低密度等一系列优异性能，已成为航空航天领域具有应用前景的新一代高温热结构材料。

研究者已经对连续碳纤维增强陶瓷基复合材料的力学行为进行了较多的实验，主要包括 2D 编织陶瓷基复合材料单轴拉伸、压缩以及剪切，然而对复杂应力状态下的陶瓷基复合材料的研究则较少。由于复合材料类型的多样性，现已提出多种复合材料的强度理论，主要包括最大应力(应变)准则、Tsai-Wu 准则、Tsai-Hill 准则、Hashin 准则及 Hoffman 准则等。

目前，对编织结构陶瓷基复合材料性能的研究涉及轴向拉、压、剪等基本力学性能、损伤、抗氧化性、断裂韧性方面，关于强度问题的讨论较多集中于单载荷作用，然而复杂应力状态宏观强度理论研究还有待突破。从微观角度看，强度是材料微观结构和组分性能的反映，所以不同基体/纤维类型、不同微观结构的复合材料可能服从不同的强度准则。关于强度理论，主要包括树脂基复合材料单向板和编织复合材料，以及陶瓷基复合材料方面的研究。

3.5 高温力学实验技术

(1)碳/碳复合材料高温拉伸力学性能

碳/碳复合材料是一种力学性能优异的新型高温材料，在超高温环境下能保持高强度，并具有良好的烧蚀性能，因而在航空航天领域得到重要应用。三维编织工艺具有纤维多向取向、整体连续分布的特点，从而使得由三维织物合成的复合材料具备优良的抗冲击损伤性能、力学性能和耐烧蚀性能。它克服了复合材料层合板的层间强度低、受冲击后容易损伤、在机械连接孔和几何形状突变处强度显著下降等诸多弱点，因而三维编织的碳/碳复合材料的研究与应用备受关注。

以三维编织碳/碳复合材料为例，由图 3-7 可知：碳/碳复合材料的拉伸强度在一定范围内随温度的升高而增加。其原因主要为：①在材料的复合过程中，需要经过高温热处理、浸渍、碳化、石墨化等工艺，过程中形成大量残余应力，当温度升高时，材料的残余应力得到释放；②温度升高后，纤维束内基体分层破坏增加，因而高温下对能量的损耗更大；③石墨是一种六方晶体结构，该晶体的力学性能随着温度升高而增强。当温度到达碳/碳复合材料的石墨化温度时，材料的拉伸强度出现拐点，一般认为碳/碳复合材料石墨化是高温应力集聚的结果，当温度接近石墨化温度时，材料性能发生突变。

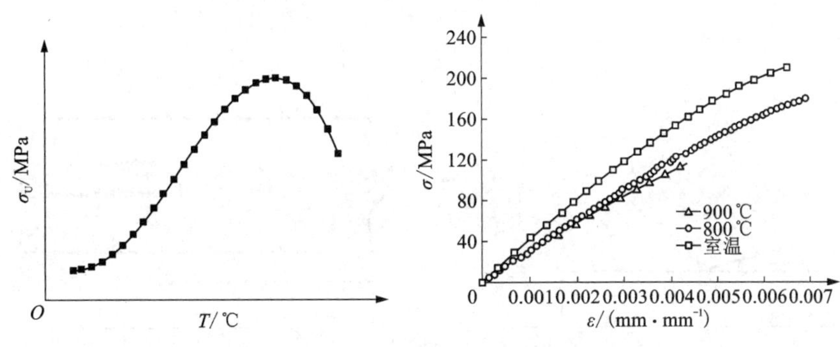

图 3-7　碳/碳复合材料高温拉伸力学性能

(2) SiC/SiC$_f$ 陶瓷复合材料

图 3-8 显示了陶瓷基复合材料的单向加载过程：①当应力水平小于初始基体开裂应力时，材料内部没有发生损伤，拉伸应力-应变曲线表现为线性特征。②随着载荷继续增加，材料发生基体开裂、界面脱黏、滑移等，应力-应变曲线表现为非线性特征。当应力水平大于界面完全滑移对应的应力时，随着载荷继续增加，只有纤维继续承载，材料应力应变曲线出现第二个线段性。

初始线性段：该段曲线的特征主要取决于纤维、基体的弹性模量和纤维、基体的体积分数[式(3-35)]。

$$\varepsilon = \frac{\sigma}{E_e}$$

$$E_e = E_f \nu_f + E_m \nu_m \qquad (3-35)$$

式中：E_e 为复合材料的等效弹性模量；E_f 为纤维的弹性模量；E_m 为基体的弹性模量；ν_f 为纤维的体积分数；ν_m 为基体的体积分数。

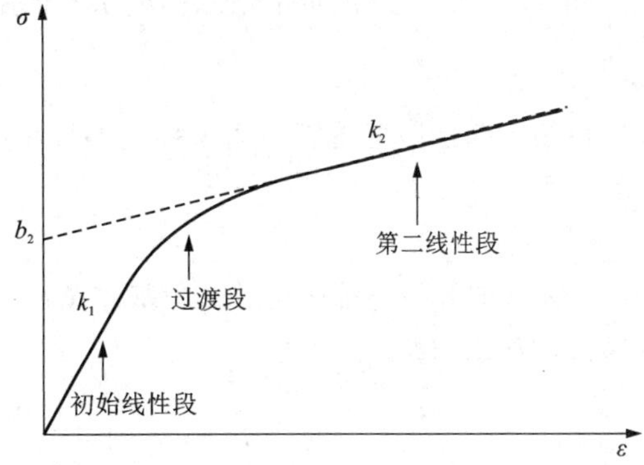

图 3-8　SiC/SiC$_f$ 陶瓷复合材料典型应力-应变曲线

过渡段：非线性特征，对应着材料发生基体开裂、界面脱黏、滑移等微观损伤行为。由于基体的断裂强度一般小于纤维的断裂强度，故在加载过程中，基体首先发生开裂。基体开裂后，纤维/基体界面发生脱黏、滑移等损伤行为，复合材料的应力-应变曲线表现为非线性特征。基于剪滞模型，在拉伸曲线的过渡段，界面区域可分为脱黏区域和黏结区域。

界面剪滞模型是描述加载过程中陶瓷基复合材料的微观损伤行为，并建立拉伸应力应变与组分参数之间的函数关系(图 3-9)。剪滞模型是将实际的单向复合材料简化为包含一根纤维和周围环形基体的数学模型，如图 3-10 所示。

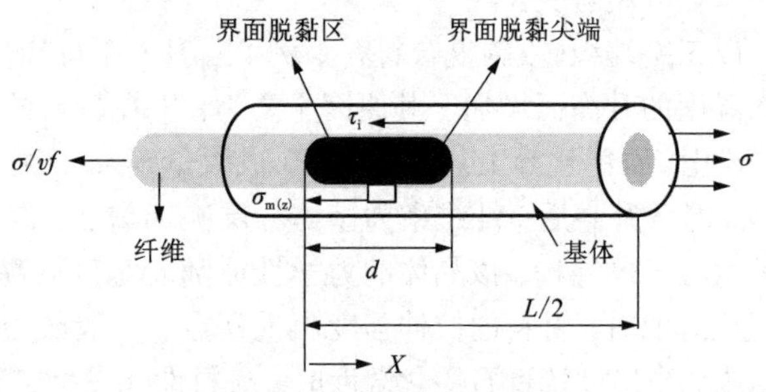

图 3-9　界面剪滞模型图

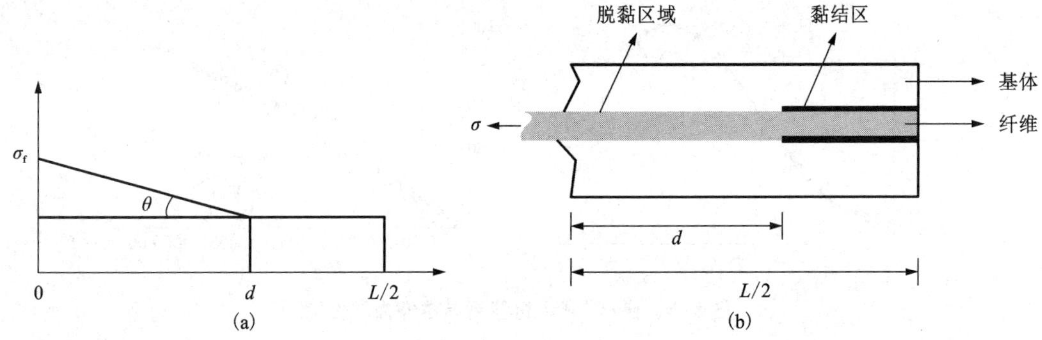

图 3-10　黏接区与脱黏区

纤维沿 x 轴向的应力分布[式(3-36)]：

$$\sigma_f = \begin{cases} \dfrac{\sigma}{\nu_f} - (\tan\theta)x, & x \in (0,\ d] \\ \sigma_{f0}, & x \in (d,\ L/2] \end{cases} \tag{3-36}$$

式中：$\tan\theta = \dfrac{2\tau_i}{r_f}$；$\tau_i$ 为界面摩擦力；σ_f为纤维沿 x 轴向的应力分布；d 为界面脱黏区域的场长度。

材料失效前的应变可表示为未损伤的纤维应变[式(3-37)与式(3-38)]：

$$L = L_s / \left[1 - \exp\left(- \left(\frac{\sigma}{b_0} \right)^m \right) \right] \tag{3-37}$$

式中：b_0 为基体开裂特征强度；m 为基体 Weibull 模量；L_s 为饱和裂纹间距；L 为任意加载应力下的裂纹平均间距。

$$\varepsilon = \int_0^{L/2} \frac{\sigma_f \mathrm{d}x}{E_f(L/2)} + \varepsilon_{th} \tag{3-38}$$

式中：L 为任意加载应力下的裂纹平均间距；ε_{th} 为热残余应变。

第二线性段：对应着界面已经完全滑移，即基体不再继续承担增加的外载，只有纤维承担(图 3-11)。此时应变 ε 主要由界面摩擦力、饱和裂纹间距、纤维弹性模量和纤维体积分数控制[式(3-39)]。

$$\sigma_{\mathrm{f}}=\frac{\sigma}{\nu_{\mathrm{f}}}-(\tan\theta)x,\ x\in(0,\ L_{\mathrm{s}}/2]$$

$$\varepsilon=\int_{0}^{L_{\mathrm{s}}/2}\frac{\sigma_{\mathrm{f}}\mathrm{d}x}{E_{\mathrm{f}}(L_{\mathrm{s}}/2)}=\frac{\dfrac{\sigma}{\nu_{\mathrm{f}}}-\dfrac{1}{2}\left(\dfrac{L_{\mathrm{s}}}{2}\right)^{2}\tan\theta}{E_{\mathrm{f}}\dfrac{L_{\mathrm{s}}}{2}}+\varepsilon_{\mathrm{th}} \tag{3-39}$$

$$\sigma=E_{\mathrm{f}}\nu_{\mathrm{f}}\varepsilon+E_{\mathrm{f}}\upsilon_{\mathrm{f}}\left(\frac{L_{\mathrm{s}}\tan\theta}{4E_{\mathrm{f}}}-\varepsilon_{\mathrm{th}}\right)$$

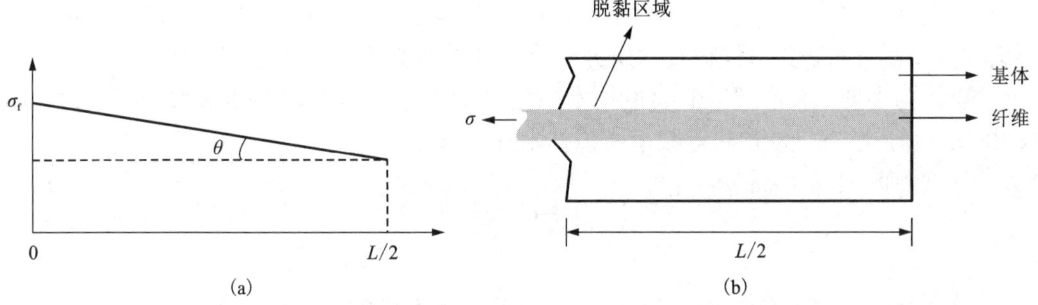

图 3-11　界面滑移过程中应力分布与模型示意图

3.6　多场耦合力学试验技术

(1)热结构耦合技术

热传导：基于能量守恒定律和 Fourier 定律，可以得到结构瞬态热传导方程：

$$\rho C_{\mathrm{ps}}(T)\frac{\partial T}{\partial t}=\lambda_{\mathrm{s}}(T)\frac{\partial}{\partial x_{\mathrm{i}}}\left(\frac{\partial T}{\partial x_{\mathrm{i}}}\right) \tag{3-40}$$

式中：λ_{s} 为固体热导率；C_{ps} 为固体比热容。

结构响应：当结构受到外热流载荷(加热作用)时，由于结构内部的热传递作用，结构的内部会产生温度梯度。在热膨胀效应的作用下，结构内部会产生热应力，热应力又会导致热变形的产生。对于二维结构，其响应方程为：

$$\frac{\partial}{\partial x}\begin{bmatrix}-\sigma_{x}\\-\sigma_{y}\end{bmatrix}+\frac{\partial}{\partial y}\begin{bmatrix}-\tau_{xy}\\-\sigma_{y}\end{bmatrix}=\frac{\partial}{\partial x}\begin{bmatrix}0\\0\end{bmatrix} \tag{3-41}$$

式中：$\sigma=DB\delta^{\mathrm{e}}=S\delta^{\mathrm{e}}$($\delta^{\mathrm{e}}$ 为位移矩阵)；σ_{x}、σ_{y}、τ_{xy} 分别为固体结构的应力矩阵；D、B、S 分别为弹性矩阵、应变矩阵、应力矩阵。

利用有限元法可以在结构场内做到对热-结构二者的同时求解。其中，采用向后差分格式对温度进行积分，采用牛顿法对非线性耦合部分进行求解。由此可以得到方程组：

$$\begin{bmatrix}K_{UU}&K_{UT}\\K_{TU}&K_{TT}\end{bmatrix}\begin{bmatrix}\Delta U\\\Delta T\end{bmatrix}=\begin{bmatrix}R_{U}\\R_{T}\end{bmatrix} \tag{3-42}$$

式(3-42)表明：温度与位移可紧密地耦合。其中 ΔU、ΔT 分别表示修正后的位移增量和温度增量，$K_{ij}(i, j=U, T)$为完全耦合雅可比矩阵的子阵，R_U、R_T分别为计算结构力与热的残差。

(2)气动力/热/结构多场耦合技术

高超音速机身和发动机的热结构设计的一个重要前提就是长时飞行时的气动加热及气动力的精确预测，即极端飞行环境的预测。这些极端条件下，热结构可能会出现以下一种或几种现象：①极大的静态(热)应力与动态应力相叠加；②材料属性的改变，主要为材料强度和弹性模量；③更严重的非线性行为；④疲劳行为的改变；⑤复杂的热结构的边界条件，可能难以模拟实验；⑥难以获得可靠的实验结构响应的测量(如静态/动态应变)。而瞬时极端环境下的结构响应的预测也存在着诸多显著的技术难点，其中包括：①流体、热和结构响应的耦合；②材料的温度依赖性及非线性；③材料和结构特性的空间变化；④载荷、材料性质、几何形状和边界条件的不确定性；⑤大而复杂的耦合模型及计算成本。综上所述，开展气动力/热/结构多场耦合问题数值模拟技术研究具有很高的复杂性和重要意义。因此，有必要对气动力/热/结构多场耦合问题数值模拟技术中的气动力/热计算、结构温度场预测、静热气动弹性预测、弹道状态气动加热等数值模拟技术开展研究。

习　题

1. 复合材料力学性能检测有哪些途径？热物理性能从哪些方面进行分析？
2. 对复合材料力学性能失效准则及判定依据进行分析。
3. 对高温下不同类型复合材料的高温力学性能及界面进行分析。
4. 阐述复合材料结构力学与高温固体力学之间的具体关联。
5. 复合材料力学与热物理性能有何具体关联？它们的性能如何相互促进/提升？

第 4 章　航空航天复合材料体系分类及应用

航空航天材料在结构和发动机应用方面取得了巨大进展。铝基合金、镁基合金、钛基合金和镍基合金在航空航天工业发展中彰显了突出优势。复合材料，作为一种创新型的材料，在飞行器中扮演着重要的角色。然而，航空航天材料的诸多性能仍有待提升，如力学性能、微动磨损、应力腐蚀开裂和腐蚀等。因此，围绕开发具有优异机械性能和耐腐蚀性能的下一代航空航天材料，研究人员进行了广泛的研究。本章介绍的重点是：①飞行器结构和发动机设计中的材料要求；②航空航天材料的最新进展；③近期航空航天材料面临的挑战；④航空航天材料的发展趋势。

4.1　概论

航空航天工业的快速发展为新型飞行器材料的快速发展提供了强劲的动力。现今的飞机材料主要以减轻重量和延长飞行器部件/结构的使用寿命来达到降低成本的目的。采用机械性能提升的材料进行飞行器机架和发动机的轻量化设计可以提高燃油效率，而增加有效载荷和增加飞行范围则可以直接降低飞行器运行成本。因此，为了减轻重量和提高耐损伤性、抗疲劳性及耐腐蚀性等特性，诸多的研究都致力于开发具有优异性能的材料。

飞行器材料的发展可追溯到 1903 年，那时候飞行器都是木质结构。但到 1927 年以后，随着熔覆和阳极氧化技术的发展，铝基合金在飞行器材料中开始占据主导地位，此外铝基合金在航空航天材料中占主导地位的年限超过 80 年。然而，近年来，这种情况开始发生改变，铝基合金的占比逐渐减少，且在最新的波音型号中，复合材料的总占比迅速增加。

在高性能飞行器零部件制造中，轻质合金的吸引力取决于其高比性能(性能/密度)及耐损伤、耐腐蚀和耐高温等特性。铝的密度是钢的三分之一，而铝基合金如 7075-T6 的屈服强度(YS)却达 520 MPa。镁的密度仅为铝和钢的三分之二，但镁基合金(Mg97Zn1Y2)的抗拉强度却可达 610 MPa。此外，镁基合金也具有特殊的刚度和阻尼能力，因此镁基合金的这种高比性能可促使飞行器进一步减轻重量且增加有效载荷。然而，钛基合金(如 Ti-6Al-4V 合金、B120VCA 合金和 Ti-10V-2Fe-3Al)在高温下仍具有较低的密度、较高的强度。F-22 战斗机采用 Ti-10V-2Fe-3Al 合金，抗拉强度为 1240 MPa，用于避雷器挂钩结构。由于其比强度更高，耐腐蚀和疲劳性能优于大多数金属，故该复合材料在航空航天工业中的应用越来越多。例如，碳纤维增强聚合物(CFRP)的最小屈服强度为 550 MPa，而 CFRP 的密度却仅为钢的五分之一，为铝基合金的五分之三。此外，复合材料，如陶瓷基复合材料，已被证明能承受 1400℃的高温，这种耐温性已经可以满足当今日益增长的飞行器速度需求。在高温(如 700℃)下，镍基高温合金相比于传统不锈钢具有更加优异的机械性能。例如，锻压出的镍铬高温合金(Ni-Cr-W)在 700℃时屈服强度可达 300 MPa，此为不锈钢在 700℃时强度的 2~3 倍。

航空航天材料的应用仍然受到力学性能强度不足的限制，导致其难以满足日益增长的需求。微动磨损加速了构件的疲劳破坏，造成材料表面产生裂纹起始点。此外，腐蚀问题还抑制了航空航天材料的使用，由腐蚀所引起的问题在国外地区每年都造成了近 2760 亿美元的损失，这远大于自然灾害造成的损失。

4.2 航空航天复合材料的设计准则

航空航天材料的材料特性要求因特定部件的所需而异。飞行器设计的材料选择取决于每个部件的设计要求，具体包括装载条件、可制造性、几何极限、环境方面和可维护性等方面。

4.2.1 飞行器机体材料的设计标准

机体材料的设计是为了给飞行器的静态重量和服务所承受的额外负荷提供长期(60000 飞行小时)的支持与保障。这一概念要求机身材料具有可接受的密度，以减轻其重量。此外，还要求材料具备适当的损伤耐受性，以便在极端温度条件(-30~370℃)、湿度条件(极端湿度和沙漠环境)和紫外线辐射中长期使用。在不同的机体部分，航空航天材料应用有其具体的机体材料设计和选择标准。例如，考虑飞行器的静态重量和由机动或湍流而产生的动态载荷，机翼在飞行过程中受到弯曲；在滑行、起飞和着陆过程中，它还受到起落架、前缘板条和后缘襟翼的附加载荷；机翼的上表面在飞行过程中受到压缩，而下表面则承受相反的载荷；因此这就要求机翼的材料既能提供高抗拉强度，又能提供高抗压强度。机身暴露在高压和剪切载荷的条件下，要求材料具有较高的拉伸和剪切强度。铝基合金是广泛应用的机体材料之一。例如，2024 铝基合金由于具备中等水平的屈服强度(324 MPa)、优良的断裂韧性(37 MPa·$m^{1/2}$)、优异的伸长率(21%)，在熔铸中得到了广泛的应用。此外，聚合物基复合材料(如 CFRP)由于其高强度(标准模量 CFRP 为 3450~4830 MPa)、高弹性模量(224~241 GPa)和优异的高温能力(可承受的温度为 290~345℃)，近来在飞行器结构中的使用显著提升。

4.2.2 飞行器发动机材料的设计标准

飞行器发动机提升推力和减重是发动机材料发展的驱动力。这一概念要求了发动机材料应满足密度较低，并在高温和腐蚀性环境下具有良好的力学性能等要求。飞行器涡轮发动机由冷段(风机、压缩机和外壳)和热段(燃烧室和涡轮)组成。发动机不同截面的温度不同，导致了飞行器发动机材料的选择标准不同。冷段构件的材料要求比强度高，并且耐腐蚀，所以钛基合金、铝基合金和聚合物复合材料已成为该冷段构件的最佳选择材料。压缩机的工作温度通常为 500~600℃，该部分常用的材料是 Ti 基合金(Ti-6Al-2Sn-4Zr-6Mo)，由于它们在高温(450℃)下具有较高的强度(YS=640 MPa)和优异的耐蚀性，飞机发动机的热段要求具有高比强度、抗蠕变、抗热腐蚀和耐高温的材料，而涡轮截面的工作温度通常为 1400~1500℃，这远超过了 Ti 基合金(约 600℃)的极限。因此，由于 Ni 基合金(Ni-14.5Zr-3.2Mo)具有的优异的耐热强度(950℃时 780 MPa)，因此在涡轮截面具有广泛的应用。

4.3　金属基复合材料

在复合材料的使用量提升之前，铝基合金一直是飞行器结构的主要使用材料。由于其成本低、易于制造、重量轻等优点，铝基合金至今仍为重要的飞行器结构材料。铝基合金可通过热处理提升至相对较高的应力承载水平。该部分主要讨论了 2000、7000 系列铝基合金和铝锂合金在飞机上的应用研究进展。

4.3.1　铝合金的经典固溶时效理论及典型体系

固溶将铝合金从固态下的高温状态以过冷或过饱和形式固定到室温，结构不发生变化，称为固溶处理。

时效：淬火后的过饱和固溶体具有较高能量状态的亚稳定相，经加热到一定温度或在室温下保持一段时间，通过过饱和固溶体的脱溶分解，向低能状态转化。

时效的实质：从过饱和固溶体中析出第二相(沉淀相)或形成溶质原子聚集区以及亚稳定过渡相的过程。

铝合金典型的沉淀过程的晶体结构变化包括四个阶段(图 4-1)，G. P. 区、共格过渡相(θ″)、半共格过渡相(θ′)、最终形成稳定相(θ) 。

- 铝合金的固溶时效过程
  - 固溶过程
    - 溶质和空位的双重过饱和固溶体
    - 除硅以外，合金元素属于置换式溶质，球对称畸变，固溶强化效果有限
  - 时效过程
    - 晶面上溶质簇聚，G. P. 区。没有独立的晶体结构，形核功小，均匀形核，硬度、强度提高
    - 共格过渡相，θ″、δ″等，确定的结构和成分，一般在缺陷处形核，高共格应变场。硬度、强度显著提高
    - 半共格过渡相，θ′、S 等。晶体结构接近平衡相，共格关系部分破坏，弹性应变场变弱，硬度、强度开始下降
    - 脱离共格关系，θ、S 等，达到平衡相结构，强度、硬度显著下降

图 4-1　铝合金的固溶时效过程

G. P. 区特征：首先，在某晶面上出现溶质簇聚，称之为 G. P. 区。G. P. 区没有独立的晶体结构，与基体共格；过饱和固溶体分解初期形成，形核功小、速度快，一般在母相中均匀形核；许多铝合金可在室温生成 G. P. 区；热力学上是亚稳定的。

共格过渡相特点：有确定的晶体结构和成分，与平衡相稍有不同；与基体完全共格，且结构与基体有所差别，共格弹性应变能大；由 G. P. 转变为过渡相或直接在位错缺陷处独立形核长大；尺寸大于 G. P. 区；Al-Cu 合金中，一般以 G. P. 区为基础，沿其直径或厚度(为主)方向长大形成过渡相。以平衡相符号在上方加两撇表示，如 θ″、δ″等。

半共格过渡相晶格畸变：与共格过渡相相比，其晶体结构更接近平衡相，尺寸更大；与基体的共格关系部分破坏，弹性应变场变弱，强度下降。

平衡相：在成分与结构方面均处于平衡状态，一般与基体不共格，但亦有一定的结晶学位向关系。由于其与基体的不共格性，其界面能高，形核功也高，往往在晶界处形核。或随时效的进行由过渡相长大转变形成。

图 4-2 显示了铝合金典型的热处理工艺过程及相关的分类，围绕铝合金的热处理机理，下面将对几种典型的铝合金进行分类讨论。

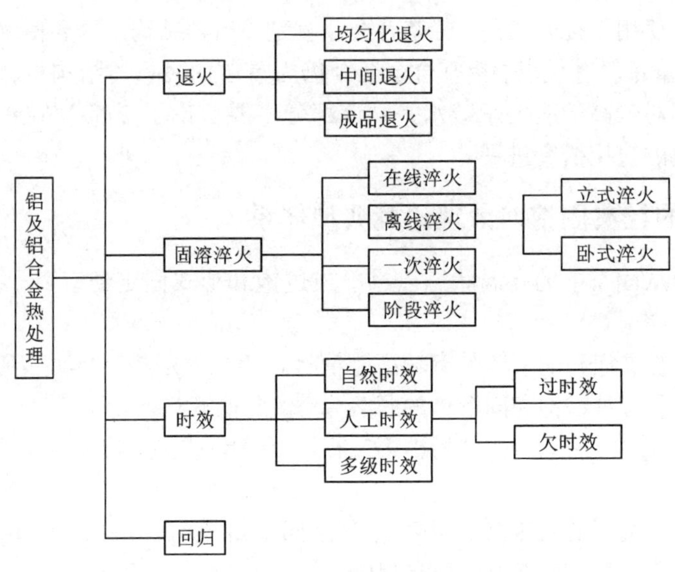

图 4-2　铝合金热处理及分类

(1)2000 系列铝铜基合金

2000 系列铝基合金主要为铜合金，其热处理强度与钢相当。Cu 在 Al 中的溶解度为 5.65%(质量分数)。溶解在 Al 基体中的 Cu 形成 Al_2Cu 相，而镁通常与铜结合形成 Al_2CuMg 相，这两相的沉淀导致其拥有更高的强度。此外，2000 系列铝基合金比其他系列的铝基合金具有更好的抗疲劳性能。2000 系列合金的典型例子之一是 2024 合金，它作为飞机机身材料首先考虑了损伤容限并得到广泛的研究。然而，相对较低的屈服强度限制了 2024 合金在高应力区域的使用。此外，铜和镁产生的金属间相作为阳极位点降低了 2024 合金的耐蚀性。为了克服这些缺点，许多研究人员研究了 Sn、In、Cd 和 Ag 等元素，并通过细化合金的微观结构和晶粒尺寸的方法提高了铝铜基合金的力学性能。例如，铝铜镁基合金的屈服强度(YS)、极限抗拉强度(UTS)和硬度值随锡含量的增加而增加，但当质量分数达到 0.06%时，它们却会随锡含量的进一步增加而降低。通过控制铁和硅等杂质，可以进一步改善铝铜基合金的力学性能。例如，由于铁(0.12%，质量分数)和硅(0.10%，质量分数)的含量低于 2024 合金(两种杂质质量分数均为 0.5%)，所以 2224-T39 铝铜基合金的抗拉强度(UTS 为 476 MPa)高于常规 2024 铝铜基合金(UTS 为 428 MPa)。

(2)7000 系列铝锌基合金

7000 系列铝基合金的主要合金元素是锌元素，相比较于其他系列的铝基合金具有最高的热处理强度。锌在铝中的溶解度最大(31.6%，质量分数)，且比其他任何元素都高，锌含量的增加可以提高合金强度。Mg 和 Cu 常与 Zn 结合，在铝中形成 $MgZn_2$ 相、Al_2CuMg 相和 AlCuMgZn 相，从而产生显著的固溶强化。在 Mg 质量分数为 2.9%时，铝锌基合金可以达到最大拉伸强度。为提高抗拉强度，一些铝锌基合金中也含有 2%(质量分数)的 Cu。铝锌基合金在任何铝基合金中都能表现出最高的强度，比如7075合金(YS为510 MPa)，因此7075合金被用于建造上翼皮、管柱和稳定剂等强度是最重要考虑因素的部位。然而，由于断裂韧性和损伤耐受性低，耐腐蚀性差，7075合金在航空航天工业中的应用受到了限制。近期的工作重点是开发具有平衡特性的铝锌基合金。研究报道表明，Zn/Mg/Cu比的改性可以提高高强度铝锌基合金的损伤容限。研究表明，当Zn/Mg比在3左右，Zn/Cu比在4左右时，可以得到7000系列铝基合金的优化性能。例如，因其优良的性能(YS为504 MPa，伸长率为14%)和更好的损伤容限(44 MPa·$m^{1/2}$)，最近开发的7085铝基合金是7075铝基合金在航空航天应用中的一种新的替代品。据报道，Zr和Mn改善了铝锌基合金的力学性能。Zr的加入降低了平均晶粒尺寸(约20%)，形成了玫瑰花状的微观结构，并引入了第二相的适当分布。Mn可以与Fe结合，在铝锌基合金中形成二次相，从而降低Fe对断裂韧性的不利影响并提高铝锌基合金的断裂韧性。1.0%(质量分数)的最佳Mn含量可以使7000系列合金的断裂韧性提高到47 MPa·$m^{1/2}$。铁和硅等杂质的控制也可以改善铝锌基合金的力学性能。典型的例子是7475合金，由于7475合金的铁和硅含量(总质量分数为0.22%)低于7075合金(总质量分数为0.9%)，所以它比传统的7075合金具有更高的断裂韧性(52 MPa·$m^{1/2}$)和更细的晶粒尺寸。

(3)Al-Li基合金

在600℃的温度下，Li在Al中的最大溶解度达到14%。Li在Al中的主要作用是降低Al基合金的密度。当加入质量分数为1%的Li时，Al基合金的密度降低了3%，而杨氏模量却增加了6%。因此，Al-Li基合金是最轻的Al基合金。此外，为提高Al基合金的力学性能，经常加入Cu与Li结合形成Al_2CuLi相。因此，Al-Li基合金比2000和7000系列合金具有更低的密度和更高的比力学性能。例如，使用2060-T8Al-Li基合金进行机身蒙皮和上翼蒙皮的应用后，与传统的2524合金和2014合金相比，可以分别节省7%的重量和14%的重量。然而，高含量(质量分数大于1.8%)的Li在铝基合金中引起了各向异性问题。例如，AA2198Al-Li基合金在纵向的屈服强度比横向的屈服强度高90 MPa。该力学性能的各向异性是由结晶织构、晶粒形状和尺寸以及老化过程中的析出物引起的。此外，早期的Al-Li基合金韧性低，耐蚀性差。为克服这些缺点，近期的研究集中在成分优化上，通过对复合材料的优化和热机械加工引入再结晶，可以减少Al-Li基合金的各向异性问题。

4.3.2 镁基合金

镁被认为是最轻的结构金属，与相同体积的铝相比，它可以使结构的重量减少约33%。与相同体积的钢相比，它可以使结构的重量减少约77%。除了低密度以外，镁基合金的吸引力同样在于其丰度、可铸性和可回收性。商用镁基合金可分为两类：锻造镁基合金和铸造镁基合金(图4-3)。通常，锻造镁基合金比铸造镁基合金具有更好的拉伸性能，但它屈服行为的不对称性较高。虽然顶级飞机制造商(空客、波音和洛克希德马丁)对镁基合金的使用非常有限，但镁基合金AZ91、ZE41、WE43A和ZE41也一直被广泛应用于直升机工业中，如Sikorsky直升机S-92®和UH60®直升机。镁基合金在航空航天工业应用中仍存在力学性能不足、耐蚀性差和应力腐蚀开裂问题。

为保证变形镁合金较高的塑性，其中合金元素的含量往往比较低，要求在凝固组织中含有较少共晶相。为了改善耐腐蚀性差和力学性能不足的情况，一些元素如Al、Zn、Zr和稀土元素(如 Y)被用来改善镁基合金的微观结构，继而提升性能。低密度 Al 元素在 Mg 中的溶解度为 12.7%(质量分数)，可在 Mg 中与 Mg 合并，形成 γ-$Mg_{17}Al_{12}$ 和 α-Mg 相，这有利于固溶体的强化。镁铝合金具有中等的力学性能和耐蚀性，通过增加 Al 含量可以显著提升性能。除了 Al 以外，Zn 元素还能提高 Mg-Al 基合金在室温下的强度和延展性。Zn 在 Mg 中的溶解度为 6.2%(质量分数)，可形成 α-Mg 和 γ-MgZn 相，有利于提高 Mg 基合金的强度。随着 Zn 元素质量分数从 1%增加到 5%，Mg-Zn 基合金的屈服强度提高。此外，当 Zn 质量分数达到 4%时，UTS 增加到 216.8 MPa，伸长率增加到 15.8%，然后随着附加 Zn 含量的增加而降低。然而，由于第二相 Mg_xZn_y 的体积分数增加，Mg-Zn 基合金的耐蚀性随着 Zn 含量的增加而降低。在 Mg-Zn 基合金中，为改善力学性能，Zr 和 Y 常与 Zn 结合使用。由于 Zr 和 Al 的反应，Zr 通常被认为是不含 Al 元素的 Mg 基合金的最佳精炼剂。在 Mg-Zn 基合金中，Zr 的好处是细化晶粒，分散 $MgZn_2$ 相。研究报道，Al-Zn 基合金的 UTS 和 YS 分别从 275 MPa、148 MPa 增加到 357 MPa、310 MPa，当 Zr 质量分数从 0 增加到 0.84%时，稀土元素 Y 还能改善 Mg-Zn 基合金的力学性能。在 Mg 基合金中，由于添加 Y 和快速粉末冶金加工，$Mg_{97}Zn_1Y_2$ 合金的强度最高(YS 为 610 MPa)。然而，当 Y 元素含量超过临界量时，Mg-Zn 基合金的强度可以降低。例如，研究报道了 Mg-Zn-Zr 合金的最大拉伸强度(UTS)可通过加入 1.08%(质量分数)的 Y 元素而增加到 230 MPa，然后下降到 180 MPa。当 Y 的含量增加到 3.08%(质量分数)时，在屈服强度(YS)上也发生了类似的情况。此外，研究报道了 Y 对镁锌基合金伸长率的影响，结果表明，当 Y 含量增加到 1.08%(质量分数)时，伸长率下降到 3.6%，然后随着附加 Y 含量的增加而略有增加。

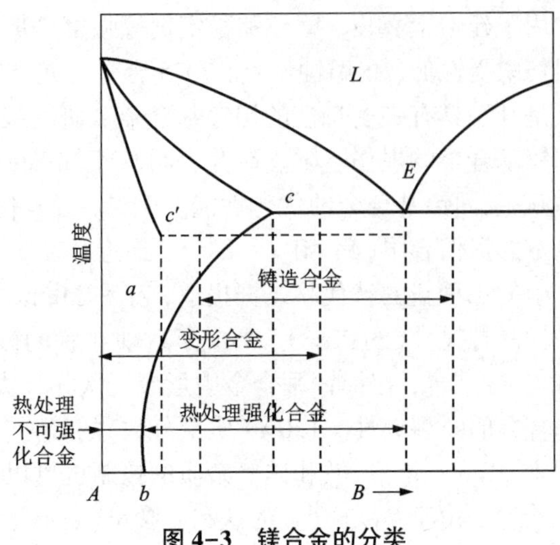

图 4-3　镁合金的分类

4.3.3　Ti 基合金

近年来，Ti 基合金的使用有所增加。操作空重，即所有操作人员物品、飞行所需设备和操作所需的所有流体的重量，已经让 Ti 基合金在其中的使用比例从 1%增加到 19%。此外，钛基合金已被用于飞机弹簧、直升机旋翼系统和发动机压缩机部件等结构中。钛基合金的吸引力主要在于其高比强度、优异的耐蚀性和良好的高温性能(表 4-1)。通常，根据晶体结构的类型，Ti 基合金可分为三类：α 钛合金、β 钛合金和 α-β 合金。接下来将介绍近年来在飞机上应用 Ti 基合金的研究进展。

表 4-1　典型高温钛合金的性能特点

钛合金牌号	Al 质量分数/%	Mo 质量分数/%	相转变温度/℃	性能特点
Ti6242S	6.0	2.0	995±10	热稳定性与蠕变强度结合良好
Ti1100	6.0	0.4	1015	高温蠕变性能良好
IMI834	5.5	0.3	1045±10	两相区热加工窗口温区宽、疲劳与蠕变性能匹配良好
BT36	6.2	0.7	1000~1025	高温蠕变性能良好、显微组织非常细小
Ti-60	5.8	1.0	1025	热稳定性与高温抗氧化性良好

(1)α 钛合金

α 钛合金可分为 α 合金和近 α 合金，它们完全或大部分由 α 相与中性合金元素或 α 稳定剂组成。一般来说，α 钛合金比 β 钛合金具有更低的密度、更高的抗蠕变性能和更好的耐蚀性。由于这些特性，钛合金，如 CP-Ti、Ti-3Al-2.5V、Ti-5-2.5、Ti-8-1-1、Ti-6-2-4-2S、IMI829、IMI834 和 Timetal-Ⅱ00 已被用于制造飞机发动机中的压缩机盘叶片。尽管 α 钛合金具有很大的吸引力，但一些研究却表明 α 相极大地限制了钛合金的高温能力。但幸运的是，α 稳定剂的添加使这些合金能够在温度达 600℃ 的飞机喷气发动机中使用。为提高 α 或近 α 钛合金的耐热性，研究者对 Al、Sn、Zr 和 Si 进行了研究。铝有着在高温下提高 α 钛合金强度的最广泛的应用。研究结果表明：随着 Al 质量分数从 0 增加到 15%，Ti-25Zr 钛合金的抗拉强度从 931 MPa 增加到 1319 MPa。通过将 Al 的添加量提高到 15%，其屈服强度提高了 47%。然而，随着 Al 含量的增加，伸长率却从 14.79% 下降到 5.55%。铝在 Ti-Zr 基合金中的强度利用率变低主要是由于 Al 和 Zr 之间的尺寸和模量不合适。

(2)β 钛合金

β 钛合金完全或主要由 β 相与 β 稳定剂组成。β 和近 β 合金比 α 钛合金具有更高的拉伸和疲劳强度，并且更容易制造成一些半产品。β 钛合金的高强度来自 β 稳定剂，如 V、Mo、Nb 和 Cr 等的合金原子可以降低 β-Ti 原子团的结合能，使合金原子与钛原子之间的键比 Ti-Ti 原子强，所以 β-Ti 原子团的结合能随合金元素含量的增加而降低。此外，冷轧过程中 ω 相的发生对 β 钛合金的力学性能也有显著影响。例如，Ti-3Al-8V-6Cr-4Mo-4Zr 合金的最小 UTS 值为 1240 MPa，Ti-15V-3Cr-3Al-3Sn 的最小 UTS 值为 1034 MPa。因此，这两种合金广泛应用于飞机起落架和飞机弹簧等高应力区域。除 Ti-3Al-8V-6Cr-4Mo-4Zr 和 Ti-15V-3Cr-3Al-3Sn 合金外，还有 4 种 β 钛合金在稳定生产，即 Ti-10V-2Fe-3Al、Ti-15Mo-2.7Nb-3Al-0.2Si、Ti-5Al5V5Mo3Cr0.5Fe 和 Ti-35V-35Cr。然而，β 钛合金具有较低的拉伸延展性。有趣的是，这一缺点可以通过优化组成和热机械加工来克服。例如，由于球度初级 α 相的生长，最近开发的 Ti-5Al3Zr4Mo4V4Cr(UTS 为 1370 MPa，伸长率为 17%)在老化条件下含有 3%(质量分数)Zr，其伸长率和 UTS 值均高于 Ti-5Al5V5Mo3Cr(UTS 为 1200 MPa，伸长率为 10%)。

(3)α-β 钛合金

α-β 合金在强度、断裂韧性和延展性等方面的优异表现，使得其成为应用最广泛的钛基合金之一，占国外钛合金市场的 70%。广泛应用和研究的 α-β 合金有 Ti-6Al-4V、Ti-6-22S

(Ti-6Al-2Sn-2Zr-2Cr-2Mo-Si)、ATI425(Ti-4Al-2.5V-1.5Fe-0.25O)和TC21(Ti-6A1-2Zr-2Sn-3Mo-1Cr-2Nb)。这些合金已应用于包括机身、起落架、地板支撑结构、机舱和压缩机盘的飞机结构和发动机部件。在这些合金中，应用最广泛的是Ti-6Al-4V。在亚微晶(SMC)条件下，Ti-6Al-4V合金的屈服强度和极限抗拉强度分别为1180 MPa和1300 MPa。然而，Ti-6Al-4V合金具有较低的硬度值(28.4HRC)。目前已经研究出来：由于其中板条状α相被细针状α相取代，导致紧密的片层间隔阻碍位错运动，如Zr之类的一些元素可以提高Ti-6Al-4V合金的硬度和强度。所以通过加入20%(质量分数)Zr，Ti-6Al-4V合金的显微硬度可提高到420 HV。此外，通过将Zr含量从0提高到20%(质量分数)，拉伸强度可从996 MPa提高到1317 MPa，但伸长率会下降至8.08%。

4.3.4 高温合金

高温合金从诞生起就用于航空发动机，是制造航空航天发动机的重要材料。发动机的性能水平在很大程度上取决于高温合金材料的性能水平。在现代航空发动机中，高温合金材料的重量占发动机总重量的40%~60%，主要用于四大热端部件(燃烧室、导向器、涡轮叶片和涡轮盘)，此外，还用于机匣、环件、加力燃烧室和尾喷口等部件。

铁基高温合金使用温度较低(600~850℃)，一般用于发动机中工作温度较低的部位，如涡轮盘、机匣和轴等零件。但铁基高温合金中温力学性能良好，与同类镍基合金相当或更优，加之价格便宜，热加工变形容易，所以铁基合金至今仍作为涡轮盘和涡轮叶片等材料在中温领域广泛使用。

镍基高温合金一般在600℃以上承受一定应力的条件下工作，它不但有良好的高温抗氧化和抗腐蚀能力，而且有较高的高温强度、蠕变强度和持久强度，以及良好的抗疲劳性能。主要用于航天航空领域高温条件下工作的结构部件，如航空发动机的工作叶片、涡轮盘、燃烧室等。镍基高温合金按制造工艺，可分为变合金、铸造高温合金、新型高温合金。镍基铸造高温合金在发动机中主要用于涡轮导向叶片，工作温度可达1100℃以上，也可用于涡轮叶片，其所承受温度低于相应导向叶片50~100℃。

钴基高温合金的抗氧化性能较差，但其抗热腐蚀能力比镍好；钴基高温合金的高温强度、抗热腐蚀性能、热疲劳性能和抗蠕变性能也比镍基高温合金更强，适用于制造燃气轮机导向叶片、喷嘴等。

最近研究的先进Ni基高温合金含有高体积分数的γ-Ni_3(Al, Ti)相，促使Ni基高温合金在高温下具有较高的强度。例如，在800℃时，锻造Ni-Cr-W高温合金的抗拉强度可达550 MPa。高温合金由于其高温强度高，广泛应用于如燃烧室和涡轮部分工作温度为1100~1250℃的某些航空发动机部件中。镍基高温合金对高温氧化的固有抵抗力很小。研究表明，Al的加入提高了镍基高温合金的抗氧化能力。因为Al_2O_3的形成可以阻止阳离子的向外扩散和氧离子的向内扩散，所以添加1%(质量分数)的Al可以使CM-247LC镍基高温合金在氧化时间为100 h时的氧化层厚度从20 μm减小到6 μm。此外，研究人员还发现镍基高温合金中铬的加入提高了该合金的热腐蚀和抗氧化能力，然而Cr的高含量却对微结构稳定性有害。最近，有研究表明，铬质量分数为5.7%的镍基高温合金的应力断裂寿命是不含铬的镍基高温合金的3.7倍。然而，高比例的Cr含量导致了脆性的拓扑紧密堆积相的形成并耗尽了来自γ′相的强固溶体。

4.3.5　钢

铁碳合金，是指由 Fe 和 C 两组元组成的合金。Fe 与 C 形成了一系列稳定化合物：Fe_3C、Fe_2C、FeC，都可以作为纯组元看待。

铁碳相图（图 4-4）：研究钢铁成分、相组织（表 4-2 与表 4-3）和性能之间关系的理论基础；制定热加工工艺的依据。

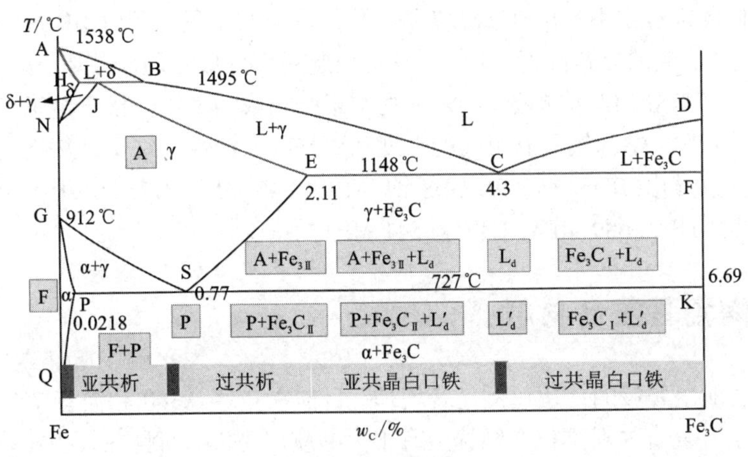

图 4-4　Fe-C 相图

表 4-2　基于 Fe-C 相图的相组织与组成

组织	相组成	符号
铁素体	δ	
	α	F
奥氏体	γ	A
渗碳体	Fe_3C	$Fe_3C_{Ⅰ}$ $Fe_3C_{Ⅱ}$ $Fe_3C_{Ⅲ}$
珠光体	$(\alpha+Fe_3C)_{共}$	P
高温莱氏体	$(\gamma+Fe_3C)_{共}$	L_d
低温莱氏体	$(P+Fe_3C)_{共}$	L'_d

表 4-3　基于 Fe-C 相图的室温相组成及其组织

类别	工业纯铁	共析钢	亚共析钢	过共析钢
相组成	$\alpha+Fe_3C_{Ⅲ}$	$\alpha+Fe_3C_{Ⅱ}$	$\alpha+Fe_3C$	$\alpha+Fe_3C$
室温组织	$F+Fe_3C_{Ⅲ}$	P	F+P	$P+Fe_3C_{Ⅲ}$

自莱特兄弟建造第一架飞机以来，钢铁一直被广泛应用于航空航天工业。随着新技术的发展，钢的组成已从碳和铁结合的合金转变为由丰富的附加合金元素与铁元素相结合的复杂

合金。钢铁作为一种传统的航空航天工业合金，尽管其在航空航天工业中仍然扮演着重要的角色，特别是在齿轮、轴承、车厢和紧固件中，但由于其比强度和耐蚀性低于轻合金和复合材料等新材料，故近年来其使用量经历了迅速的下降。

为了克服这些缺点，最近的研究集中在开发新的低合金钢和纳米钢研究方向上。与常规碳钢相比，低合金钢在淬透性、回火软化能力、耐磨性和耐蚀性等方面表现出了更好的性能。近期的研究表明，最具有吸引力的低合金钢类型被命名为超高强度钢(UHSS)。由于晶粒尺寸较细和沉淀强化作用，UHSS 的屈服强度在 1380 MPa 以上。然而，因为裂纹尖端的氢原子可以削弱原子间的键合作用，并通过滑移和微孔促进裂纹扩展，所以 UHSS 容易被氢(H)降解，在外加应力下，氢的分布高度不均匀，这会引起局部变形和局部破坏。除了 UHSS 外，近期开发了具有超细晶粒、纳米颗粒和纳米相的纳米结构或纳米钢。由于纳米粒子防止位错运动和钢表面缺陷较少，纳米钢具有更高的强度和更好的耐蚀性。纳米结构钢的一个典型例子是 9Cr 氧化物分散强化(ODS)钢。9CrODS 钢(YS 为 845 MPa，UTS 为 915 MPa)的强度高于常规 SAE2330 钢(YS 为 689 MPa，UTS 为 841 MPa)。

4.4 高温陶瓷基复合材料

复合材料在航空领域的使用比例显著增加，目前在空客 A380 和波音 787 飞机上的使用比例达 25%以上。复合材料不仅在结构上有很大的应用潜力，而且在某些发动机部件上也有很大的应用潜力。由于其比强度更高，耐腐蚀和疲劳性能优于大多数金属，复合材料在航空航天工业中的使用频率越来越高。

陶瓷基复合材料(CMC)，如碳化硅(SiC)、氮化硅(Si_3N_4)、氧化铝(Al_2O_3)、氧化锆(ZrO)、钛酸铝(Al_2TiO_5)和氮化铝(AlN)基复合材料，近年来由于其优异的特性(如高温稳定性、高硬度、高耐腐蚀性能)而得到了广泛的研究与应用。陶瓷基复合材料通常用于如排气喷嘴等飞行器的高温截面处。碳纤维增强碳化硅已被作为飞行器制动器的理想候选材料，在紧急制动条件下，其温度可达 1200℃。尽管有其优点，但断裂韧性有待提升。为了克服此缺点，即提升陶瓷基体的断裂韧性，研究工作大都集中于如碳纳米管和石墨烯等纳米材料的增韧方面。然而，研究报道关于碳纳米管增韧 CMC 的结果不是一致的。研究人员认为板条状石墨烯纳米片(GNPs)是陶瓷复合材料中碳纳米管的一种有效替代物，这是因为其力学性能与碳纳米管相似，分散性也更好。实验研究表明，通过添加 1.5%的石墨烯，Si_3N_4 陶瓷复合材料的断裂韧性提高了 235%。然而，板条状石墨烯的含量应限制在临界值。此外，研究表明，当石墨烯含量从 0 上升到 0.38%(体积分数)时，氧化铝陶瓷基复合材料的断裂韧性将会增加到 4.49 MPa · $m^{1/2}$，然而当石墨烯的含量达到 1.33%(体积分数)时，氧化铝陶瓷基复合材料的断裂韧性将会降至 3.53 MPa · $m^{1/2}$。

超高温单体型复合材料是一类特殊的陶瓷基复合材料(图 4-5)，由超耐火基体和碳纤维(C_f)组成。碳纤维分布均匀地集成到超耐火烧结陶瓷基体中，既不涂覆在纤维上，也不涂覆外部热障涂层(TBC)。通过典型的如热压(HP)、火花等离子体烧结(SPS)结工艺方法制备此种高温陶瓷复合材料。烧结技术允许这些陶瓷复合材料在几个小时内进行热处理致密化处理，其唯一缺点是几何成型受限制。相比较于耗时的技术，例如化学蒸汽渗透(CVI)，甚至聚合物渗透和热解(PIP)，烧结工艺的一次性致密化呈现出了巨大的优势。室温和高温下的机械性能表征、1500~2100℃的氧化研究、等离子风洞设施中的射弧射流测试等结果表明，通过热压烧结或等离子烧结工艺制备的复合材料呈现相似的微观结构和性能，同时等离子烧结的温度更低、时间更短。

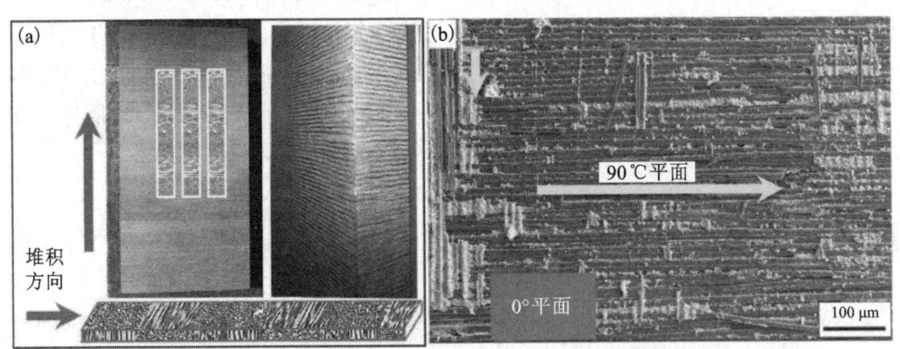

图 4-5　超高温陶瓷基复合材料试样的显微结构

4.5　纤维增强陶瓷复合材料

随着科技的发展，航空航天领域对高温材料的性能也提出了更高的要求。在高温环境下，要求高温材料具有高模量、高强度、良好的耐化学腐蚀、抗氧化、抗蠕变、抗疲劳等优异性能。然而，传统的高温材料已经难以满足这些领域的要求，以 SiC 纤维增强陶瓷复合材料为例，连续碳化硅纤维增强钛基复合材料是由增强陶瓷碳化硅纤维和基体钛合金冶金结合而成，它具有高比刚度、比强度、使用温度，以及良好的抗疲劳和抗蠕变性。

连续碳化硅纤维增强钛基复合材料是目前新型高性能结构材料的发展方向。它可用于制造发动机的叶片环、叶片、飞机蒙皮等，其在航空航天等领域拥有更广阔的应用前景。SiC_f/SiC 复合材料具有耐高温、抗氧化、高比强度、高模量和耐中子辐射等优异性能，是高温和辐射这种恶劣条件下结构部件的候选材料之一。近年来，SiC_f/SiC 在制备高性能航空发动机结构件的研究和应用中发展迅速。SiC_f/SiC 还用于设计和制备高温部件，如燃烧室火焰筒、涡轮定子叶片、推力室、机翼前缘等(图 4-6)。与高温合金进行高温对比试验，该材料具有明显的优势，可有效减轻零部件重量，减少冷却系统设计，提高发动机效率。此外，连续碳化硅纤维增强碳化硅高温结构也被认为是目前最有前途的吸波材料之一。

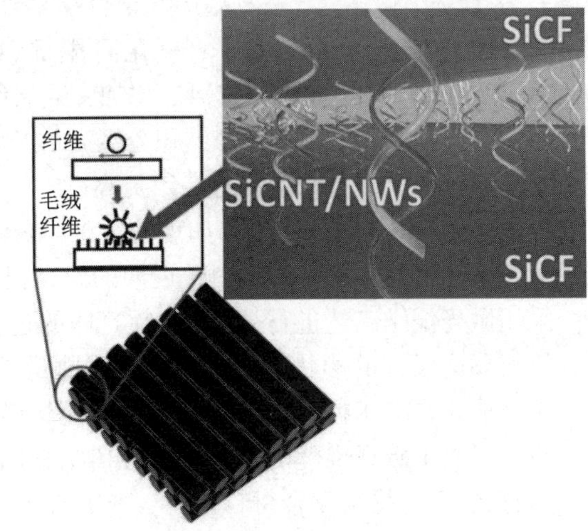

图 4-6　SiC 纳米线(SiCNWs)/SiC 纳米管(SiCNTs)/SiC 纤维(SiCF)复合材料

目前的火箭引擎内部温度可高达1600℃，这样的高温足以融化钢铁，碳化硅能经受住2000℃的高温，这是新引擎的理想温度。目前这种复合材料的制法是，将碳化硅纤维编织物分层，在空隙中填充多孔的陶瓷。不过这种令人惊叹的复合材料在引擎的高压下会开裂，因为纤维之间会滑动，并把陶瓷挤出去。碳化硅纤维基复合陶瓷材料用于航空航天轻型高热发动机零件，通过编织、层压，然后与碳化硅陶瓷基体复合，最终形成所需的陶瓷复合材料。为了进一步提升复合材料的力学、热稳定性及抗氧化性，在 SiC 纤维表面，采用形状记忆方法，将 C 纳米管转变成 SiC 纳米管或 SiC 纳米线，表面改性后的纤维强度提升了将近 4 倍，该方法可以大规模适用于其他各类陶瓷纤维，比如氮化硅、氮化硼纤维等。

4.6 聚合物基复合材料

基于基体特性的差异，聚合物基复合材料(PMCs)可分为两类(热塑性和热固性)。聚合物基复合材料的突出优点是其众所周知的高比强度和高比模量。例如，碳纤维(CF)增强环氧复合材料的密度仅为铝基合金的一半，而弹性模量和拉伸强度分别是铝基合金的两倍和三倍。热固性和热塑性 PMCs 都被用于如副翼、襟翼、起落架门等航空航天结构的应用。CFRP 在波音 777 和 787 飞机中的重量高达 50%。虽然传统的 CF 可以提高 PMCs 的强度，但由于 CF 的脆性，CF 增强复合材料更容易受到应力集中。因此，近期对 PMC 纤维的研究主要集中在天然纤维、碳纳米管、石墨烯和玄武岩上。天然纤维，如亚麻、大麻、香蕉、竹子、再生纤维素纤维(RCF)被用于聚合物体系中，以提高 PMC 的力学性能。研究报道表明，20%亚麻纤维的高密度聚乙烯(HDPE)的抗拉强度是没有任何亚麻含量的 HDPE 的两倍。然而，天然纤维/聚合物复合材料的主要缺点是亲水性天然纤维与疏水热塑性基体之间的不相容性。除了天然纤维增强 PMCs 外，碳纳米管增强 PMCs 还广泛应用于军用飞机的结构部件和战斗机导电涂层。早期研究表明，碳纳米管能显著提高聚合物复合材料的弹性模量、断裂强度和硬度。然而，当 CNT 含量超过临界点时，随着 CNT 含量的增加，聚合物复合材料的力学性能降低。与 CNT 增强 PMCs 相比，石墨烯基聚合物复合材料具有更好的力学性能。例如，研究表明，当仅添加 0.1%(质量分数)的氧化石墨烯(GO)时，环氧复合材料的拉伸强度会从 52.98 MPa 增加到 71.54 MPa。此外，添加玄武岩纤维是 PMC 中另一种有效的加固方法，玄武岩纤维的含量从 0 增加到 15%(体积分数)的过程中，玄武岩对琥珀酸丁酯的拉伸强度、拉伸模量、弯曲强度和弯曲模量均有持续提高。

聚合物基复合材料是将纤维(如玻璃纤维)嵌入到环氧树脂或其他基体材料中，嵌入式纤维增强了基体，使得材料更加坚固。近期的研究报道表明可开发出 3D 打印耐高温聚合物的方法。采用激光烧结工艺进行聚合物 3D 打印的过程中，通过高温激光穿过聚合物粉末床以形成计算机预先设计的形状。随后利用激光能量成形新的粉末层，这个过程重复多次，直到三维零件完成。在树脂材料中加入碳纤维填充材料，以更好地将激光的能量转移到基体。研究人员采用浸渍了碳纤维丝的高温热固性树脂和选区激光烧结工艺，成功打印出可承受高于300℃的耐高温聚合物基复合材料部件，未来有望用于涡轮发动机备件或发动机排气周围的高温区域。

三维连续网络对于提高复合均匀性以及减少声子的界面散射具有重要的意义(图 4-7)，以此作为填料与聚合物复合可以有效提高其导热效率。聚合物分子链的无序性和分子链间相互作用弱是导致聚合物热导率低的主要原因，聚合物链的非晶态结构和随机震动极大地降低了声子的平均自由程，造成大量的声子散射。通过提高聚合物的结晶度、改善聚合物链的取向性、增强分子链间的相互作用，可以有效地改善声子在聚合物链上的传递，从而提高聚合物的热导率。聚合物的导热性能可通过直接填充导热填料来改善，但其往往需要极大的填充量才可以达到理想的热导率，同时还需要解决填料的分散性和界面相容性问题。填料含量低的复合材料热导率值改善较差，而填料的填充率高则会削弱聚合物的加工性能和力学性能。三维网络的连通结构使其具有较小的界面热阻，从而在制备高性能导热复合材料方面更具有优势。构建的三维连续导热网络可以克服制备过程中填料团聚的缺点，保证填料在聚合物基体中均匀分散；相互连接的填料网络在聚合物中提供了更多的传热通道，并通过降低界面热阻的负面影响来增加热导率；三维网络结构的取向性更加易调控。

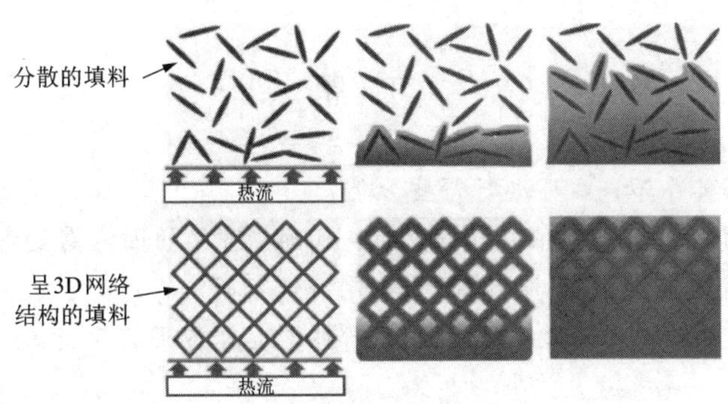

图 4-7　三维导热网络构筑聚合物基复合材料

4.7　碳/碳复合材料

碳/碳复合材料是以碳纤维为增强体，以化学气相沉积炭或树脂炭为基体的复合材料(图 4-8)，主要用于刹车盘制作。刹车盘是以摩擦材料设计技术和制备技术为核心的刹车制动类产品，用于飞机、坦克装甲车辆和高速列车的刹车制动。由于碳/碳复合材料具有密度低、耐高温、抗腐蚀、摩擦磨损性能优异、抗热振性优良、不易发生突发灾难性破坏等一系列优点，现已成为航空制动装置的首选刹车材料。现代的高性能民用客机，如波音 747、波音 757、波音 767、空客系列、麦道系列等都采用碳/碳复合制动材料刹车装置。为了进一步提高碳刹车盘的力学性能，以提升刹车材料及飞机的安全性，以北京北摩高科、西安制动为代表的国内公司采用整体针刺毡联合化学气相沉积工艺制备碳刹车盘，最终实现碳刹车盘国产化。国外主要的碳刹车盘制造商有法国赛峰公司(SAFFP)、美国联合航空运输公司(UALUS)、霍尼韦尔(HONUS)与英国的美捷特(MGGTLN)公司。国外公司(OEM 件)采用短纤维模压工艺生产碳刹车盘，具有良好的摩擦磨损性能，但是其力学性能相对偏低。

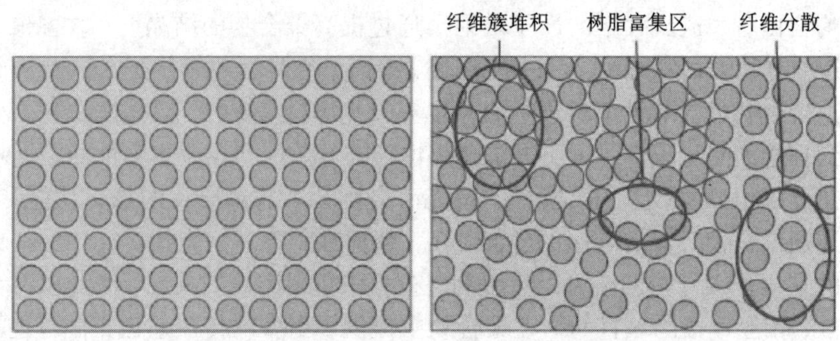

图 4-8　碳纤维/树脂构成的碳/碳复合材料的微观结构示意图

习　题

1. 复合材料依据体系不同，可进行哪些分类？

2. 航空航天使用的复合材料在进行设计时，有哪些方面的因素需要考虑？

3. 航空航天不同体系的复合材料的防热机制有何不同？

4. 当今航空航天主流的复合材料体系包括哪些？具体应用在飞行器哪个部位？其对性能的具体需求有哪些？

5. 高超音速飞行器，由于飞行器不同部位根据力学强度与防热需求不同，其材料结构设计及材料优化选取有何异同？

第 5 章　航空航天轻质防热材料及结构设计

随着航空航天领域对高超声速飞行器工作任务的多样化要求，其飞行速度不断提高，严苛的气动加热会导致飞行器的表面热流和温度极高，所以对其热防护结构和系统提出更高的要求。使用高效、轻质的热防护材料是确保高超声速飞行器服役安全的关键措施。

随着高超声速飞行器的逐步发展，气动加热已经成为制约其发展的因素之一。高超声速飞行器因马赫数大于 5 的高速飞行使得飞行器气动热环境极其恶劣，两小时全球到达的长时间飞行又使得气动热问题产生了与弹道有关的瞬态热环境。当飞行器在大气层内长时间高马赫数飞行时，飞行器前面的空气受到强烈地压缩和摩擦，动能转化为热能，导致周围空气温度急剧升高，产生剧烈的气动热，而且热能迅速向飞行器表面传递，导致飞行器结构外表面温度急剧升高(图 5-1)。若缺乏可靠的防热与热控系统的保护，飞行器的诸多子系统将暴露在高温下，致使飞行器烧毁，造成灾难性后果。

图 5-1　飞船返回舱、再入航天飞机气动加热

对于高超声速飞行器来说，热防护系统是其关键系统之一，它可以阻止热量进入机体内部，保持飞行器结构温度在允许的范围内，使飞行器在飞行过程中正常运行。同时热防护结构需要传递气动载荷、维持气动外形，要求具有较高刚度。随着高超声速飞行器对飞行时长要求的不断提高，长时间、大热流的气动热环境给高超声速飞行器热防护结构设计带来了新的挑战，制约着高超声速飞行器的发展。飞行器中轻质热结构设计至关重要，不但反映一个国家结构材料发展的水平，更是发展航空航天事业的先行保障。面向未来国家重大工程和特种航天飞行器的发展需求，防热材料的持续轻质化是先进热防护系统发展的前提，功能多样化、兼容与集成是发展的必然趋势。

5.1 热防护的基本模式

热防护的基本模式有热沉淀式、烧蚀式、辐射式、主动式。

热防护材料和结构的作用是保证飞行器在外部经受高气动载荷、舱体内外大温度梯度的严酷条件下能够安全服役，在不同服役场合应采用不同种类的防/隔热材料。常见的热防护材料例如陶瓷基复合材料、纤维类隔热材料和气凝胶等，其特点是通常具有骨架结构和多尺度的孔隙，内部传热需要考虑热辐射、热对流和热传导三种方式。

主要的防热系统可分为三大类：被动防热系统、主动防热系统和半被动防热系统，各系统又包括若干种防热结构(图 5-2)。根据飞行器飞行任务需求和热环境分析结果，综合考虑加热环境、力学环境、使用次数、成本等因素，飞行器各部位采用不同类型的热防护系统(图 5-3)。

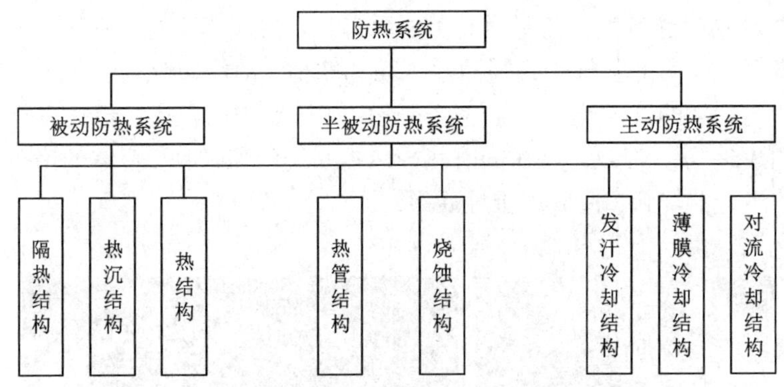

图 5-2 热防护模式基本分类

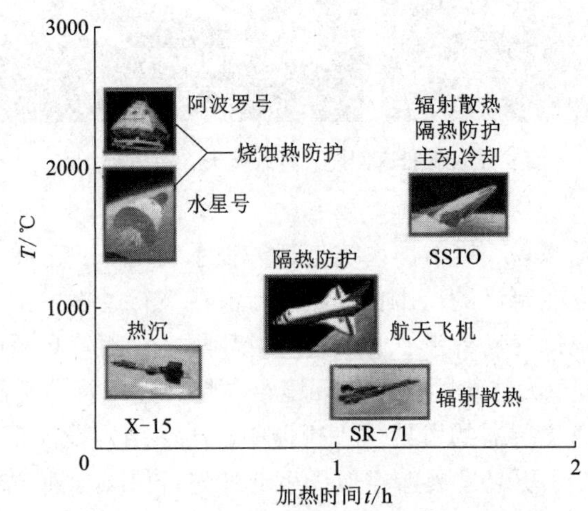

图 5-3 不同飞行条件下不同飞行器的热防护

5.1.1　被动防热模式

被动防热系统主要依靠防热结构和材料本身将热量吸收或辐射出去，不需要工质，简单可靠，使用广泛，可保持气动外形不变。该系统又可分为热沉结构、热结构和隔热结构(图 5-4)。被动热防护系统的方案有刚性陶瓷瓦、柔性毡、高导热碳基防热、盖板式防热等。例如，X-51A 和 X-43A 飞行器的主体结构的外层都采用被动热防护结构的陶瓷瓦方案进行大面积热防护；苏联暴风雪号航天飞机再入气动过程中，在最高温区即机头锥帽和机翼前缘位置采用碳/碳薄壳热结构，在较高温区的机身机翼采用陶瓷刚性隔热瓦，低温区采用陶瓷柔性隔热毡进行热防；X-37B 轨道试验飞行器的迎风面使用了波音公司最新研制的 BRI 陶瓷隔热瓦，使用温度超过 1315℃。盖板式防热结构是由盖板材料和隔热材料构成的组合结构单元，是结构功能一体化的一种热防护方案，目前主要包括金属盖板热防护系统和陶瓷基盖板热防护系统两种。例如 X-43A 高超声速飞行器在迎风面区域高温区采用了碳化硅陶瓷复合材料盖板+ 轻质柔性隔热层的防热结构。

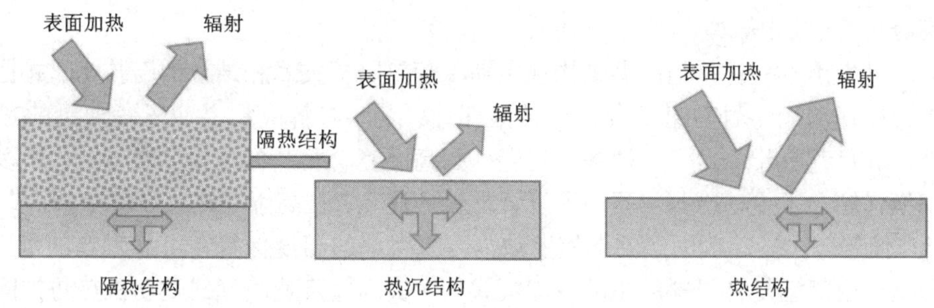

图 5-4　热沉结构、热结构和隔热结构

5.1.2　主动防热模式

主动热防护主要是依靠冷却工质将绝大部分热流带走，并将一小部分热量反射。一般分为蒸发冷却、薄膜冷却、对流冷却和组合冷却等(图 5-5)。在主动热防护系统中，各种防热结构多采用金属材料，仅对流冷却结构中的(热交换器)面板或盖板可选用高导热石墨/铜或碳化硅/钛等复合材料，因而对流冷却结构也是未来可重复使用的高超音速航天器最高温区如机头锥帽、机翼前缘和发动机结构的必选防热材料。

(1)薄膜冷却：薄膜冷却技术是通过在飞行器表面覆盖冷却剂，使其带走热量。具体表现为在壁面附近设置槽缝或离散孔，以一定的入射角喷注冷却剂，形成一层气膜覆盖在高温表面上，从而降低主流与壁面之间的换热，同时温度较低的冷却剂与壁面之间会进行换热带走热量。

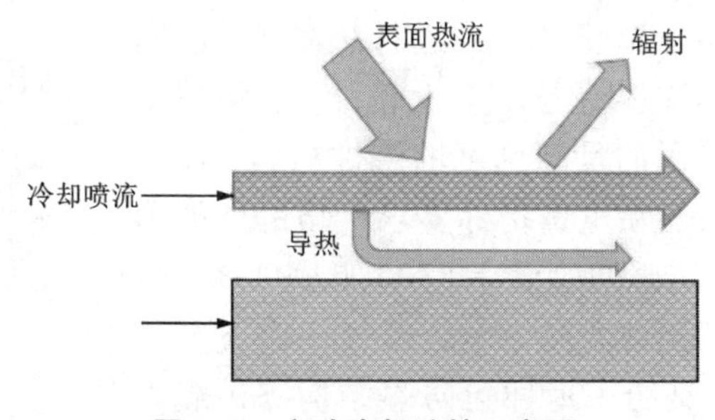

图 5-5　主动冷却防护示意图

(2)蒸发冷却：蒸发冷却是一种大幅度提升冷却效率的主动冷却技术。通过开小孔并向外喷射冷却剂，通过蒸发带走表面热量。蒸发冷却以具有大比表面积的多孔介质为载体，冷却剂从微孔进入，与骨架材料充分接触来进行热交换，吸收热量后从另一端的微孔流出，在材料高温表面形成一层薄膜，与高温主流隔离。

(3)对流冷却：通过一种自带的冷源，在内部进行对流冷却的方式，降低飞行器表面的温度并减小热量向飞行器内部的传输，从而达到主动控制温度的目的。通过携带冷源内部冷却的方式，固体材料的选择上可以有更多可能，可以选用密度较小结构较轻的材料，减小结构重量，减小不必要载荷，提高导弹机动性。

(4)组合冷却：目前高超声速飞行器外部主动式热防护系统可分为两种，一种是将冷却工质加注到局部高温区域，通过改变流场结构影响气动力热的分布，同时利用冷却工质自身的特性和周围环境之间发生热交换，这种热防护系统主要有逆向喷流、气膜冷却、发散冷却和能量沉积；另外一种是直接改变飞行器前缘、鼻锥等部位的外形，通过设计特定的结构形式来改变流场实现减阻防热，其中最具代表性的是激波针减阻杆和迎风凹腔。每种冷却方式都有各自的优势，且都有一定的适用范围，而将不同的冷却方式组合起来，是未来发展的趋势。较为常见的组合冷却方式有激波针-逆向喷流、迎风凹腔-逆向喷流、迎风凹腔-能量投放和气膜冷却-发散冷却等。

近年来开发出了一种将耐高温结构和主动冷却热防护技术相结合的新技术，并据此开发了具有主动冷却功能的耐高温复合材料结构部件，以此来解决超燃冲压发动机的热防护问题。此外，研究者还开发出了一种基于陶瓷基耐高温复合材料的主动冷却结构，该多层材料主动冷却模式结合了主动冷却和耐高温复合材料的优点，在高温高热流环境中的冷却能力较强，可以在使用较少冷却剂的条件下使发动机壳体内部的温度保持在可靠工作的范围内，并指出使用基于耐高温复合材料的主动冷却模式是解决高超声速吸气式发动机热防护问题的新途径。

5.1.3 半被动防热模式

半被动热防护是介于主动和被动热防护方案之间，大部分的热量靠工作流或气流带走，主要采取热管结构和烧蚀结构两种结构形式(图 5-6)。热管结构一般用于局部加热程度严重而其周围区域加热程度较轻的部分；烧蚀结构适用于表面气动加热十分严重的飞行器部位，该结构通过烧蚀引起自身质量损失，吸收被带走大量的热量，阻止热量传递，起到保护内部结构的作用。例如，高超声速飞行器翼面前缘局部气动加热严重而相邻区域加热程度较轻的情形，其可以采用高温热管结构进行热防护；国内返回式卫星与联盟飞船一样，防热结构采用的是高密度的烧蚀材料，而神舟飞船在重量指标要求严格的严峻形势下，返回舱设计了中、低密度烧蚀材料的烧蚀防热结构，通过 5 次飞行试验，证明了返回舱防热结构满足载人飞行要求。

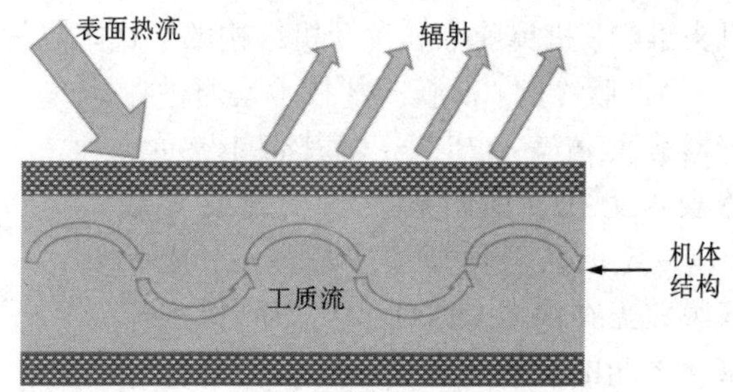

图 5-6　半主动防热：热管结构示意图

5.2　热防护复合材料

防热材料是为保证飞行器在特殊的气动热环境下正常工作的一种功能材料，它不仅要使飞行器在气动热环境中免遭损毁破坏，还要使被防护结构保持在指定的工作温度范围内，同时还应保证结构的气动特性(表 5-1)。被动热防护系统主要选用抗氧化碳/碳、陶瓷或金属基复合材料；主动热防护系统中，多选用金属材料；半被动热防护系统中，热管结构中选用高温金属热管，碳/碳或陶瓷基复合材料面板，烧蚀结构多选用烧蚀材料。

表 5-1　高超声速飞行器各温区热防护材料及防热系统设计

飞行器型号	高温区(前缘)	高温区(下表面)	低温区(上表面)
暴风雪号	C/C 复合材料	刚性防热瓦	陶瓷柔性隔热毡
Hermes	C/SiC、C/C 复合材料	C/SiC 盖板+隔热层	陶瓷柔性隔热毡
HOPE 号	增强 C/C 复合材料	刚性隔热瓦+隔热层	陶瓷柔性隔热毡或钛合金多层壁
Hotol 号	C/SiC 复合材料	镍波纹夹层板+隔热层	钛波纹夹层板+隔热层
X-33 号	C/C 复合材料	高温合金板+隔热板	高温合金面板+隔热层
空天飞机	C/C 复合材料	陶瓷复合材料+主动冷却结构	陶瓷柔性隔热毡/钛合金多层壁

5.2.1　金属基复合材料

金属热防护系统已成为高超声速飞行器除高温区外其他部位大面积热防护的重要发展方向。其用于各类航天运输系统的传统金属防热系统结构(主要是高温合金、钛合金蜂窝或多层壁结构)，以及新型的 ARMOR 热防护结构中。近年来的发展趋势是新型钛合金和钛铝合金化合物机体结构及以其为基的复合材料蒙皮，这些可多次重复使用的耐高温轻质金属结构已成为未来空天飞机的主要热结构。根据目前材料及工艺的发展现状，按照温度范围，金属防热材料的选材大致为：在 500℃以上选用钛合金，但在 500℃以下辐射散热作用不明显时，极少采用；在 500~900℃，选用铁钴镍为基的高温合金；1000~1650℃，选用经抗氧化处理的难熔金属。

5.2.2　陶瓷基复合材料

陶瓷基复合材料，作为一种高温结构材料，其耦合了长纤维增强材料和难熔陶瓷基体的双重特性，具有优异的力学性能、热力学稳定性、耐高温性能和较高断裂韧性。根据增韧方式的不同，陶瓷基复合材料可分为颗粒、晶须、层状和连续纤维增韧陶瓷基复合材料，连续纤维增韧陶瓷基复合材料能从根本上克服陶瓷脆性大的缺点，成为陶瓷基复合材料发展的主流方向，材料体系主要为 C/SiC_f 和 SiC/SiC_f。

陶瓷基复合材料的另一大类是由高熔点硼化物、碳化物以及氧化物组成的超高温陶瓷材料，在 2200℃以上的超高温度下具有很好的化学和物理稳定性，如 ZrB_2、HfB_2、TaC、HfC、ZrC、HfN 等。超高温陶瓷材料是可用于制备飞行器鼻帽、机翼前缘等热结构的很有前途的一种材料。超高温陶瓷的强韧化，以及通过微观结构设计和控制提高其损伤容限和可靠性，是未来主要的研究方向。

5.2.3 聚合物基复合材料

树脂基复合材料是由短切纤维或连续纤维及其织物复合树脂基体复合而成，具有比强度高、耐高温、耐疲劳等优异的性能，是目前航空航天领域发展较成熟的先进复合材料。根据树脂基防热复合材料在飞行器热防护应用上的烧蚀隔热机理和密度，可以分为烧蚀防热型树脂基复合材料和低密度烧蚀隔热性树脂基复合材料。

飞行器上用于烧蚀防热型树脂基复合材料的增强纤维主要有玻璃纤维、碳纤维、高硅氧纤维、石英纤维等，常用的树脂基体有有机硅、酚醛、聚芳炔、聚酰亚胺等。酚醛树脂基防热复合材料因成本低、成型工艺简单、耐烧蚀性能优异，是飞行器上应用最广泛的防热材料之一。其中，玻璃纤维/酚醛、高硅氧纤维/酚醛、石英纤维/酚醛复合材料适用于中等热流密度和中等焓值的飞行器，碳纤维/酚醛复合材料适用于较高热流密度和较高焓值的飞行器，涤纶纤维/酚醛、PGE/酚醛适用于低热流、高焓和长时飞行的飞行器。

低密度烧蚀隔热型树脂基复合材料一般以酚醛树脂、环氧树脂或硅橡胶等作为基体，以纤维、酚醛微球、玻璃微球等作为增强材料或填充剂复合而成，其密度范围通常为 0.2～0.9 g/cm^3，在返回式卫星和飞船上得到广泛应用。例如，我国神舟系列载人飞船防热所用的 H88、H96 低密度烧蚀材料，都已在多个型号上得到成功应用和飞行验证。

5.2.4 碳/碳复合材料

碳/碳复合材料是碳纤维增强碳基复合材料，是一种新型的超高温复合材料，其主要是用于制造导弹的弹头部件、航天飞机防热结构部件(机翼前缘)以及航空发动机的热端部件。然而碳/碳复合材料的致命弱点就是抗氧化能力差，空气中 400℃以上就开始氧化。目前实现碳/碳复合材料抗氧化性能提升的方法主要有三种：一是优化碳纤维预制体结构；二是在复合材料表面施加抗氧化涂层；三是通过基体浸渍和添加抑制剂提高碳/碳复合材料自身抗氧化能力。

5.3 热防护一体化结构设计及应用

5.3.1 波纹夹芯热防护结构

将工程中常用的波纹板应用于热防护设计，在波纹空隙内填充隔热材料能实现防隔热功能。该结构利用波纹夹芯板刚度高、质量轻的优点，不仅能够承担气动载荷，而且能够承担传统热防护系统不能承受的面内载荷，并且波纹夹芯板目前可形成弯曲的三明治结构，这样大大提高了热防护系统的设计灵活性。波纹夹芯热防护结构主要由四部分组成，即顶面板、底面板、连接腹板和隔热材料。顶面板直接同高温热流和气动力载荷接触，腹板则需要在较高的温度梯度下连接两个面板，传递和分配机械载荷，并承受面内剪切载荷，底面板通常为热沉结构，用以存储一部分热量，防止过多热量进入机体内部。波纹芯在波纹方向上具有很高的弯曲刚度，并兼具纵向拉伸性能以及较高的芯子剪切强度。从整体上看，波纹夹芯 ITPS

具有较高的面内和面外刚度，能承受较高的气动载荷，在波纹腹板与面板之间的堆芯空隙中填充低热导率的隔热材料又能起到隔热作用。

研究人员采用两步法制备了可回收的自增强聚丙烯波纹夹芯结构(图 5-7)，分别热压成型面板和波纹芯层，再借助热熔胶熔融连接制成夹芯结构。光学显微镜结果显示，面芯界面处树脂过渡连续、纤维丝束平均分布。采用理论、有限元和实验相结合的方法，研究了自增强聚丙烯波纹夹芯结构面外压缩性能，探讨了波纹角度和质量分布对弯曲性能和吸能的影响。

(a) 波纹芯层

(b) 夹芯板

(c) 单胞

(d) 连接处光学显微镜照片

图 5-7　波纹夹芯结构

5.3.2　点阵夹芯热防护结构

点阵结构材料是一种多孔有序微结构材料，其以轻质、比强度高、比刚度大、缓冲吸能及良好的可设计性而成为 21 世纪前沿热点研究的材料之一。复合材料点阵夹芯结构(图 5-8)是由碳纤维复合材料一体化加工成型，兼具点阵结构轻质和多功能的优势，研究开发这种集承载、散热多功能特性于一体的复合材料点阵夹芯结构对于未来航空航天的发展是十分必要的。

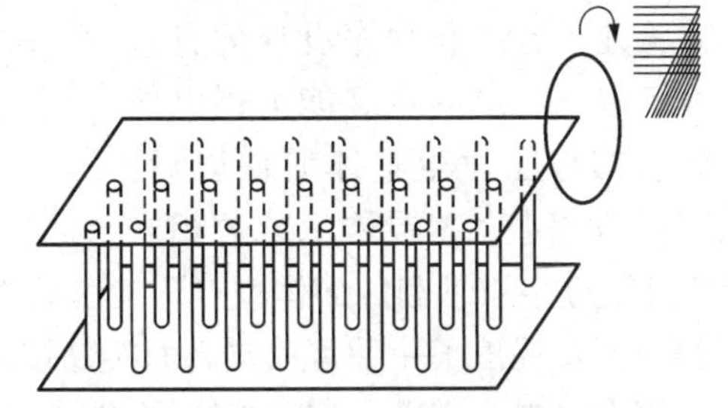

图 5-8　复合材料点阵夹芯结构设计简图

研究结果表明：基于此点阵夹芯结构，在考虑热传导与热辐射耦合换热的情况下，碳纤维点阵夹芯结构内部的辐射换热在 350℃

左右时较为明显；纤维柱芯体对辐射换热的贡献较小；结构表面的发射率对辐射换热的强弱有影响。发射率越高，辐射换热越强，结构的温度越低。

点阵材料，除具备减重特性外，开放式结构也使得点阵材料具备其他多种功能，如点阵材料除了具有优良的力学性能外，还可同时满足热学、声学、能量吸收等多功能需求。由于点阵材料内部存在连续通道，也是一种理想的散热结构，可以作为新型的紧凑式散热器应用于超声速飞机、宇宙飞船中，以进行主动冷却。点阵夹芯结构设计主要围绕以承载和散热性能为目标的点阵材料结构性能分析与力热一体化优化设计、多孔结构力学及热学性能的评价、三维点阵结构的散热性能及优化设计等。

与传统的泡沫、蜂窝以及金属点阵等夹芯结构相比，这种新型的碳纤维增强点阵夹芯结构(图 5-9)具有密度低、比强度和比刚度高等优点，同时还具备散热快等特性。因此，开发这种碳纤维增强点阵夹芯结构集散热、承载于一体的多功能特性对未来航空航天的发展是十分必要的，同时围绕碳纤维增强点阵夹芯结构从散热和承载两方面进行了性能分析，并对其进行了多功能协同优化设计，以寻求更优质高效的点阵夹芯结构。

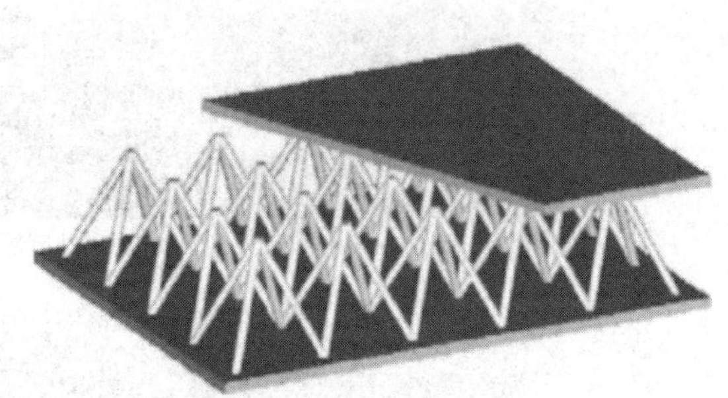

图 5-9　金字塔型碳纤维增强点阵夹芯结构示意图

通过采用连续介质力学的方法给出了点阵夹芯的等效刚度特性，基于经典的层合理论给出了复合材料层合面板的刚度特性，通过串并联模型给出了碳纤维增强点阵夹芯结构整体的刚度特性，并将对夹芯结构实际承载能力影响较大的结构面内剪切刚度定义为承载性能指标。在满足既定的承载能力要求和一定的散热能力要求约束下，提出了一种对碳纤维增强点阵夹芯结构进行多功能优化设计的协同优化方法。同时对不同结构形式的芯子做了相应的比较和分析，结果表明金字塔型点阵夹芯结构在实现轻质的同时，具有较强的散热能力，而且承载能力更好，更为轻质高效。

此外，对四面体和金字塔型点阵设计的点阵夹芯结构进行了对比分析(图 5-10)，采用连续介质等效理论，对夹芯结构的位移场进行了假设，通过对不同结构参数的试样进行试验，分析了点阵夹芯复合材料的屈曲行为，并验证了有限元程序设计的有效性，由于点阵芯层的承载能力得以体现，夹芯结构在发生整体屈曲以后，还可以继续承载；芯层体积分数相同的情况下，金字塔型和四面体型点阵夹芯结构的屈曲强度相差不大，后者略高。

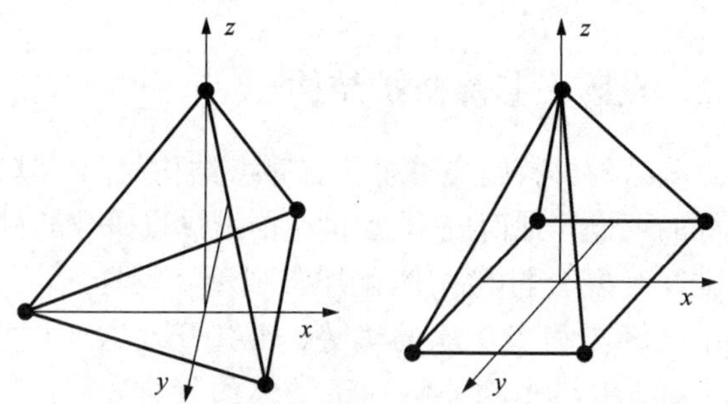

图 5-10　四面体和金字塔型点阵胞元示意图

研究人员提出了一种可以提高面芯黏接强度的点阵夹芯结构设计方法，将其称之为节点增强型复合材料金字塔点阵夹芯结构(图 5-11)。通过面芯间的铝合金加强框，增大芯子与面板间的黏接面积，进而提升面芯黏接强度。复合材料点阵夹芯结构的剪切性能和单胞之间协同变形的能力，均可通过铝合金加强框得到有效提升。此外，复合材料面板和加强框的组合类似于加强筋，可以提高面板和整体结构的承载能力。

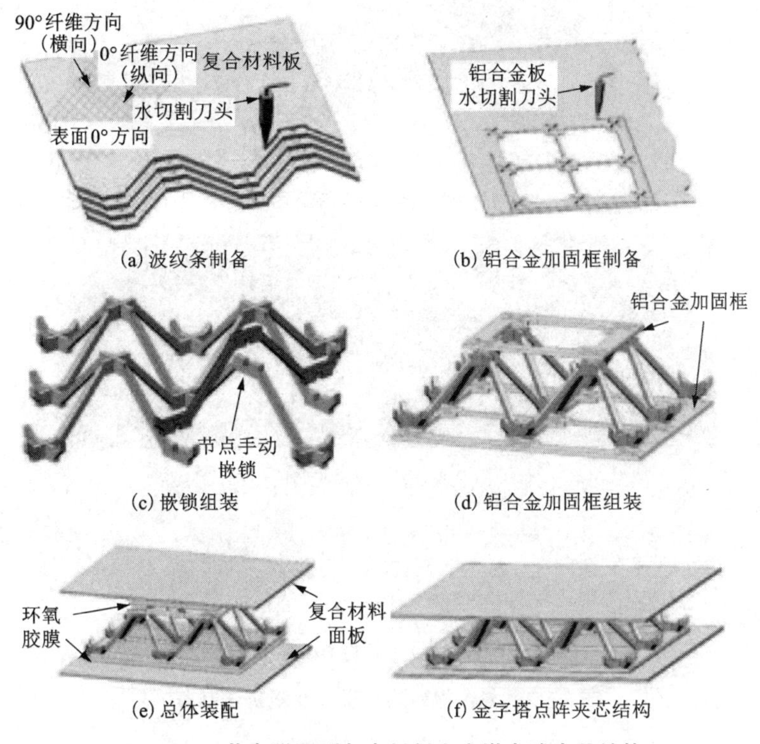

(a) 波纹条制备　(b) 铝合金加固框制备　(c) 嵌锁组装　(d) 铝合金加固框组装　(e) 总体装配　(f) 金字塔点阵夹芯结构

图 5-11　节点增强型复合材料金字塔点阵夹芯结构

5.3.3　蜂窝夹芯热防护结构

蜂窝夹芯的灵感来自密封的蜂巢结构，由其形成的夹芯结构具有高比强度、高比刚度、优异的抗弯性能和抗冲击性。当前，研究广泛的是铝合金蜂窝、芳纶纸蜂窝，除此之外，高温合金、不锈钢、聚合物等材料制备的蜂窝结构的研究也较为成熟。

复合材料蜂窝结构裁折法（图 5-12）：采用半固化复合材料预浸料作为基材，通过沿预定路径对片材进行剪裁、折叠并固化，得到复合材料蜂窝结构。为了保证预浸料在高温高压的固化条件下结构形状不发生改变，复合材料裁折成型技术采用聚四氟乙烯制备成相应形状的模具，填充进蜂窝结构中。材料在真空热压罐中固化成型后取出脱模，待表面处理后与面板黏合在一起，做成全复合材料的蜂窝夹芯结构。

复合材料裁折成型技术解决了传统复合材料蜂窝结构面芯之间黏接面积小、黏接强度弱的瓶颈问题，有效提升了其力学性能，提升了蜂窝结构在先进航天器结构部件上的应用潜力。未来研究将推进该蜂窝结构在先进航天器轻量化、多功能一体化方面的应用进程，其涉及的静态力学性能、动态力学性能、热-力耦合性能等方面的科学问题今后可以进一步研究。

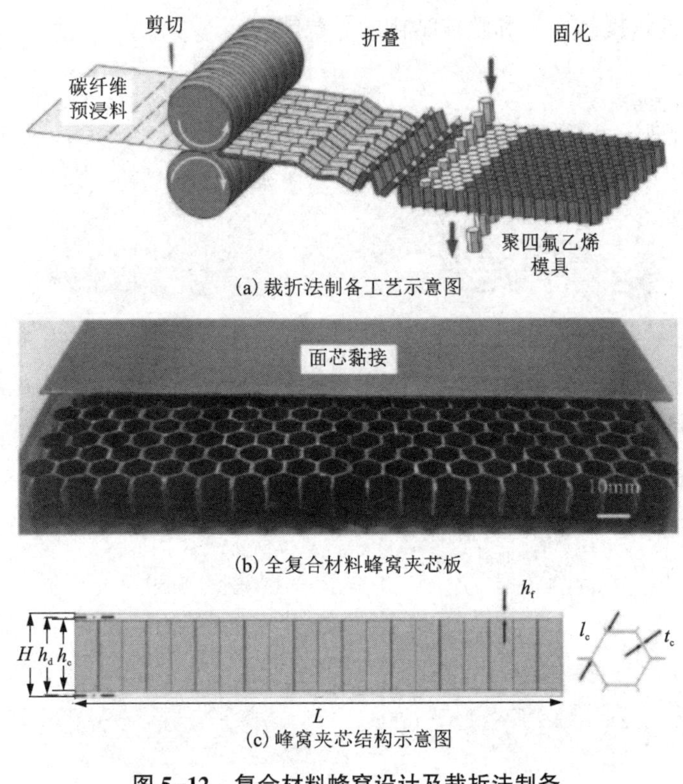

(a) 裁折法制备工艺示意图

(b) 全复合材料蜂窝夹芯板

(c) 峰窝夹芯结构示意图

图 5-12　复合材料蜂窝设计及裁折法制备

5.3.4　刚性隔热条热防护

以 X-37B 为代表的高超声速飞行器等武器装备以快速机动反应、可靠性高等特点成为各国争相研究的热点。随着高超声速飞行器马赫数的提高及其在大气层飞行时间的延长，其表面热环境越来越严苛，为应对该突出问题，需对飞行器表面进行热防护以保证机体内元器件正常工作。因此，高温热防护系统在航空和能源领域越发受到重视。刚性隔热材料作为热防护系统的重要组成部分，具有轻质、低热导率、热稳定性高等优点，但同时也存在力学强度较低、脆性大、基体分散不均匀等缺点(图 5-13)。

鼻锥及翼前缘-增强碳/碳材料：碳纤维增强碳基体材料，由酚醛树脂多次浸渍碳纤维织物并裂解形成。使用过程中，其外层通过高温固相溶渗的方式形成一层灰白色的 SiC 层，密度约 1. 65 g/cm^3，弯曲强度约 62 MPa，抗拉强度约 31 MPa，正常使用温度范围为-156～1648℃。此材料为优良的热结构材料，可同时承受前缘严酷的

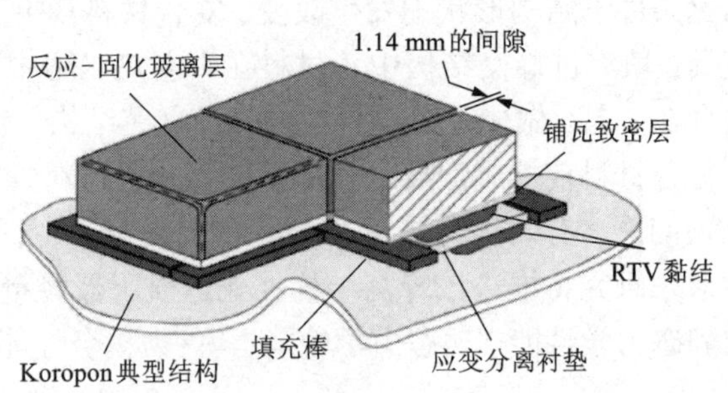

图 5-13　典型刚性隔热瓦热防护系统

气动热/力载荷。但材料本身并不具备隔热功能，导热系数大，在使用过程中会迅速达到热平衡状态使内外两面温度几乎一致，所以往往需要在中空碳纤维增强碳基体材料翼前缘结构与铆接金属板之间填充内隔热层，如耐温及隔热性能良好的刚性陶瓷瓦或由镍基合金层包裹的毡类材料，以满足该区域的热防护需求。此外，碳纤维增强碳基体材料具有良好的热/力性能，但材料脆性大，本身的抗冲击问题一直未得到有效解决。对撞试验也验证了此材料在应对直接撞击过程中性能的不足。然而，此材料仍然是为数不多可供选择的翼前缘热防护材料，因而在后续的航天飞机运输任务中，该类材料仍被用于翼前缘热防护结构中。

此外，另一种刚性防热结构设计，上面板采用 SiC/SiC 纤维增强复合材料，中间结构用 SiC 包覆氧化铝增强热障(AETB)隔热条后按照 0°/90°顺序叠层，其下面板采用树脂基复合材料。该结构具有良好的防隔热、抗压抗剪能力，可承受较大的面内载荷，具有良好的承力性能。相较于传统的外置隔热结构，其寿命更长，结构整体更轻。由于该结构方案复杂，需要解决隔热条与面板之间的黏结等问题，制备成为其面临的主要问题。

5.3.5　多层级热防护结构

此方案的腹板与底面板均采用夹芯板，同时在夹芯板中填充隔热材料，进而使整个方案具有良好的防隔热性能(图 5-14)。该方案需要解决腹板与面板的连接问题，并且制造工艺也相对复杂很多。

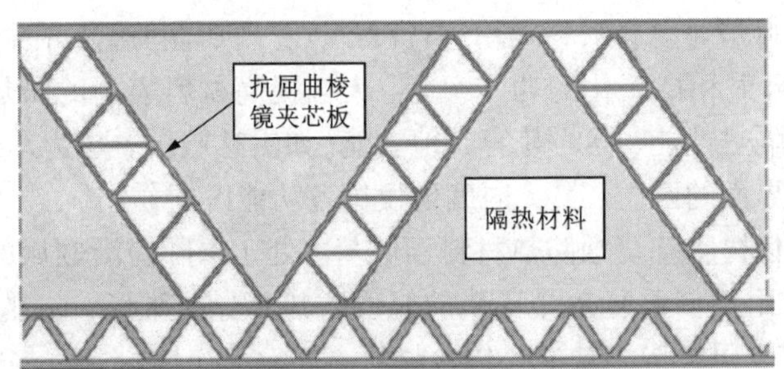

图 5-14　基于波纹板的多层级结构一体化热防护方案

在设计上采用面板盒结构，由上表面、下表面和侧面用电阻焊焊接而成。上表面由高温合金板或复合微层板与锥体高孔隙点阵材料组成，下面板由钛合金框架和附在上面的箔片组成，侧面为波纹挡板，在上下面板之间填充隔热纤维，以达到隔热的目的。

5.4　多功能一体化轻质防热材料

从高超声速飞行器热防护结构技术的发展历程来看，第一代热防护系统主要以柔性热防护系统和各种金属热防护系统为主，同时在局部刚性陶瓷瓦高温区域采用 C/C 复合材料；第二代热防护系统主要以纤维增强抗氧化复合材料、超高温陶瓷材料、C/SiC 等非金属材料为主。然而，由于材料在高温下不断服役，长时间的热流冲刷，材料易裂解，甚至产生 CO_2 等挥发性气体，导致产生烧蚀量严重甚至变形翘曲等问题，进而使其力学与热防护性能大幅度降低，此将对飞行器的飞行轨道和姿态造成严重影响。因此，面对长航时、轻量化与可重复使用等需求的提升，单一材料或结构已无法满足飞行器热防护要求，材料/结构一体化设计开始受到广泛关注。最早提出的适用于高超声速飞行器的一体化热防护结构是波纹夹芯结构，其上面板和腹板采用高温合金，下面板采用热沉材料，腹板间填充隔热材料以实现防隔热一体化，但此结构存在腹板热短路效应明显的问题，且承载能力与结构重量亟须优化。近年来针对波纹夹芯结构的进一步优化设计已有较丰富的研究，然而现有的波纹夹芯结构虽制造工艺简单，但温度较高时其腹板易发生破坏，整体结构的承载能力较弱。仿生学的发展及其在工程领域的应用，促进了一体化热防护结构的多样性发展，其中蜂窝结构的研发与应用最为广泛和突出。相比于传统的波纹型结构，蜂窝结构的综合性能和承载能力显著提升，且3D 打印技术的发展实现了蜂窝夹芯一体化热防护结构的制造。

传统酚醛树脂、聚芳炔与聚酰亚胺等树脂基防热材料已不断应用于多个型号的大面积防热层、发动机喷管等，然而随着高马赫、长航时、跨大气层等新型飞行器的发展，传统的酚醛树脂基类防热材料难于满足苛刻的热流环境，因此开发具有低成本、高防热的新型树脂基防热材料成为研究的热点，为保证飞行器长时间高温热流冲刷下依然保持良好的气动外形与姿态，亟须提升材料的防热能力，使其满足于导弹武器、空间探测器等飞行器的使用需求。

防热结构轻量化是航天飞行器持续的追求目标，热防护系统的多功能化和功能集成化是先进航天飞行器发展的必然需求。未来将对航天飞行器热防护部位进行分区域、变材料、变功能、变厚度、变外形等精细设计与制造，新型高性能树脂基体、连续功能梯度复合材料与柔性适形防热材料将会是低密度树脂基防热材料的重点发展方向。

连续功能梯度材料是对复合材料结构进行设计，实现功能分区，在材料烧蚀表层引入更耐烧蚀、耐冲刷、强辐射和抗氧化的功能组元，大幅提高材料表面的防热效能，在材料内部引入微纳孔结构提高隔热性能，同时兼容其他功能(如雷达吸波、热力承载等)，实现功能的连续梯度过渡和材料界面的匹配，最大限度地发挥各功能区的作用。

我国多功能一体化树脂基烧蚀防热材料领域基本处于国际前沿领域的行列。近年来，研究团队相继开发出适用于多重复杂热环境的轻质防热/隔热/维形、防热/隔热/隐身、防热/隔热/承载、防热/隔热/阻燃等多功能一体化材料。

地质聚合物普遍具有密度低、重量轻、力学性能优良、界面结合能力强、耐高温隔热效果好、耐腐蚀耐久性好、早期强度形成快、制备能耗低等优良特性。经过纤维增强的地质聚合物复合材料具备更高的强度和更好的韧性，同时保持了优良的耐火性能，并具有高比强度、良好的耐腐蚀性和耐紫外线辐射能力。地质聚合物与 C/C_f、C_f/SiC、SiC/SiC_f 复合材料的对比如表 5-2 所示。相比于传统防热材料，地质聚合物在低成本制备方面极具优势。生产地质聚合物所用原料通常为工业废渣等，成本低廉。制备方法中，在室温至 150℃ 即可完成反应，生产过程中几乎不产生 NO_x、SO_x 和 CO 等有害气体，且能量消耗远远低于传统防热材料的制备。我们通过研究地质聚合物复合材料用于防热，相关结果申请了《一种地质聚合物复合材料的制备方法及其飞行器热防护中的应用》发明专利，以低成本地质聚合物的改性制备为基础，优化选取并调控添加的填料与助熔剂，基于变废为宝、实现高值化的绿色技术理念，突破地质聚合物复合材料低温原位陶瓷化技术，采用材料/结构一体化优化设计，研发适用于长时间重复使用的新型低成本防热结构，并探索其大规模低成本生产制造技术。然而，关于地质聚合物复合材料的成分调控关键因素与改性优化有待进一步研究，且地质聚合物复合材料原位陶瓷化的机制阐述不明晰，这是今后研究亟须解决的科学问题。

表 5-2　不同类热防护材料对比分析

因素 \ 种类	C/C_f 复合材料	C_f/SiC、SiC/SiC_f 复合材料	地质聚合物复合材料
制备工艺	化学气相沉积或化学气相渗透法；需高温、反应时间长、高耗能	化学气相渗透法 CVI；反应熔体浸渗法 RMI；先驱体溶液浸渍法 PIP；需高温、高耗能	室温凝胶聚合，快速固化成型
制备成本	高（约 10^4 元/kg）	高（约 10^5 元/kg）	低（≤10^3 元/kg）
高温性能抗弯强度	75~100 MPa（1000℃）	约 150 MPa（1200~1400℃）	40~210 MPa（1000~1200℃）
防热性能	耐酸、耐碱和盐；1000℃左右	耐热温度为 1000~1400℃	当前测试 1400℃，1200 s

5.5　航天飞行器烧蚀防热材料

烧蚀防热机理为：轻质烧蚀防热材料在气动热环境下做出一系列复杂的物理和化学响应，材料与热环境之间高度耦合，材料本体发生非稳态的传质传热过程（图 5-15）。材料在烧蚀过程中，大量的气动热以对流和辐射的形式加热材料表面，随之发生复杂的化学反应，树脂基体发生分解并带走大量的来流热量，热解产物形成多孔碳化层。形成的炭层表面作为新的强辐射层产生辐射效应，将来流热量以辐射散热的形式耗散掉一部分。无机的纤维增强体（如石英纤维）在高温作用下（≥1600℃）发生熔融或升华（主要是碳纤维，>3000℃），形成黏滞的熔融层，同时在气流冲刷和氧化作用下，部分产物发生机械剥蚀。经过材料表面复杂的化学和物理作用耗散部分热量后，随着烧蚀过程的持续，来流热量继续向材料内部进行热传导，树脂基体快速地进行着裂解反应，产生大量的小分子裂解气，带走部分热量，形成气体通道向表面释放。

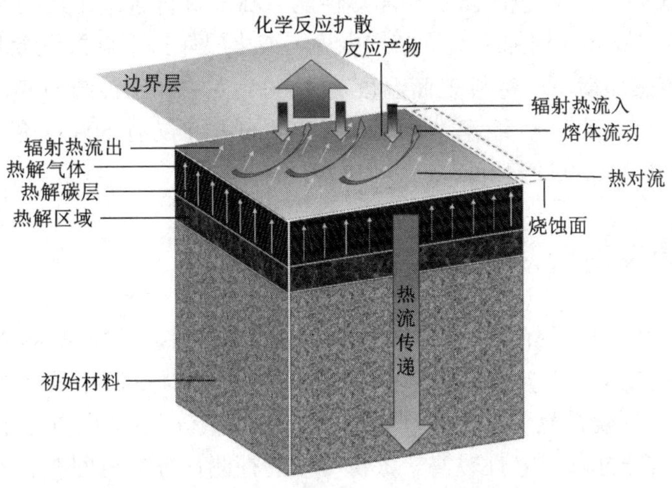

图 5-15　轻质热烧蚀材料高温过程中发生的物理与化学演变

我国在载人航天工程的牵引下，针对神舟飞船返回舱弹道特点开发了 H88 和 H96 两种典型的蜂窝增强材料(图 5-16)。H88 和 H96 材料是以玻璃钢蜂窝格子为支撑，苯基硅橡胶为树脂基体，物理共混的方式掺杂石英短纤维、酚醛微球、玻璃微球等轻质功能填料，通过整体成型工艺快速填充到玻璃钢蜂窝格子中而形成的。轻质功能填料的加入主要用来降低材料密度和热导率，同时保证材料表面抵抗气流冲刷的能力。H88 密度为 0.55 g/cm^3 左右，但室温热导率降至 0.12 W/(m·K) 以下，隔热性能提升，主要用在神舟飞船背风面的低热流区。H96 材料密度较高，约为 0.71 g/cm^3，烧蚀性能、炭化层强度和抗剪切性能更佳，主要用于神舟飞船防热大底和侧壁迎风面的中高热流区。此外，在探月工程月地高速再入返回器防热材料研制中，针对月球返回轨道高热流峰值、高焓值、高气动剪切、长时加热、跳跃式弹道的二次烧蚀等复杂热环境，研究者对轨道返回器的热流区域进行了精准设计与精细划分，在 H88 和 H96 基础上，相继开发出了密度分别为 0.4 g/cm^3 和 0.5 g/cm^3 左右的 FG4 和 FG5 材料，室温热导率不超过 0.1 W/(m·K)，用于返回器侧壁背风面的中低热流区。在返回器防热大底的高热流区域，研制了密度分别为 0.5 g/cm^3 和 0.7 g/cm^3 的 HC5 和 FG7 材料，室温热导率保持为 0.10～0.12 W/(m·K)，以增加防热材料的高驻点烧蚀性能和抗剪切性能。

图 5-16　神舟飞船返回舱及轻质低密度烧蚀材料分布

DMC、DMS、ZMS 系列防隔热一体化复合材料，是以多孔杂化酚醛树脂为基体，通过改变增强体纤维组织结构，将气凝胶材料的微纳开孔结构引入到复合材料内部结构中，大幅降低材料的热导率，显著提高其隔热性，密度为 0.25～1.3 g/cm^3 且可调。DMC3(以三维碳纤维隔热瓦为增强体)在 6 MV/m^2 的高焓热环境下，表面温度接近 3000℃的情况下，33 s 烧蚀后最高背面温升(50 mm)仅有 55℃，表现出优异的防热和隔热性能。DMS 材料(以高孔隙率石英纤维织物为增强体)在 1.7 MV/m^2 的高焓值热环境下，材料表面温度接近 1600℃，经过 400 s 烧蚀后停车背面温升(厚 14 mm)仅有 35℃，最高背面温升 92℃左右，烧蚀后退量为 0.34 mm，具有出色的防热和隔热性能。ZMS 材料通过在其烧蚀表面形成一层液态熔融 SiO_2 保护膜，极大地增加了炭层结构强度，碳化层保持了酚醛气凝胶的纳米孔结构。在 2 MV/m^2 高焓值热环境下，材料表面温度为 1600℃左右，比传统石英/酚醛材料降低近 200℃左右，经过 120 s 烧蚀后停车背面温升(14 mm 厚)仅有 50℃，最高背面温升小于 130℃，相比于传统材料，其防热和隔热性能更加优异。

5.6　空间探测烧蚀防热材料

烧蚀防热材料是防热材料的一种，通常为树脂基复合材料，该种材料通过在高温下的物理化学反应，消耗气动加热的热量，从而达到抵御高速返回时返回舱外表面的高温、降低返回舱内部温度的目的。烧蚀材料虽然不利于重复使用，但其可以适应更宽范围和突变情况下的热流密度变化，安全性和可靠性较高。大部分空间探测任务的返回舱，尤其是气动加热苛刻的大底防热结构，均采用烧蚀防热材料，具备轻质、防热、安全及可靠等特性。

国内外空间探测器烧蚀防热材料的种类及其应用情况：国外主要包括高密度酚醛/玻璃钢、蜂窝增强烧蚀防热材料、PICA 及 PICA-X 以及高密度碳酚醛材料等，国内则主要包括酚醛/尼龙、蜂窝增强烧蚀防热材料和 NF 材料。例如，在火星进入的防热材料方面，应用最为广泛的为 SLA-561 V 蜂窝增强防热材料，该材料密度为 0.27 g/cm^3 左右(图 5-17)，主要用于火星探测器拓荒者号(MPF)、海盗号(Viking)及漫游者号(MER)等，热流峰值为 0.46～1.2 MV/m^2，加热时间为 70～220 s，总加热量最大为 35 MJ/m^2。碳酚醛材料密度较高，适用于热流密度较高的气动加热环境。探测太阳风粒子的起源号大底迎风面采用的也是 C-C 体系的碳酚醛材料，密度为 1.8 g/cm^3 左右。起源号飞船热流峰值为 7.3 MW/m^2，再入时间为 100 s，总加热量为 330 MJ/m^2。

图 5-17　SLA-561V 防热材料

深空环境轻质防热材料：在深空环境中，探测器在进入行星大气过程中，高速流动的气体与飞行器表面发生强烈摩擦，形成严酷的气动加热环境，产生大量热量，导致飞行器被烧毁在深空环境中，热流极其高。未来的深空探测任务中，更倾向于在一次探测中实现更多探测目标，发射时的载荷较大，因此深空探测器的轻量化要求非常高，有效载荷的分配也十分严格。而减轻防热结构重量对于有效载荷的利用至关重要，因此对防热材料提出了新要求，即在轻量化的苛刻要求情况下实现材料良好的烧蚀防隔热性能。

习　题

1. 热防护的基体形式有哪些？其防热机理有何不同？

2. 主动防热与被动防热的定义有何异同？如何区分两种不同的防热形式及其结构设计。

3. 热防护结构设计时主要包括哪些类型的结构设计？它们呈现的力学与热物理性能有何异同？

4. 轻质防热材料与轻质防热结构有何异同？关于它们的密度及防热性能如何定义？

5. 航空航天轻质耐烧蚀复合材料具体包括哪些材料体系？它们的防热机理分别是？

第 6 章　航空航天轻质隔热复合材料及结构设计

航空航天用飞行器在飞行时需承受长时间气动加热，表面将产生高温，为了保证飞行器的主体结构及内部仪器设备的安全，须使用高效隔热材料阻止外部热流向内部扩散。此外，轻质高效的隔热防护结构/系统对降低飞行器载荷、延长飞行距离等均具有重要的意义。

在极端条件下，隔热材料能够承受复杂的热机械应力，并在超过 1000℃的温度下，依然保持优异的热机械性能。此外，隔热材料，又称热绝缘材料，指能阻止热流传递的材料。一般指温度低于 623 K 时，其导热系数不大于 0.14 W/(m・K)的材料，通常具有轻质、隔热的特点。

6.1　隔热机理及影响因素分析

6.1.1　隔热机理

从微观机理来看，声子散射对相变复合材料的导热性能起着主导作用。此外，声子起着驱动力的作用，能够将热量从热侧传递到冷侧。提高热导率的关键策略是提高有效声子传输，其中声子速度、平均自由程和比热容量对声子传输起决定作用(图 6-1)。

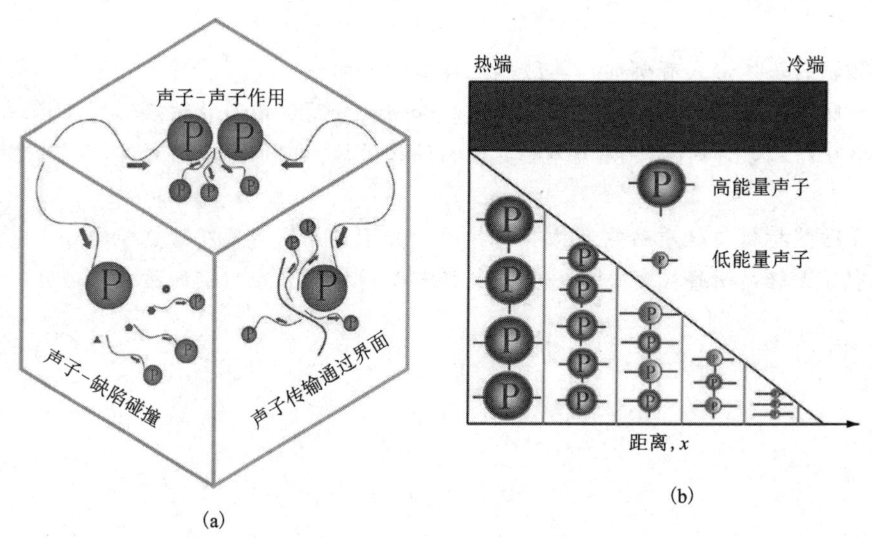

图 6-1　(a)声子散射、声子缺陷散射、声子界面散射与(b)声子的迁移

在聚合物相变复合材料中，与金属相变材料中的电子相比，晶格振动成为传热的主要机制。为了实现复合材料的高热稳定性与高传导性，将极大地改善声子扩散。然而，相变材料与聚合物基体之间存在的失配会引起声子散射，从而导致界面热阻的产生和热流的退化。同时，由于高能声子和低能声子之间的累积势产生的温度梯度，热量将从热侧流向冷侧。

多孔隔热材料是指具有气孔率高、体积密度小、热导率低等特性的材料，能够有效阻隔热量的传递。多孔耐火制品是通过在材料内部形成大量气孔而实现其隔热性能的，因此气孔的形成是多孔隔热材料制备过程中最重要的环节。从传热的角度来阐述多孔隔热材料的热导率，包括隔热材料的传热机理、隔热材料热导率的降低途径以及隔热性能的影响因素。隔热材料的隔热行为是一个极其复杂的过程，其根本在于降低其热导率。由于多孔隔热材料中大量气孔的存在，因此其热传递就是通过固相与气相的传热。当热量在材料内部传递时，传递方式分为绕开气孔在固相中传热和穿过气孔气相传热。其中，穿过气孔的气相传热包括气体自身的传导、对流传热与辐射传热。在隔热材料的传热过程中，各种传热机理可能共同发挥作用，从而使多孔材料的传热呈非线性行为(图 6-2)。

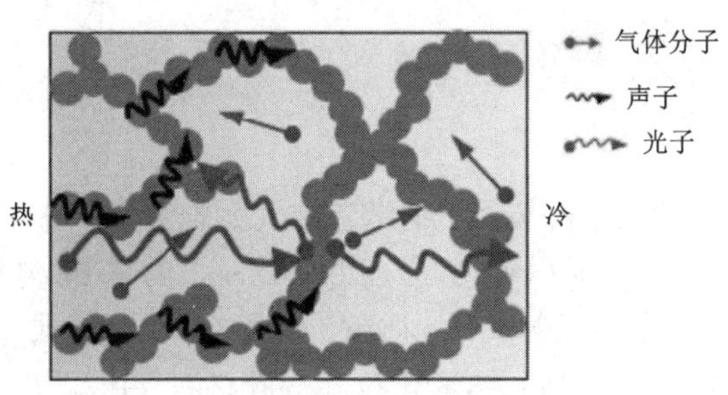

图 6-2　多孔材料隔热机理示意图

对于隔热材料而言，热传导主要由固相部分来完成，所以，材料中气孔率的高低决定了固体传热的多少。

$$\lambda_e = \lambda_g \rho + (1 - \rho)\lambda_s \tag{6-1}$$

式中：λ_e 为有效热导率，W/(m · K)；λ_g 为气相热导率，W/(m · K)；λ_s 为固相与气相之间的有效热导率，W/(m · K)；ρ 为显气孔率，%。

6.1.2　影响因素

对流传热是依靠隔热材料中空气的对流运动产生的位移，把热量由一处传递到另一处。除声子导热外，隔热材料还存在辐射传热。在低温时，辐射能微乎其微，可以忽略不计；但高温时，辐射能显著提高。传导是隔热材料的最主要传热方式之一；此外，在隔热材料中，固相传热也远远高于气相传热。因此，为降低隔热材料的热导率，应增加材料中气孔含量，优化孔径结构及提高固相结晶的复杂性。多孔隔热材料是多相材料的聚集体。因此，影响隔热材料热导率的因素也很多，主要有气相的含量和分布、化学矿物组成及结晶状态等。

(1)气相对传热的影响。一般而言，轻质隔热材料的气孔率一般都在 45%以上，因此轻质隔热材料主要为气相。由于固相的热导率高于气相的热导率，因此，在低温下，材料的热导率随着气孔率的增大而减小。但是，在一般隔热材料气孔尺寸范围内(从 1 微米到数毫米)，隔热材料气孔率增大，孔径变大以及气孔数量的减少会使气固界面数量减小，高温时易产生辐射传热；随着温度升高，辐射传热在整个传热过程所占比例会增大，因此，对于同样材质的试样，气孔率越高，随温度升高，其热导率提升越快。因此，每种隔热材料都会有一个最佳气孔率，在该特定温度下，过高或过低的气孔率都会使其热导率增大。

(2)气孔尺寸的影响。当气孔率保持不变时，隔热材料的热导率主要取决于材料内部的气孔形状、尺寸及相互之间的连通情况。气孔尺寸越小，材料的热导率越低，其主要原因在于：①气孔尺寸的减小降低了对流传热效率；②气固界面的增多，增大了固体传导距离，降低了材料的热传导。因此，在保持材料气孔率不变的情况下，减小气孔孔径有助于热导率的降低。

(3)固相对传热的影响。固相的热传导占隔热材料热传递的比例为70%。从相组成看，隔热材料中的固相分为玻璃相和结晶相。由于玻璃相中原子或离子为无序排列，且原子或离子为有序排列，因而玻璃相的热导率一般要低于结晶相；然而，随着温度的升高，玻璃相的黏度降低，有利于质点运动的阻力较小，进而使其热导率增大。对于结晶相，由于结晶相不同，随着温度的升高，原子或离子的热振动和非谐振性增加，也可降低材料的热导率。

6.2 隔热材料

常用的隔热材料主要包括酚醛树脂、纳米颗粒气凝胶、纤维毡等。酚醛树脂泡沫具有较低的体积密度和导热系数，体积密度为 120 mg/cm^3 的酚醛树脂泡沫的导热系数为 0.057 W/(m·K)，但材料本体延伸率低、质脆、硬度大、不耐弯曲、在高温下易分解等缺陷限制了其应用领域的拓展(图 6-3)；纳米颗粒气凝胶材料(主要为二氧化硅)具有极小的孔径、超高孔隙率和比表面积，赋予了材料极低的导热系数，然而纳米颗粒气凝胶脆性大、不可压缩，同时纳米颗粒在使用过程中易脱落且在高温下可发生融合，从而使材料结构稳定性和隔热性能下降，难以满足实际应用的需求。与前两者相比，纤维材料具有长径比大、孔隙率高、耐振动等优点，同时随着纤维直径从微米数量级下降至纳米数量级，材料的孔径将会显著下降，孔隙率将会大幅提高，从而使材料的隔热性能等显著提升。下面将对比分析不同陶瓷材料的隔热特性。

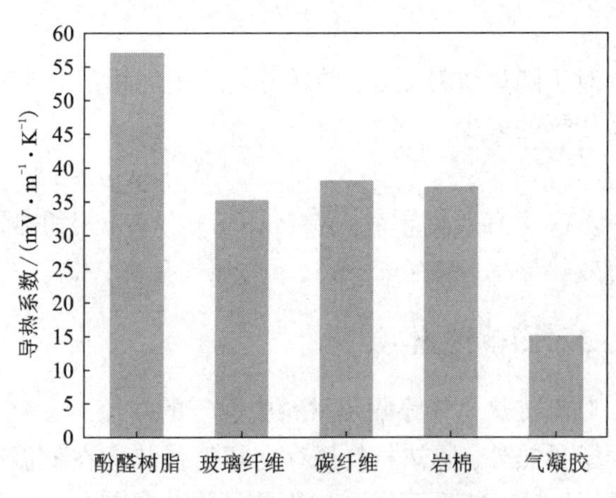

图 6-3 不同隔热材料的导热系数

6.2.1 陶瓷纳米纤维材料

陶瓷纳米纤维膜以其轻量化、低导热系数、耐高温、耐腐蚀等优异性能在个体防护、航空航天、能源环保等诸多领域展现出巨大的应用前景。然而与大多数陶瓷材料一样，陶瓷纳米纤维材料通常具有脆性，存在可操作性差、弯曲形变时易断裂、机械稳定性差、工作温度区间有限等缺陷问题，极大地制约了其实际应用。因此，开发具有足够柔韧性和机械强度的陶瓷纳米纤维材料具有十分重要的意义。最近研究报道了一种陶瓷纳米纤维膜增强技术，该技术采用原位交联复合方法将蒙脱土纳米片状晶体引入陶瓷纳米纤维膜中，通过对微观结构进行精细调控及实验工艺优化，成功制备出了兼具良好力学强度和优异隔热防寒性能的陶瓷纳米纤维膜。

利用大面积纳米片层结构稳固无规取向纳米纤维，实现了纤维膜整体拉伸强度的显著提升，有效解决了纤维膜在拉伸过程中因纤维滑移造成的拉伸强度较低的缺陷问题，可适用于增强无规取向排列的陶瓷纳米纤维膜材料。该技术不但显著提高了陶瓷纳米纤维膜的力学性能，而且实现了纤维膜隔热防寒性能的显著提升(图 6-4)，且纤维膜在极低(-196℃)及超高温(1000℃)条件下均表现出优异的柔韧性。在 1000℃高温下，该柔韧陶瓷纳米纤维膜能有效实现隔热。该项研究提出的陶瓷纳米纤维膜增强策略，有望推动陶瓷纳米纤维材料在极端环境领域的实际应用。

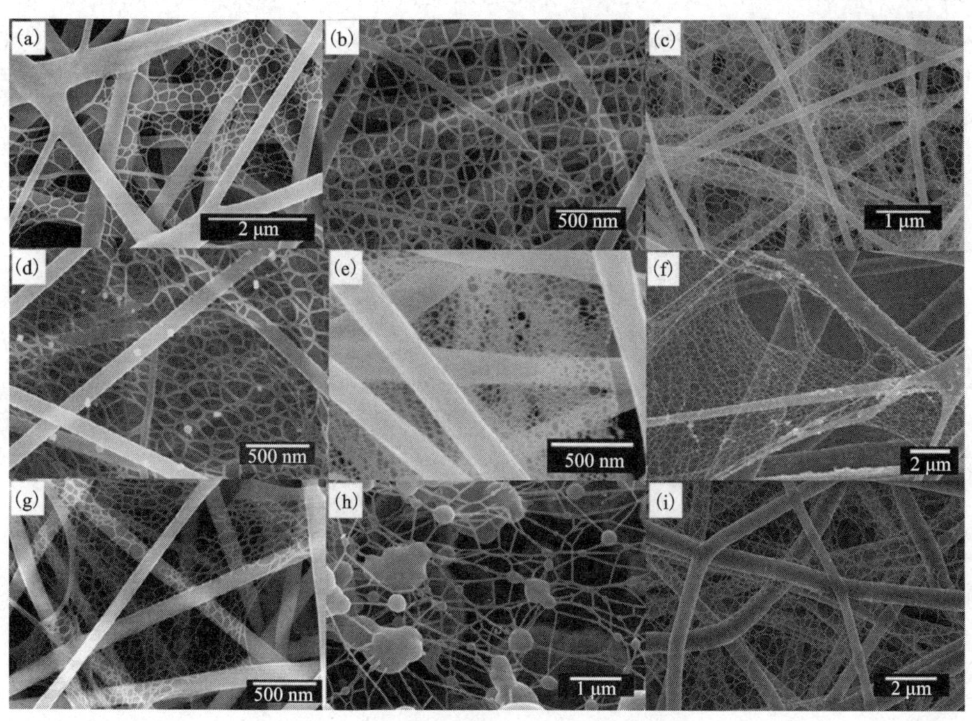

图 6-4　不同体系的陶瓷纳米纤维膜

6.2.2　陶瓷海绵材料

一种陶瓷海绵，它同时具有超轻、弹性、隔热等特点，并且可以在大变形后完全恢复，泊松比接近于零。

陶瓷材料，因其独特的物理和化学性质，在电子/光电子、生物材料、环境研究和能源等领域得到了广泛的应用。在极端环境下的保温防火领域，多孔陶瓷结构具有较高的熔点和较低的固有热导率，与碳质和聚合物材料相比具有独特的优势。然而，由于在绝大多数温度下缺乏主动弹性或韧性变形，在临界载荷下，应力主要集中在最严重的预先存在的几何缺陷(固有的或制造起源的)上，最终导致突然和灾难性的故障。陶瓷固有的刚性和脆性，严重限制了其在动态、冲击、无侧限载荷和高能输出条件下的扩展应用。例如，电池组热失控(TR)期间的热阻塞，毁灭性火场中的热防护，火箭发动机周围的热保护，宇航员的生命支持。

以往的研究主要集中在聚合物/碳杂化陶瓷杂化材料(如石墨烯/Al_2O_3 气凝胶)和聚合物涂层机织陶瓷织物，但工作温度和导热系数均不理想。具有吸引力的轻质甚至超轻陶瓷结构的热绝缘体系列包括一维(1D)纳米结构组件、3D/4D 打印聚合物衍生的超材料、冰晶模板多孔气凝胶，以及现有的有机或碳质模板复制材料。

纳米颗粒、单晶和玻璃结构有望实现之前未观察到的超弹性或延展性。典型的变形机制有：小尺度纳米晶粒改性马氏体柱中的晶界滑动机制、纳米尺度单晶膜中纳米畴可逆动态演化机制以及非晶态薄膜中的黏性蠕变机制。研究者通过构建纳米颗粒-玻璃双相结构，证明了宏观陶瓷的超弹性和柔韧性。陶瓷系统的柔韧性，来源于封装纳米颗粒作为增强剂的延展性玻璃状矿脉。这些双相陶瓷海绵具有优异的性能(图 6-5)，如轻量化、超弹性、耐疲劳、接近零的泊松比和在非常宽的温度范围内的超低导热系数。此外，研究结果表明，陶瓷海绵材料体积或尺寸可以很容易地按比例放大，因此，可以广泛应用于防火、红外阻尼和空间探索等领域。

图 6-5　陶瓷海绵应用展示

6.2.3　陶瓷气凝胶材料

气凝胶是由胶体粒子或高聚物分子相互聚结构成纳米多孔网络结构，并在孔隙中充满气态分散介质的一种高分散固态材料。气凝胶以空气作为主要隔热介质及其独特的微观结构对气相传热和固相传热的阻隔作用，使其成为最具潜力的一种超级隔热材料。

气凝胶的阻热原理是其独立的结构带来的无对流效应、无穷多遮挡板效应、无穷长路径效应。气凝胶的导热系数为 0.012~0.024 W/(m·K)，比传统的隔热材料低 2~3 个数量级，其隔热的原理在于均匀致密的纳米孔及多级分形孔道微结构可以有效阻止空气对流，降低热辐射和热传导：①无对流效应：气凝胶气孔为纳米级，内部空气失去自由流动能力；②无穷多遮挡板效应：纳米级气孔，气孔壁无穷多，辐射传热降至最低；③无穷长路径效应：热传导沿着气孔壁进行，而纳米级气孔壁无限长。

表 6-1 中显示，传统 SiO_2 气凝胶材料，其力学性能差，相对不耐高温(800℃左右)，高温红外辐射传热透明，高温热导率较高，同时高温隔热性能差。当前中南大学设计的 SiC 气凝胶材料具有轻质、高比强度(基本不需要第二相增强)、工艺简单、加工性良好(具有较好的异形件加工潜力)，可耐 1400℃的高温的特点。另外，它还可实现密度在 9~20 mg/cm^3 的可控制备，其压缩强度随着密度的增加而增强，范围为 0.085~0.35 MPa，屈服形变率为 10%~15%，压缩模量随着密度的增加而增大，同时具有 4%形变回弹率。孔隙率大于 99%，具有 3D 网络结构，具有极低的热导率[小于 0.03 W/(m·K)]。

表 6-1　SiO_2 气凝胶与 SiC 气凝胶性能对比

项目	SiO_2 气凝胶	SiC 气凝胶
使用温度	0~800℃	0~1400℃
密度	≤0.25 g/cm^3	0.009~0.02 g/cm^3
热导率	室温：0.019 W/(m·K) 650℃：0.021 W/(m·K) 800℃：0.023 W/(m·K)	室温：0.025 W/(m·K) 600℃：0.037 W/(m·K) 1000℃：0.068 W/(m·K)
抗压强度	≥1.5 MPa(25%形变)	0.08~0.35 MPa(≤4%形变)
抗弯强度	≥1.1 MPa	—
比热容	0.5~0.6 kJ/(kg·K)	0.4~1.2 kJ/(kg·K)
吸湿性	≤0.5%	—
线膨胀系数	0~700℃线性收缩不超过 3.22×10^{-6}	—
成型和加工性能	可通过模具成形制备大型复杂异形构件， 可进行机械加工和激光加工	可制备大型复杂异形构件， 可进行机械加工与激光加工

评价气凝胶材料隔热性能的两个重要参数是导热系数和热扩散系数。导热系数是表征传递热量的能力，热扩散系数是表征传递温度变化的能力。导热系数表明了物质的导热能力，而热扩散系数既表明了物质导热能力的大小，又考虑了物质的比热和密度的影响。大多数情况下，导热系数大的材料，热扩散系数也大。在稳定导热的情况下，物体各点的温度不随时间变化，热扩散系数已没有意义，决定传热量的是导热系数。在不稳定导热中，由于物体各点的温度在变化，决定物体中各点温度分布的是热扩散系数，而不是导热系数。也就是说，导热系数用于稳定导热方面，而热扩散系数用于不稳定导热方面，它决定了物质内部温度逐渐趋同的时间。对于需要长时间隔热的领域，隔热材料的导热率起主要作用。

碳化硅气凝胶尽管具有较低的热导率，但是由于其低密度和大的开孔结构，在提高气相热阻隔和延长热传导路径方面具有较大的提高空间。

陶瓷气凝胶，通常表现出显著增加的热导率和有限的热机械稳定性。最近，研究报道了一种具有锯齿形结构的半结晶锆石纳米纤维气凝胶的多尺度设计，其在高温下具有优异的热力学稳定性和超低的热导率。气凝胶显示出接近零的泊松比($3.3×10^{-4}$)和接近零的热膨胀系数($1.2×10^{-7}$/℃),这确保了优异的结构柔韧性和热力学性能。这种半结晶陶瓷纳米纤维气凝胶,表现出高热稳定性,在剧烈热冲击后,具有超低强度退化(小于1%),以及高工作温度(高达1300℃)。

在半结晶锆石纤维中有意地捕获残余碳物质,能大大减少热辐射传热,并实现迄今为止陶瓷气凝胶中最低的高温热导率,即在1000摄氏度下每米每开尔文104毫瓦。热力学和热绝缘性能的结合,为极端条件下坚固的热绝缘,提供了新材料系统。

6.3 纳米纤维膜

纳米纤维材料具有孔径小、孔隙率高等优点,是一种理想的轻质高效隔热材料。

6.3.1 二维纳米纤维模结构

导弹电池隔热套、发动机等狭小空间需要厚度较小但隔热性能优异的材料,二维纳米纤维膜材料由于纤维直径小、堆积厚度可控(一般小于100 μm)、孔隙率高等优点,故可用于狭小空间隔热。纳米纤维膜隔热材料按组成可分为高分子纳米纤维膜、碳纳米纤维膜和陶瓷纳米纤维膜。

高分子纳米纤维,如聚偏氟乙烯(PVDF)纳米纤维的纤维膜,由于具有更高的孔隙率和曲折网孔通道,从而使空气分子在材料内部的传输路径变长,热量在传播过程中损耗,因而可降低材料的导热系数。为了进一步降低材料的导热系数,有学者通过浸渍改性技术将 SiO_2 纳米颗粒包覆于PVDF纳米纤维表面,进一步减小纤维膜孔径,降低热对流。

碳纳米纤维具有比表面积大、孔隙率高、化学稳定性好、比强度高等优点,在电子、能源、航空航天等领域具有广阔的应用前景。碳纳米纤维膜材料随着石墨化程度的提升,耐高温性能逐渐提升,然而其隔热性能也将大幅下降,因此难以满足耐高温与隔热性能同步提升的需求。

陶瓷材料具有耐高温、耐腐蚀、绝缘性好等优点,在高温隔热、吸音、催化等领域具有广泛的应用。然而,现有大部分陶瓷纳米纤维具有脆性大、力学性能差、不耐弯折等缺陷。为了改善这一缺点,研究人员通过调整纺丝溶液性能及工艺参数,制备了具有无定形结构、柔性良好的 SiO_2 纳米纤维膜(图6-6)。同时,还可以通过浸渍改性方法在纤维间引入 SiO_2 气凝胶纳米颗粒,构筑 SiO_2 纳米颗粒/纳米纤维复合材料,提升 SiO_2 纳米纤维膜的隔热性能。

图6-6 梯度结构陶瓷纳米纤维膜

6.3.2 三维纳米纤维模结构

二维纳米纤维虽然具有良好的隔热性能,但其在厚度方向难以实现有效增加(最终厚度大于 1 cm)，这严重限制了其在大功率发动机隔热、舱壁防火隔热等领域的应用。与二维纳米纤维膜相比，三维纳米纤维气凝胶材料具有尺寸可控、孔隙率高、孔隙曲折程度高等优点，因而在隔热、保暖、吸音等领域均具有广阔的应用前景(图 6-7)。目前，常见的纳米纤维气凝胶隔热材料主要包括高分子纳米纤维气凝胶和陶瓷纳米纤维气凝胶两种。

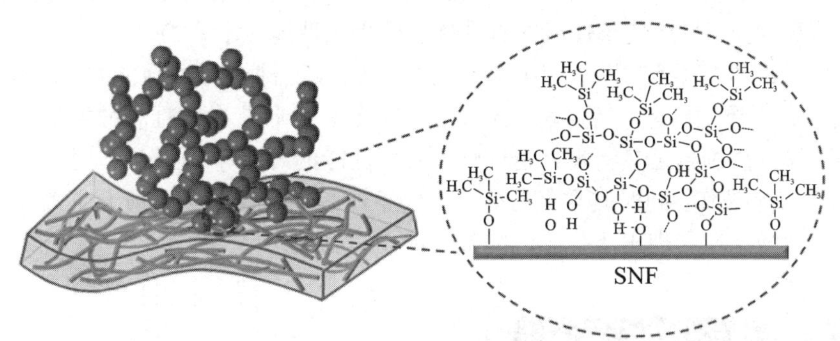

图 6-7　介孔二氧化硅气凝胶多尺度界面组装及其与二氧化硅颗粒的表界面

陶瓷纳米纤维气凝胶 $SiO_2/SiO_{2(f)}$：陶瓷气凝胶材料具有优异的耐高温、耐腐蚀及隔热性能，是航空航天飞行器热防护的主要材料之一。现在使用的气凝胶隔热材料主要为 SiO_2 陶瓷纤维增强的 SiO_2 纳米颗粒气凝胶，由于纳米颗粒与陶瓷纤维间相互作用弱，导致在使用时材料中的纳米颗粒易脱落，从而使材料的结构稳定性和隔热性能大幅下降。为了解决上述问题，有学者以柔性陶瓷纳米纤维为构筑基元，利用原创的三维纤维网络重构方法，构筑了超轻质、超弹性陶瓷纳米纤维气凝胶材料(图 6-8)。

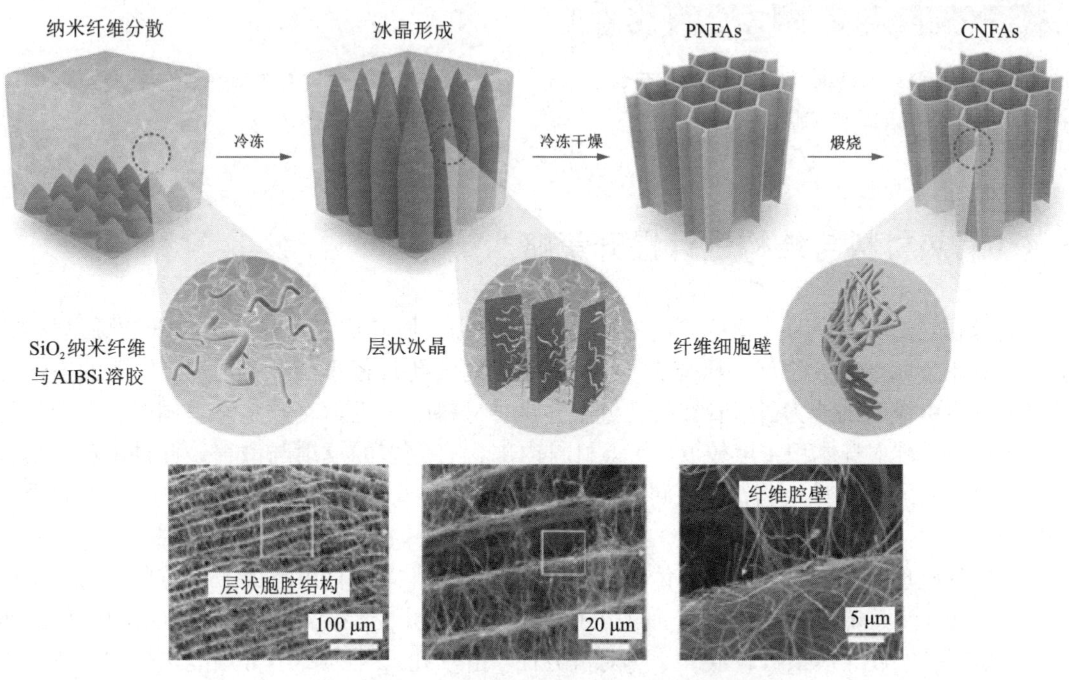

图 6-8　陶瓷纳米纤维气凝胶多级网孔显微结构

将陶瓷纳米纤维气凝胶置于350℃热台上加热30 min，通过红外成像仪观察气凝胶在高温环境中的温度分布情况，结果表明气凝胶在350℃加热30 min后背面的温度仅为63℃。此外，用丁烷喷灯加热气凝胶2 min后背面温度为36℃。由于陶瓷纳米纤维气凝胶具有超高孔隙率，为空气分子传输提供了近乎无限长的传输通道/路径，从而促使热空气分子被禁锢于气凝胶空隙中，减少了热对流，同时由于构成气凝胶基体的材料为SiO_2，具有较低的导热系数，故而热传导较少，最终使整体材料具有优异的隔热性能(图6-9)。

高分子纳米纤维气凝胶(图6-10)：针对现有气凝胶材料力学性能差、脆性大的问题。有学者使用具有高弹性模量、高强度、低密度的纤维素纳米晶为气凝胶的构筑基元，通过凝胶、超临界干燥方法制备了具有良好透明性、力学性能的纤维素纳米晶气凝胶，该凝胶可弯曲至180°而不发生破坏，同时其在大形变(80%)下压缩后仍能回复且最大应力大于200 kPa。此外，纤维素纳米晶还展现出了优异的隔热性能。

图6-9　陶瓷纳米纤维气凝胶在350℃热台上的红外成像照片

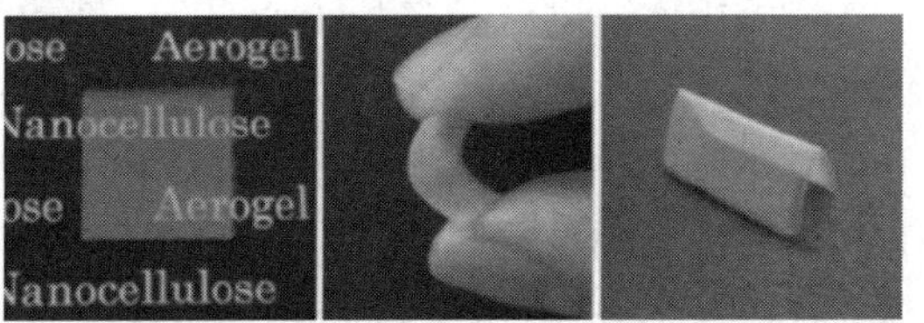

图6-10　高分子纳米纤维气凝胶

6.4　隔热材料与结构设计提升策略

纳米孔绝热材料，因其独特的纳米结构(图6-11)，使其成为导热系数极低的隔热材料，被广泛应用于航空航天领域。研究表明，当材料中的气孔直径小于50 nm时，气孔的空气分子将失去自由流动的能力，附着在气孔壁上，此时材料处于近似真空状态。同时，由于气孔为纳米级，材料本身体积密度较低，使得材料内部含有较多的反射与散射。此外，若在热辐射吸收方面对隔热材料进行改性，可使得材料在高温和低温下均具有低于静止空气的导热系数。

隔热的机理具体表现为：①热传导方面：气体分子碰撞的自由程大于空隙的尺寸，不能发生热传导，然而传统材料气体可通过分子碰撞传导热量；此外，由于颗粒的接触面积远小于传统材料，导致导热系数较低。②热对流方面：由于孔尺寸远小于常规隔热保温材料，空隙内气体分子极难流动，对流减到极弱。③热辐射方面：通过加入对红外线不透明的添加

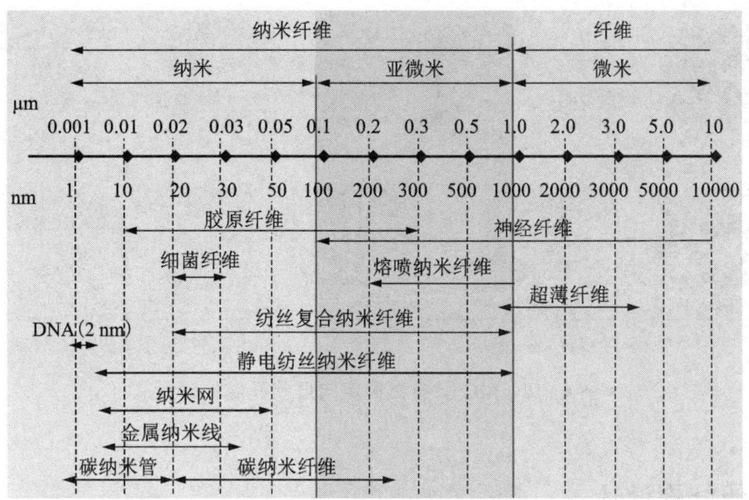

图 6-11　纤维纳米尺度定义

剂，阻断了热量辐射。

碳化硅(SiC)气凝胶具有质地轻、热稳定性好等优点，是一种很有前途的耐高温隔热材料，因此其在飞行器端面高温隔热场景有着巨大的应用潜力。然而，目前报道的 SiC 气凝胶普遍存在力学性能不佳，且导热系数偏高的问题，这极大地限制了 SiC 气凝胶的隔热应用。

因此，针对碳化硅气凝胶为开口结构，且孔径较大，热扩散系数大等缺点，提出了如下提升改进策略。

6.4.1　定向层状孔结构设计

为提高碳化硅气凝胶的力学性能和隔热性能，研究报道提出利用空吸效应诱导策略来制备具有定向层状孔结构的超隔热、超弹性 SiC 气凝胶。本策略利用空吸效应调控反应气体一氧化硅(SiO)的定向流动，随后诱导形成定向层状孔结构。该策略主要包括以下三点：①与传统 SiC 气凝胶制备方法(如模板法)相比，烧结时间减少了 90%以上；②与之前报道的脆性 SiC 气凝胶相比，采用该策略得到气凝胶的弹性形变从不足 10%提高到 60%；③定向层状孔结构使得该碳化硅气凝胶展现出优异的隔热性能，其导热系数低至 0.019 W/(m · K)。因此，该空吸效应诱导策略为制备超隔热、超弹性碳化硅气凝胶提供了一个新思路。

在室温下，该气凝胶的径向(垂直于定向层状孔结构方向)导热系数低至 0.019 W/(m·K)，显著低于先前报道的 SiC 气凝胶。同时，该气凝胶具有各向异性的隔热性能。这主要是由于该气凝胶定向层状孔结构赋予了其各向异性的传热过程。为了进一步分析其隔热机理，提出热阻串并联模型对传热过程进行了分析。结果表明，热阻串并联模型能较好地解释各向异性传热过程。当热阻并联时，热阻较低的部分(SiC 纳米线片层)对整个传热的贡献较大，从而增加了轴向导热系数。热阻串联时，热阻较大的部分(定向层状孔结构层)占主导地位，从而使径向导热系数较低。因此，该气凝胶具有各向异性的隔热性能(图 6-12)。

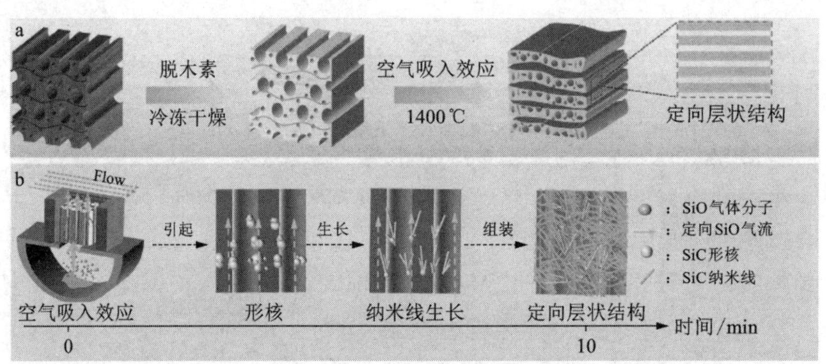

图 6-12　SiC 隔热材料定向层状孔结构设计

6.4.2　纳米线结构设计

陶瓷气凝胶兼具低密度、低热导率及优异的热稳定性，是一种良好的隔热材料。传统的陶瓷气凝胶由氧化物纳米颗粒构成，颗粒间仅靠缩颈实现联结，往往具有脆性。以陶瓷柔性纳米结构构筑气凝胶，可实现其压缩回弹性，但在拉应力作用下，这类气凝胶一般表现为脆性断裂。因此，开发兼具压缩和拉伸回弹性的陶瓷气凝胶，对于满足其在复杂应力环境中的应用十分必要。

针对上述问题，在前期工作基础上，王红洁团队采用类化学气相沉积的方法，成功制备了一种由卷曲的碳化硅-氧化硅双晶纳米线构筑的可拉伸、压缩回复，且对裂纹不甚敏感的弹性陶瓷气凝胶(图 6-13)。其最大拉伸回复应变可达 20%、最大压缩回复应变可达 80%以上；当存在预制裂纹时，其最大拉伸回复应变仍可达 10%以上，展现了优异的裂纹不敏感性。上述优异的力学性能在高温(1200℃丁烷火焰)和低温(-196℃液氮)条件下仍可一定程度保持。通过原位扫描电镜分析，研究人员进一步阐明了其弹性变形和裂纹不敏感性的微观机制。

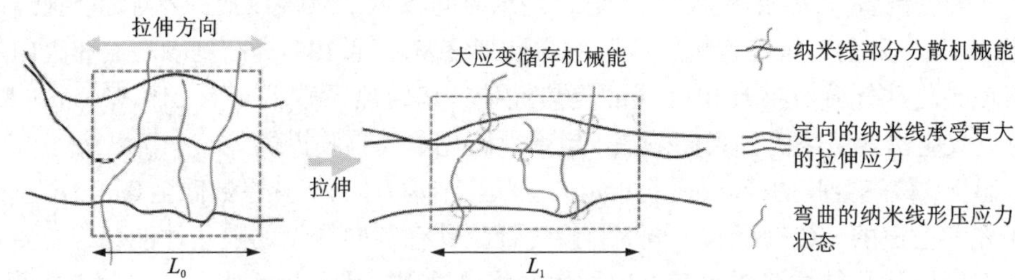

图 6-13　弹性变形和裂纹不敏感性的微观机制图

6.4.3　多级孔结构设计

高效隔热材料的力学性能、热稳定性和化学稳定性是保证其安全应用的关键。与传统隔热材料相比，陶瓷气凝胶的低导热系数和优异的化学稳定性(如耐火和耐腐蚀性能等)赋予了其明显的优势。但是，传统陶瓷气凝胶一般由氧化物纳米颗粒组成，其脆性和高温下的结构坍塌限制了其实际应用。近年来，以柔而韧的陶瓷纳米结构构筑陶瓷气凝胶材料，实现了陶瓷气凝胶从脆性向弹性的转变。但这类材料一般具有随机分布的气孔结构，通常表现出较低的刚度。同时，与传统陶瓷气凝胶的纳米孔结构不同，这种随机分布的气孔不能有效降低热传导，从而造成其相对较高的热导率。

以 SiC 纳米线为基本构筑单元，通过各向异性的多级孔结构设计，构筑具有各向异性气孔和多级热阻结构的 $SiC@SiO_2$ 纳米线气凝胶(图 6-14)：一方面利用各向异性的孔结构作为增强肋来提高其轴向比模量，另一方面利用多级导热屏障降低其径向热导率，最终获得轴向比模量高达 24.7 (kN · m)/kg、径向热导率仅为 0.014 W/(m · K)的弹性陶瓷气凝胶，实现了弹性陶瓷气凝胶力学性能和隔热性能的同步提升。

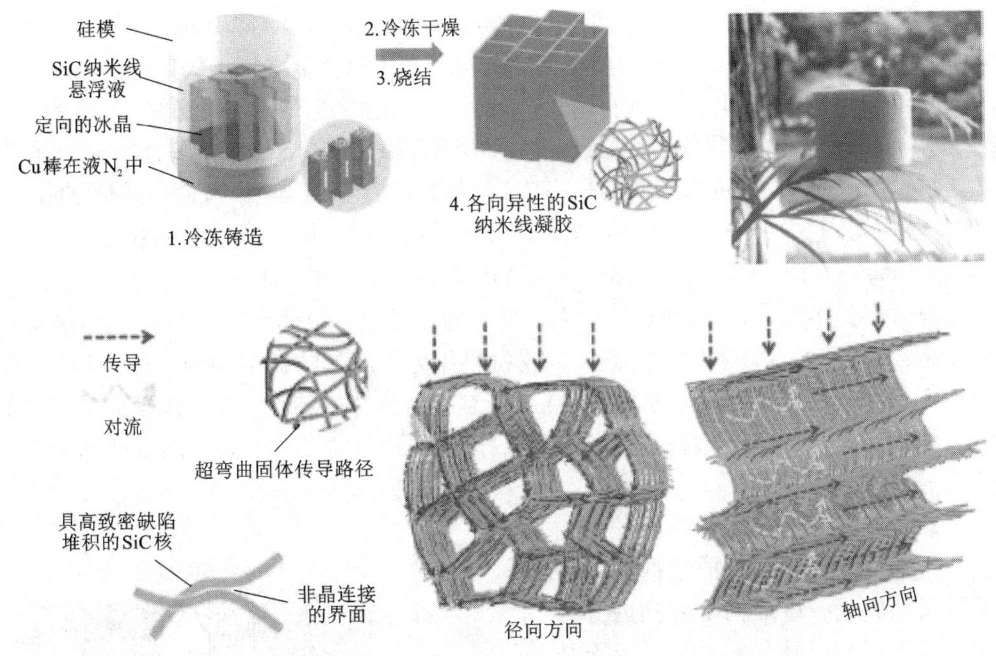

图 6-14　$SiC@SiO_2$ 纳米线气凝胶结构设计及热传导机理

6.4.4　防隔热梯度型结构设计

高超声速飞行器是指飞行速度超过 5 倍音速的飞机、导弹、炮弹之类的有翼或无翼飞行器，具有突防成功率高的特点，有着巨大的军事价值和潜在的经济价值。在高超声速飞行器的结构设计上，热防护系统是不可或缺的关键系统。飞行器在高超声速飞行时会遇到严重的气动加热问题。气动热效应不仅对飞行器壁面结构材料产生作用，而且也会对舱内仪器设备的正常运转造成影响。高超声速飞行器气动加热剧烈，产生的高温会造成飞行器结构外形烧蚀、内部设施无法正常工作，对飞行器的正常运行以及安全带来严重影响，因此需要进行热防护设计。热防护材料和结构的有机结合是推动热防护技术发展的重要支柱。目前，防隔热一体化结构是热防护系统发展的重要方向。防隔热一体化结构可以大大提高热防护系统的防隔热效率，降低热防护系统的结构质量，增加飞行器的有效载荷，有效降低飞行器的制造和维护成本。

目前工程上常用的隔热层的多层热防护结构，都是用的 SiO_2 气凝胶。但是传统 SiO_2 气凝胶材料作为隔热层时，相对不耐高温(800℃左右)，高温热导率较高，同时高温隔热性能差，轻量化性能较差。

高超声速飞行器防隔热一体化结构，包括多层热防护结构，多层热防护结构从上往下包括结构层、隔热层、变形匹配层和防热层；变形匹配层采用梯度型气凝胶材料制成(图 6-15)。该结构设计有助于提高热防护系统的防隔热效率，提升多层热防护结构的可用温度范围，降低热防护系统的密度和结构重量，有效降低飞行器的制造和维护成本。隔热层材料为 SiC 泡沫陶瓷等；结构层材料为金属等。与传统的 SiO_2 气凝胶相比（制备工艺复杂、成本高)，隔热层 SiC 气凝胶具有成本低、能大面积使用等优点。与传统的陶瓷纤维隔热毡相比，SiC 气凝胶的质量更轻，热导率更低，可以耐受 1400℃的高温，能够同时兼顾轻质与高效隔热两个条件，是一种理想的高效隔热材料。结构层采用铝合金材料，厚度为 2.5 mm。隔热层采用 SiC 泡沫陶瓷材料，厚度为 5 mm。变形匹配层采用梯度型气凝胶材料，厚度为 1 mm。防热层采用 C/C 复合材料，厚度为 2.5 mm。多层热防护结构，长时间(>3600 s)工作条件下，热防护结构采用 4~5 mm SiC 时与采用 3 mm SiO_2 时背温相当；仅考虑热防护结构，采用 5 mm SiC 时比采用 3 mm SiO_2 时，结构质量减轻了约 46%；同时考虑热防护和舱体(铝合金)，采用 5 mm SiC 时(面密度约 3.89 g/cm^2)比采用 3 mm SiO_2 时(面密度约 3.34 g/cm^2)，结构质量减轻了约 14%；在 1400℃高温下，尺寸稳定性好，依然保持不变形和不断裂等现象。该结构设计(图 6-16)采用梯度型气凝胶材料作为多层热防护结构的变形匹配层，该材料具有较低的等效热导率、较大的表观比热和抑制辐射传热的特点，具有优异的高温短效隔热性能和温控功能，能够有效降低材料的背温，保证器件安全工作，满足高温热防护等长效隔热要求。

以高速飞行器外部大面积热防护结构为对象，针对典型多层热防护结构进行传热分析及尺寸优化。该结构从外到内分为防热层、隔热层和机体结构(内壁板冷结构)，防热层和隔热层之间、隔热层和机体结构之间分别由磷酸铝和酚醛树脂进行黏结。考虑大面积热防护结构的主要功能是防止因高热流进入飞行器内部而引发机体结构和舱内设备失效，且飞行器外壁大面积区域受热相对较为均匀，因此，该多层热防护结构的传热模型可以简化为沿厚度方向的一维模型。其结构示意图如图 6-16 所示，高温热流直接作用于结构外壁面，机体结构内壁面考虑绝热和对流换热两种边界条件。在建模和计算中，不考虑材料的烧蚀和氧化，各层的黏接界面视为完全接触界面且忽略黏接层厚度。

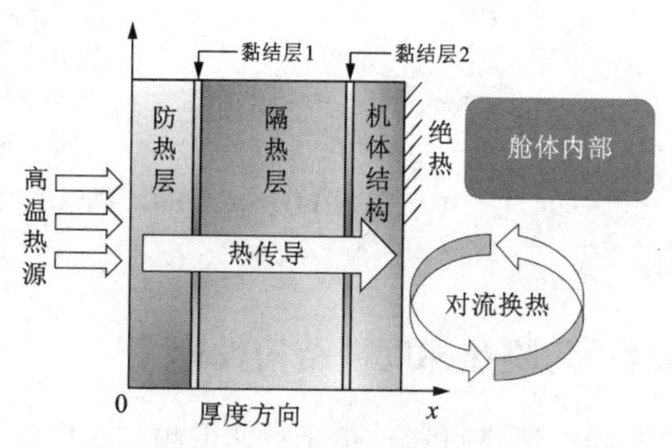

图 6-15　热传导示意图

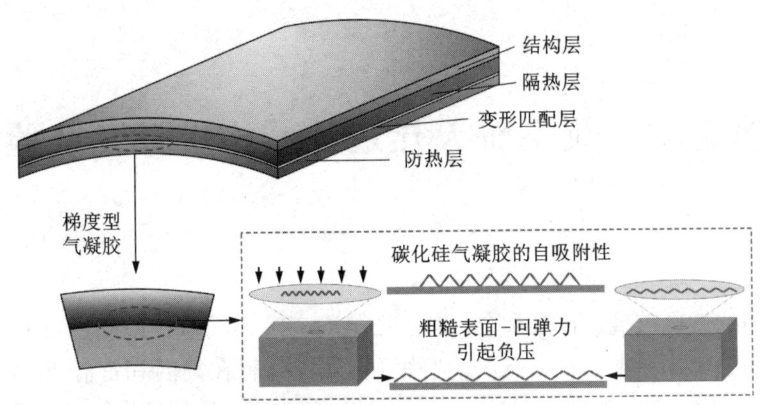

图 6-16　防热层：C/SiC、C/C、超高温陶瓷等材料

习　题

1. 航空航天隔热材料有哪些材料体系？它们的隔热机理有何异同？

2. 热传导的基本形式包括哪几类？影响热传导的因素主要有哪些？

3. 为了提升材料的隔热性能，通常会对复合材料进一步改性或结构设计，设计时应基于哪些方面的因素进行考量？

4. 如何制备陶瓷气凝胶隔热材料？相较于当前使用较多的 SiO_2 气凝胶隔热材料，其制备与性能参数指标有何异同？隔热时两者之前的隔热机理及使用形式有何区别？

5. 隔热一体化设计与常规的隔热结构有何异同？一体化设计体现在哪些方面？未来高超音速飞行器如何真正实现隔热一体化？

第7章 航空航天热透波结构设计及试验

现我国常用的微晶玻璃、有机复合材料、石英陶瓷等天线罩在使用温度和强度等方面不能很好地满足高温应用要求。氮化硅/氮化硼复相陶瓷材料在高温和常温下都具有良好的力学性能、良好的热稳定性、低介电损耗、耐高温冲蚀等性能，故研究以氮化硼作为第二相、介电常数低的层片状结构，可以有效改善加工性。基于氮化硅/氮化硼复相陶瓷材料在高温介电透波方面的应用，有针对性地采用常压烧结原位成型工艺，通过优化粉体配方，可制备出符合力学性能、介电性能、耐热性能等功能结构一体化的氮化硅/氮化硼复相陶瓷材料。此外，结合界面层状结构设计，通过对陶瓷材料进行层状结构的设计，还能制备孔隙梯度结构，这将有助于研究氮化硅与氮化硼的界面结构及宏观力学、介电性能的关系，有望显著改善耐温性、抗震性和透波性能。

7.1 热透波结构简介

高超声速巡航飞行器是一种执行快速全球打击任务的可重复使用飞行器。为抵抗高超声速飞行条件下的严重气动加热问题，热防护结构成为飞行器设计的关键技术之一。高速、长航时和可重复使用等特点，对高超声速巡航飞行器热防护材料与结构提出了更高要求。

近十几年来，国内外研究人员在更高性能和更轻量化的热防护结构研发中投入了大量精力，研发出了适用于长时间非烧蚀防热结构的改性碳基或陶瓷基复合材料、三维织物增强复合材料、陶瓷瓦、柔性隔热毡、波纹夹芯结构、点阵复合结构等多种材料与结构类型。然而，在材料与结构性能要求严苛、产品质量和稳定性要求极端严格的条件下，现有的防热材料的结构成本居高不下。

轻质、高性能且低成本的防热结构技术已成为高超声速巡航飞行器热防护系统发展的关键。低成本防热结构技术的内涵包括了廉价原材料、简洁稳定的复合材料制备工艺、精准优化的结构形式等多个方面。因此，结合新型材料的应用、针对特定需求的材料改性以及材料/结构一体化的优化设计，研发基于地质聚合物的防热结构，将有望突破高超声速巡航飞行器防热结构的低成本设计和制造难题。

从高超声速飞行器热防护结构技术的发展历程来看，第一代可重复使用热防护系统主要以刚性陶瓷瓦、柔性热防护系统和各种金属热防护系统为主，同时在局部高温区域采用 C/C 复合材料；第二代可重复使用热防护系统主要以纤维增强抗氧化复合材料、超高温陶瓷材料、C/SiC 等非金属材料为主。随着长航时、轻量化和可重复使用等需求的提升，单一材料或结构已无法满足飞行器热防护要求，材料/结构一体化设计开始受到广泛关注。最早提出的适用于高超声速飞行器的一体化热防护结构是波纹夹芯结构，其上面板和腹板采用高温合金，下面板采用热沉材料，腹板间填充隔热材料以实现防隔热一体化，但此结构存在腹板热短路效应明显的问题，且承载能力与结构重量亟须优化。近年来针对波纹夹层结构的进一步优化设计已有较丰富的研究，现有的波纹夹芯结构虽制造工艺简单，但温度较高时其腹板易发生破坏，整体结构的承载能力较弱。仿生学的发展及其在工程领域的应用，促进了一体化热防护结构的多样性发展，其中蜂窝结构的研发与应用最为广泛和突出。相比于传统的波纹型结构，蜂窝结构的综合性能和承载能力显著提升，且 3D 打印技术的发展使蜂窝夹芯一体化热防护结构的制造得以实现。

随着飞行器技术的发展，下一代空天飞行器将具有飞行速度更快、飞行时间更长、结构功能一体化程度更高、空天往返可重复使用和低成本化等特点。热防护问题作为高超声速飞行器亟待解决的核心关键问题之一，在新一代空天飞行器的设计和研发中更为突出。此外，由于飞行时间长、马赫数高、气动加热累积效应严重，结构热防护成为空天飞行器研制的难点之一。因此，对于空天飞行器面临的复杂环境，研制的热防护构件需具备透波、烧蚀、承载和防隔热等多方面的功能。

复相陶瓷材料被认为是新一代高焓异形智能天线罩构件的理想材料。我国现阶段正处于空天飞行器提速改型的关键时期，为了更好地满足新一代空天飞行器发展的需求，必须开展对高焓异形智能天线罩构件的研制，如何有效提升天线罩构件的耐温、透波、承载和防隔热等性能将成为发展空天飞行器的关键技术之一。

针对热防护构件用于高超声速飞行器需满足高透波、耐烧蚀、耐承载和高防隔热等多方面功能的军事需求，将开展热防护构件的材料优化选择和智能结构设计、异形构件制备技术突破、异形智能构件的性能优化等研究，以突破高焓异形构件高温透波、承载与防隔热一体化的关键技术。高焓异形智能防热构件将用于空天飞行器。空天飞行器是新一代的战略威慑力量，是空天领域的技术制高点，也是改变空天军事态势的重要装备。突破高焓异形智能天线罩技术，推动空天飞行器技术发展，意义重大。

7.2　热透波结构设计准则

飞行器高速飞行过程中，受气动热流冲刷，热透波结构易发生变形和高温烧蚀。热透波结构的介电常数随着温度升高而变大，影响透波率。此外，热透波结构的尺寸厚度减小，将影响信号的传输和精准度。

热透波结构通常可用于导弹头部的天线罩，在导弹高速飞行过程中，受气动和外部热环境的影响，应保证天线罩外形不发生过大的变化，同时还应满足雷达信号的高精度传输。透波性能是高温透波材料使用性能的首要参数，是设计选材的重要依据。高温透波材料首先需要能够满足在频率为 0.3 GHz~300 GHz、波长为 1 nm~1000 nm 时保证电磁波的通过率大于 70%，以保证飞行器在严苛环境下的通信、遥测、制导、引爆等系统的正常工作。一般而言，具有低介电常数及介电损耗角正切值的材料，通常具有较高的透波率。

飞行器用高温透波材料的介电常数通常应该在 10 以下。如果材料具有较高的介电常数，则需要降低壁厚度以满足其透波性能，这将会对材料的力学性能和加工精度提出更为严苛的要求。材料的损耗角正切值越小，则电磁波透过过程中转化成热量而产生的损耗也就越小。因此，高温透波材料的损耗角正切值通常要达到 10^{-4} ~ 10^{-3} 数量级，以获得较为理想的透波性能和瞄准误差特性。因此，为了保证在气动加热条件下尽可能不失真地透过电磁波，高温透波材料应具有稳定的高温介电热透波结构。用于天线罩的材料应满足以下条件。

7.2.1 高温力学性能

热透波结构飞行过程中承受的载荷主要来自两方面：一方面是静载荷，由飞行气动力和横向惯性力引起，最大应力出现在构件根部剖面的上下边缘处；另一方面是热应力，由于大气冲刷使天线窗口壁温度急骤升高，从而引起热应力。因此，热透波结构材料必须具有优异的室温及高温力学性能，以满足服役环境下的气动载荷和热冲击。

7.2.2 高温介电性能

材料的介电性能参数主要包括介电常数和介质损耗角正切。从微观角度考虑，材料的介电常数越大，电介质内部的偶极子的极化程度越高，感应电荷产生的场强越高，叠加后的电场就越弱。从宏观角度来看，随着介电常数增大，电磁波透过空气与天线罩界面时的反射率增加，进而降低了其透过率，因此，需减小天线窗口的壁厚来增加其透波率，但壁厚的减小会显著降低构件的承载能力。因此，透波窗口材料过高的介电常数会限制其实际应用，一般材料的介电常数应小于 10，介质损耗角正切为 10^{-3} 量级。

7.2.3 力热稳定性

飞行器高速进入大气层时，热透波结构外壁急剧升温并在壁厚方向产生较大的温差，从而产生非常高的热应力。当热应力大于材料的断裂强度时，将导致构件破坏而失效。因此，一般耐高温透波材料应具有高的热导率和低的热膨胀系数，以期提高材料的抗热震性能。材料的力、热、电等性能均受温度影响。随着温度的升高，分子的热运动加强，分子间的结合力减弱，在外电场的作用下，电介质比较容易被极化，介电常数和介质损耗呈指数式上升，致使热结构的透波性能降低。同时，温度的升高会降低材料的力学性能。因此，热透波材料应具有良好的高温性能稳定性。

7.3 热透波结构介电性能调控

为了实现宽频透波，天线罩的制备可采用具有极低介电常数的介质材料，抑或在罩壁结构设计上采用单层谐振照壁、夹层罩壁或多层结构罩壁等。目前普遍采用微波传输线理论和电磁波透射与反射理论对天线罩的宽频带透波性能进行优化设计，并将工作重点放在夹层或多层罩壁结构厚度的优化方面。其中基于罩壁局部平面近似，根据传输线模拟求传输矩阵的方法，可以较准确地计算单层、夹层和多层结构罩壁的电性能参数。本节以单层天线罩壁为例，讨论电性能参数的计算方法，以及介电常数、材料损耗角正切、材料厚度和极化方式对透波率的影响。

7.3.1 单层结构

单层薄壁结构可以实现天线窗口的窄频化。透波结构的壁厚远小于入射波的波长，一般小于波长的1/20。热透波结构要实现 2~18 GHz 频段范围内的透波，其壁厚应小于 1 mm，难以满足自身的强度要求，更不能承受高速飞行环境下产生的气动载荷。因此，单层结构并不适用于高速飞行的环境，通常用于 10 cm 以下波段的雷达。

7.3.2　多层结构

相较于单层结构，多层结构更有利于满足热透波结构宽频透波、承载一体化的功能要求。常见透波窗口的层状结构包括半波长壁结构、薄壁结构、A 夹层、B 夹层、C 夹层、多层结构等(图 7-1)。除了薄的外表面涂层外，为了得到电学上的对称性和其他良好性能，窗口壁一般由奇数层组成。

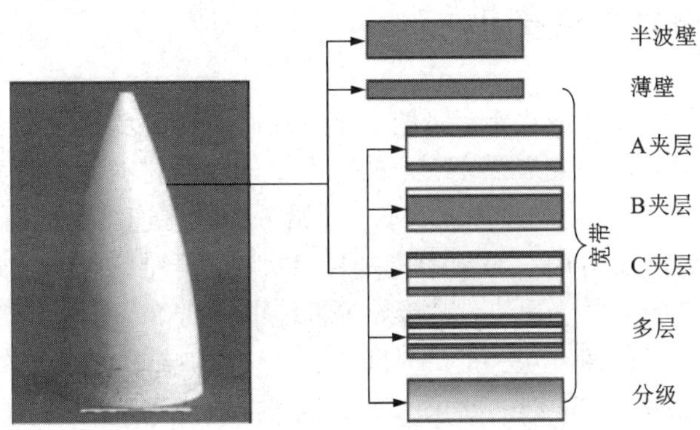

图 7-1　热透波构件多层结构示意图

A 夹层结构是由两层高强度、较致密的表面层(如增强玻璃纤维材料)与低介电常数、低致密的中间层(如泡沫或蜂窝状多孔结构材料)组成，这种夹层结构能在保持热透波结构轻质的前提下具有较好的力学性能。为满足介电性能的要求，此夹层结构的表面层通常做成等厚度的。同时，为了校正不同入射角下插入相位移的变化，也有做成不同厚度的。A 夹层结构的流线型热透波结构通常用于小尺寸飞行器(如无人机、对空导弹等)中。

B 夹层结构也是一种三明治结构，与 A 夹层结构不同，其外部为两层低密度、低介电常数的介质材料，而内部芯层为高密度、高介电常数的介质材料。为满足介电性能的要求，芯层材料的介电常数应为外层介电常数的均方根。相较于 A 夹层结构，此结构更加有利于空气与介质之间的阻抗匹配，双波段天线系统的天线罩经常采用此类结构。

C 夹层结构为一种五层结构，由最外面和中间的三层高介电常数层与夹在其间的两层低介电常数芯层组成。此结构可以看成由两个 A 夹层结构组成的，它能进一步抵消电磁波反射、拓宽天线罩的可用带宽范围、扩大天线罩在大入射角范围下的适应性，此结构可弥补 A 夹层结构的力学与介电性能的不足。虽然 C 结构在透波性和宽频性能方面均表现良好，但入射角对于插入相位移的影响较大。

多层结构可以看作以上三种结构形式的任意组合，有时甚至高达十几层。随着结构介质层数的增加，热透波结构的宽频特性得到改善，使入射角的适用范围也得到一定的扩大，同时其力学性能也随之增加，但对构件的制备带来一定的挑战。多层结构常应用于平板形状的热透波构件。

层状结构设计是实现导弹天线罩宽频透波的有效途径，但层状结构并非局限于 A 夹层、

B 夹层和 C 夹层常规结构，也可以是两层和多层等，例如波音公司 1987 年设计的 IRBAS 双层壁宽频天线罩，其由致密外层与多孔芯层组成，层厚比为 1∶15，总厚度为 1.22 cm，该双层结构极大地减轻了由温度梯度所带来的热应力，并且拥有极佳的宽频性能。同时，多层结构天线罩的应用还存在不同层之间的可靠连接、界面层对其力、热、电等性能的影响等关键难题，渐变连续梯度结构可能是未来的重点发展方向之一。梯度材料指的是材料的组成或结构在某一方向呈现出梯度的连续变化，组成或结构的变化将导致性能的梯度变化，以期满足使用需求。与传统的层状材料相比，梯度材料特别是连续梯度材料可部分或全部消除层间的界面效应带来的不利影响，如热失配、弹性失配等。

7.4 热透波结构力学性能调控

透波陶瓷复合材料已在运载火箭、飞船、导弹及返回式卫星等飞行器无线电系统中得到广泛应用。我国瞄准国内重大发展需求，开展了大量的复合材料制备及其性能研究，从 20 世纪 90 年代末开始，在多个项目需求的牵引下，开始了纤维层连结构的研究与试制，并率先在高性能复合材料上得到成功应用。对于陶瓷基复合材料，纤维的编织方式及其制备工艺直接影响复合材料及其构件的力学、透波、热传导等性能的优劣。

高超声速飞行器的飞行速度快，工作时间长，对热透波结构的长时间高温承载、耐烧蚀、耐冲刷、抗热震等性能提出了苛刻的要求。除此以外，轨道再入飞行器、临近空间高超声速打击武器、高超声速飞机还需具备可重复使用要求。均相陶瓷透波材料的低可靠性无法保证可重复使用的要求，而氧化物基纤维增强复合材料则无法满足长时高温(1200~1500℃)工作的迫切需求。因此，氮化物纤维/氮化物透波复合材料是目前新型武器装备热透波结构材料的最佳选择。

氮化物纤维/氮化物透波复合材料主要有 Si_3N_4、BN 和 SiBN 三种材料体系(包括纤维和基体)。氮化物纤维是近年来发展起来的一类高温透波纤维，具有介电性能优良、耐烧蚀和抗氧化等优点。其中，BN 纤维具有耐高温、介电性能优异、耐腐蚀和可透红外和微波等特性，在 2500℃以内的惰性气氛中能保持结构稳定，不发生分解/升华。其缺点是力学性能偏低，最高拉伸强度仅 1.4 GPa 左右，且在空气中 900℃以上会发生剧烈氧化，仅适用于对力学性能要求不高，而耐温性要求极高的航天飞行器透波部件。

Si_3N_4 纤维不但具有优异的高温力学性能，而且抗氧化、热膨胀系数低、介电性能适中，是一种重要的氮化物透波纤维。Si_3N_4 纤维可在 1300℃下长时间使用，在 1400℃下短时间使用。目前，较为成熟的连续 Si_3N_4 纤维制备手段是先驱体转化法。

硅硼氮(SiBN)纤维兼具了 Si_3N_4 纤维和 BN 纤维的优点，具有抗氧化、高温强度和模量保持率高、高温透波及耐烧蚀等优异性能。SiBN 纤维组成结构有天然优势，Si 元素的引入可提高材料本征力学性能，B 元素的引入可提高材料抗烧蚀性能，同时降低介电性能。可根据具体使用环境通过 Si、B 元素比例的调节来平衡其热、力、电综合性能。SiBN 纤维的可设计性强，是中远程导弹、超高速飞行器热透波结构的理想增强材料。

7.5 热结构透波机理

透波热结构材料是一类集结构强度、微波电磁信号传输、防隔热等功能于一体的电介质材料。因此，除了力学性能、防隔热性能需要关注外，微波电磁信号传输也是必须关注的关键性能。透射和反射是微波电磁信号在材料中传输的两种方式，其传输能量包括透射、反射和功率损耗部分，见式(7-1)。

$$|\Gamma|^2 + |R|^2 + L = 1 \tag{7-1}$$

式中：$|\Gamma|^2$ 为透过率系数；$|R|^2$ 为反射率系数；L 为功率损耗[式(7-2)]。

$$L = \left(\frac{2\pi d}{\lambda}\right)\left[\frac{\varepsilon\tan\delta}{(\tan\delta - \sin^2\theta)^{\frac{1}{2}}}\right] \tag{7-2}$$

式中：θ 为电磁波入射角度；d 为电磁波入射处材料的厚度；ε 为材料的介电常数；$\tan\delta$ 为材料的损耗角正切。

$$R = (1 - n_{ab})(1 + n_{ab}) \tag{7-3}$$

式中：n_{ab} 为电磁波入射处材料的折射率。

$$n_{ab} = \frac{\varepsilon\cos\theta}{(\varepsilon - \sin^2\theta)^{\frac{1}{2}}} \tag{7-4}$$

$$|\Gamma|^2 = \frac{(1 - R^2)^2}{(1 - R^2)^2 + 4R^2\sin^2\varphi} \tag{7-5}$$

$$\varphi = \left(\frac{2\pi d}{\lambda}\right)(\varepsilon - \sin^2\theta)^{\frac{1}{2}} \tag{7-6}$$

因此，材料的透波性能($|\Gamma|^2$)与频率、入射角度、介电常数、损耗角正切及厚度有关。此外，热结构材料的透波性能可通过直接测量法获得，也可通过上述公式基于介电常数、损耗角正切参数计算间接得到。

7.6　热结构的透波性能测试

7.6.1　终端短路波导法

终端短路波导法是一种经典的介质材料介电性能测量方法。采用该法测量时，需要将一段放入试样的传输线终端短路，测量该传输线的反射系数，依据反射系数的幅值和相位计算材料的复介电常数。所采用的传输线可以是同轴线、波导或其他类型的传输线，其中矩形波导应用最为普遍。该方法中短路板(或短路器)既可以是固定的，也可以是移动的。终端短路波导法仅需要测量单端口的反射系数，测试装置相对简单。特别是，该方法在高温下相对容易实现(图 7-2)。

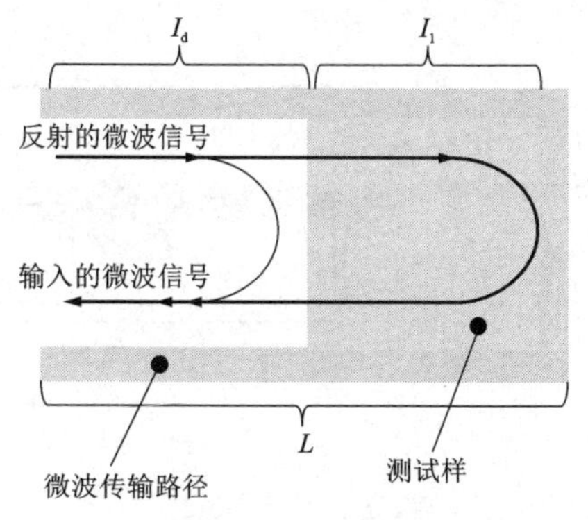

图 7-2　终端短路波导法基本原理图

终端短路波导法的原理是：将被测试样全截面填充于一端短路的矩形波导传输线内，且试样紧贴短路板。通过测试该单口网络的反射系数，依据传输线阻抗概念，推导得出介质试样的介电常数和损耗角正切。

7.6.2 高Q腔法

因高Q腔法试样与腔壁为非接触状态，一般不需要缝隙的修正，对低损耗试样有很高的测试精度，因而该法在室温和高温下均获得了广泛应用。高Q腔法主要包括定频法和变频法，具体表现为固定谐振频率、改变腔体尺寸（简称定频法）和固定腔体尺寸、改变谐振频率（简称变频法）两种(图7-3)。高Q腔法原则上对测试频率无特殊限制，但频率低于一定值后，就存在高Q谐振腔系统体积大，试样尺寸也大，高温实现有一定困难等问题。

测试原理：在某一确定模式和测试温度下，测试圆柱形高品质因数测试腔的初始空腔谐振频率及固有品质因数。当在此测试腔中放入一定厚度的圆片状试样后，将发生两方面的变化：①由于介质试样的介电常数大于1，放入有介质试样的那段测试腔的相位常数将增大，在固定谐振腔长度条件下，其谐振频率必将降低；②由于介质试样将引入附加的介质损耗，导致测试腔的固有品质因数下降。根据放入介质试样前、后测试腔体谐振频率和品质因数的变化，依据圆波导谐振腔的麦克斯韦场方程及相关理论，可分别计算出介质试样的介电常数和介质损耗。

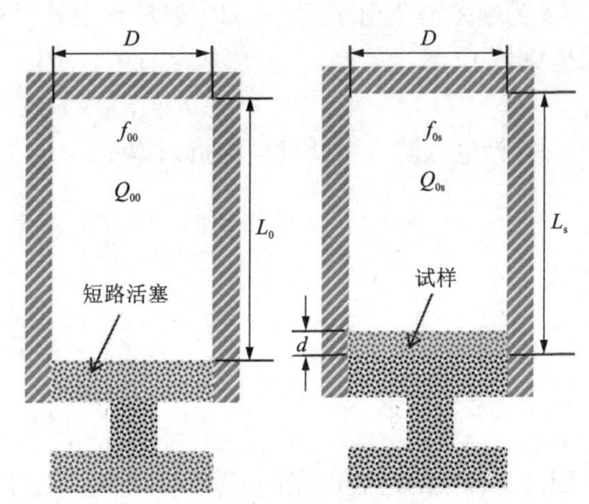

图7-3 高Q腔法测试原理图

7.6.3 带状线法

带状线法适用于低介电、低损耗电介质材料的宽频介电性能的测试。以被测介质基片与良导金属片和薄金属导带构成典型的带状传输线。一段两端开路的带状传输线具有谐振电路的特性，它的谐振频率与基片材料的介电常数有关，其固有品质因素与基片材料的介质损耗角的正切有关。测试用带状传输线谐振电路是由两片完全相同的被测介质基片试样、在其正中放置的一根良导金属带、在两介质基片外侧放置的一块金属接地板而组成(图7-4)。

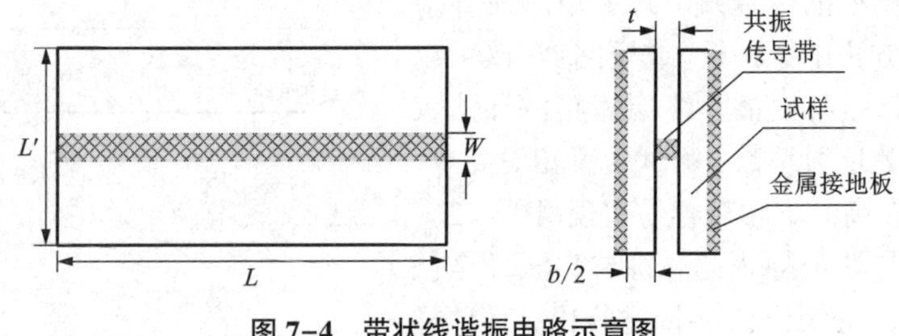

图7-4 带状线谐振电路示意图

7.6.4　带状线谐振腔法

谐振腔法的优势在于可以对低频、小损耗、尺寸较小的试样进行测试(图 7-5)。其作为低频(0.5~7 GHz)测试方案，可有效解决低频高 Q 腔法试样、关键器件制造及系统研制等困难。但带状线谐振腔法需要针对试样在腔体内填充情况求解介电性能。总体来说，全填充有精确场解，但实现起来较为困难；部分填充无解析解，需要借用全填充原理和数值方法求解。

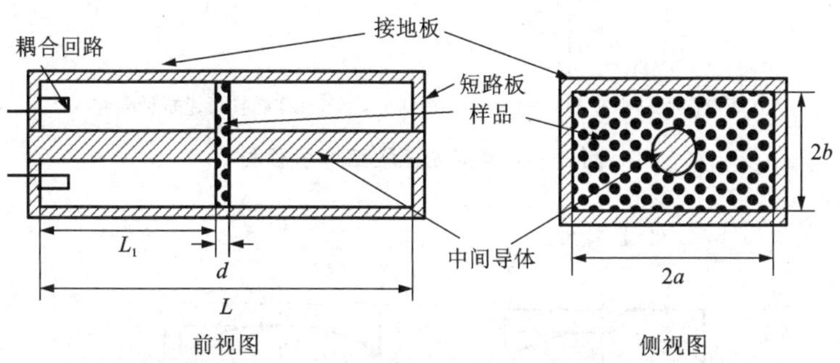

图 7-5　全填充试样带状线谐振法测试装置示意图

谐振腔法的原理：在某一确定模式下，先假设带状线矩形谐振腔内初始谐振频率和固有品质因数。当 n 为奇数时，此测试腔中间部位电场最强、磁场最弱处，横截面全填充厚度为 d 的矩形状长条试样，见图 7-5。有耗介质试样将扰动腔中电磁场分布，从而使谐振频率下降，固有品质因数下降。

7.6.5　微扰法

微扰法用于测量介质材料的复介电常数。微扰法的依据是微扰理论，该理论的基本假设前提是：①腔体放入介质试样后导致的谐振频率相对变化量很小；②除了介质试样附近外，试样置入腔体引起腔内电磁场结构的变化量很小。为满足腔体“微扰”的前提条件，微扰法仅适用于小体积试样的测量，即试样体积要远小于腔体体积，而且待测试样的介电常数不能过大，介电损耗应该为低损耗。

微扰法的测试原理：微扰法大多涉及两种规则外形的谐振腔，一种是矩形腔，需将试样放入矩形腔中心电场最强处；另一种为圆柱腔，需将试样放入圆柱腔中心磁场最强处。同样地，测量置于试验前、后腔体的谐振频率和品质因数的变化，由微扰理论推导获得计算介电常数和损耗角正切的公式(图 7-6)。

7.6.6　准光腔法

准光腔法(图 7-7)是谐振法中的一种，相较于高 Q 腔法、微扰法、带状谐振腔法等封闭式谐振腔体，准光腔法具有开放性，其 Q 值更高、工作模式简单、操作简便，特别适宜波长短的毫米波、亚毫米波，以及太赫兹等高频介电性能测试。准光腔法的测试原理与其他谐振腔法一样，都是测量放入试样前、后的谐振频率和品质因数。

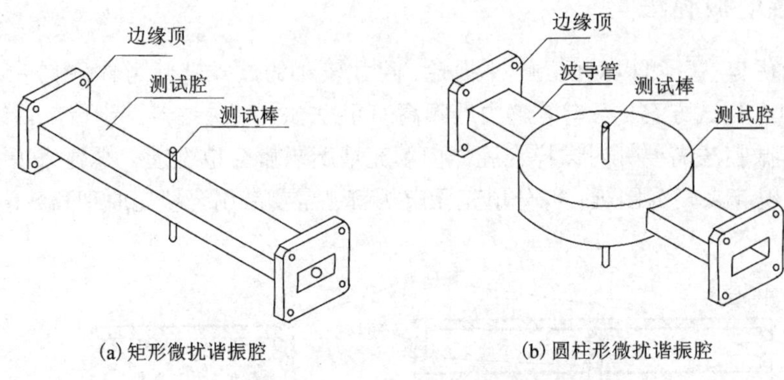

(a) 矩形微扰谐振腔　　(b) 圆柱形微扰谐振腔

图 7-6　微扰测试腔结构示意图

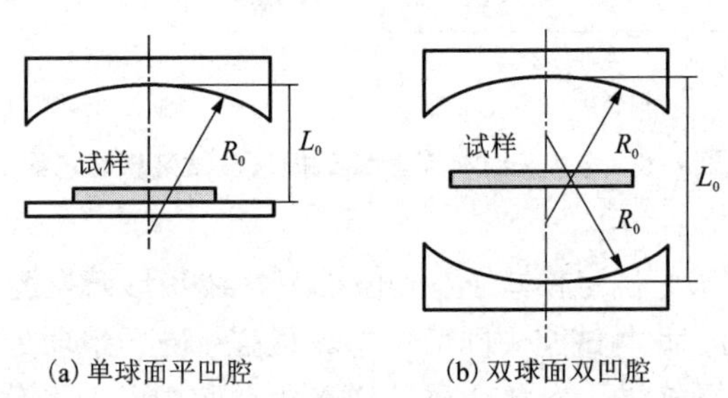

(a) 单球面平凹腔　　(b) 双球面双凹腔

图 7-7　准光腔法的基本测试原理

7.6.7　自由空间法

自由空间法属于直接法。在间接法中，该方法也可以用于材料的介电性能测试，是非谐振法中的一种。自由空间法(图 7-8)是一种非接触和非破坏的测试方法，对试样(构件)不会产生损伤，可以对其进行宽频带扫频和取向测试。该方法对被测件的形状要求不高，可以满足测试需要，适合于高低温测试，最高测试温度高达 2000℃。自由空间法要求被测件面积要大，以保证其对信号的接收和传播；而面积太大的情况下，高温测试时容易造成样品表面弯曲或位置的变动，对测试产生较大的误差。另外，自由空间法[测试精度为 tan(δ±0. 005)]不适于测试低损耗介质材料。当损耗角正切小于 0. 006 时，就不适合采用自由空间法。

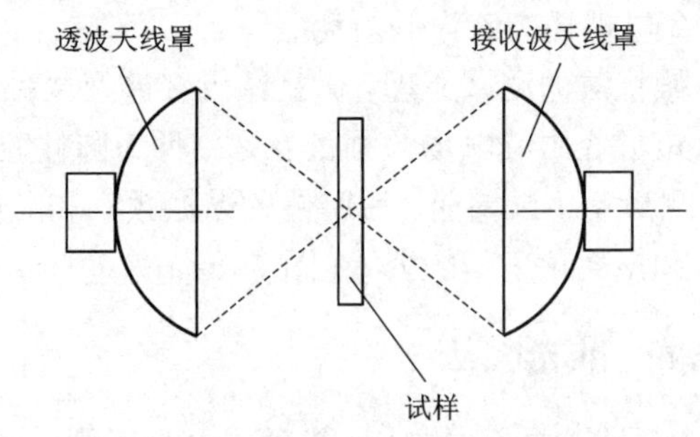

图 7-8　自由空间法测试原理

将相同焦距和频段的发射天线和接收天线分别置于试样两侧，试样置于两天线焦距处。发射天线以准 TEM 模式辐射电磁波，在试样与天线间发生反射和透射；通过测量反射系数 S_{11} 和透射系数 S_{21}，即可计算得到介质的复介电常数。

7.7　热透波结构热物理性能测试

7.7.1　比热容

比热容是单位质量物质的热容量，即单位质量物体改变单位温度时吸收或放出的热量。等压条件下的热容 C_p 称为定压热容。比热容是热力学中常用的一个物理量，表示物质提高温度所需热量的能力，而不是吸收或者散热能力。它指单位质量为 m 的某种物质升高(或下降)单位温度 ΔT 所吸收(或放出)的热量 Q，其国际单位是焦耳每千克开尔文，即 J/(kg · K)，表示每千克的物质的温度上升每开尔文所需的热量。比热容的表达式为：

$$C_p = \frac{Q}{m \cdot \Delta T} \tag{7-7}$$

7.7.2　热膨胀系数

采用激光热膨胀系数测量仪进行测量，主要基于激光干涉原理：一束激光经过半反射透镜后被一分为二，一道照射在样品端，另一道照射在参比端，经反射后两道光重新汇聚，并产生干涉。由干涉条纹可求得光程差，光程差的大小取决于样品的高度以及半反射透镜的厚度。测量时，透镜厚度保持不变，光程差的变化由样品高度的变化导致，由此求得样品的膨胀量。线热膨胀系数 α 的计算式为：

$$\alpha = C_0 \frac{\Delta L_\alpha}{L_0} + C_1 \tag{7-8}$$

式中：ΔL_α 为高温与室温下样品的长度变化；L_0 为室温下样品的长度；C_0 与 C_1 为测试仪器系统的修正参数。

7.7.3　热导率

热导率可通过热扩散系数、密度和比定压热容计算得到，其计算式为：

$$\lambda = \alpha \cdot C_p \cdot \rho \tag{7-9}$$

式中：λ 为热导率，W/(m · K)；α 为扩散系数，m^2/s；ρ 为密度，kg/m^3；C_p 为比定压热容，J/(kg · K)。

热扩散系数又叫导温系数，它表示物体在加热或冷却中，温度趋于均匀一致的能力。在导热系数高的物质中，热能扩散得快，而在导热系数低的物质中，其热能扩散得较慢。可基于热流法通过导热系数仪进行测试，或采用激光导热仪通过激光脉冲法进行测试。

7.7.4　烧蚀性能

烧蚀性能可采用以下方法来评价：

(1)真实试验模拟法。通过高压燃烧实验设计了试验模拟器(以气体反应物模拟氧化性组分对材料烧蚀性能的影响，最高压力可达 10 MPa)对材料的烧蚀情况进行模拟验证。烧蚀试验过程中，采用光谱仪测试燃气组分及温度分布，利用 X 射线与高速 CCD 相机获取材料的烧蚀率。

(2)氧-乙炔烧蚀与等离子体烧蚀法。氧-乙炔烧蚀或等离子体烧蚀是以稳定的氧-乙炔焰流或等离子焰流为热源，将焰流垂直冲刷到圆形试样表面，对材料进行烧蚀或烧穿。烧蚀试验过程中，采用稳态/瞬态焓探针或水卡量热器测量焰流的热流密度，采用非接触式测温系统测量试样烧蚀过程中的温度变化曲线，并记录烧蚀时间，通过烧蚀前、后试样厚度与质量的变化获取材料的线烧蚀率、质量烧蚀率和绝热指数。

(3)电弧加热试验法。电弧加热试验是利用高电压或大电流的电能将空气电离击穿，在阴极和阳极之间形成一个高温(可高达上万度)空气电离通道。冷空气流经这个通道时，被对流加热，并在喷管出口处形成高温、高速流场，通过改变流过电弧柱的电流等参数，可以改变试验气体的温度等气流特征参数。烧蚀试验过程中，可从冷壁热流密度、气流总比焓、烧蚀热效率等方面对烧蚀热防护材料或热结构进行考核评价。

(4)风洞烧蚀试验法(图7-9)。随着飞行器马赫数的提升，气动热急剧攀升，热透波结构表面的温度高达数千摄氏度，此外伴随着强烈的气流冲刷，热结构的迎风面将面临严重的烧蚀问题。风洞烧蚀试验是为了考察热透波结构再入飞行热环境下的烧蚀状况。天线罩下半边表面紧贴包罩的内壁，上半边与包罩内壁之间留有空隙，电弧热流从天线罩头部处进入空隙，空隙从天线罩头部至尾部断口处逐渐变窄，继而保证空隙内部的压力均匀，使热流密度均匀，模拟真实的烧蚀情况。

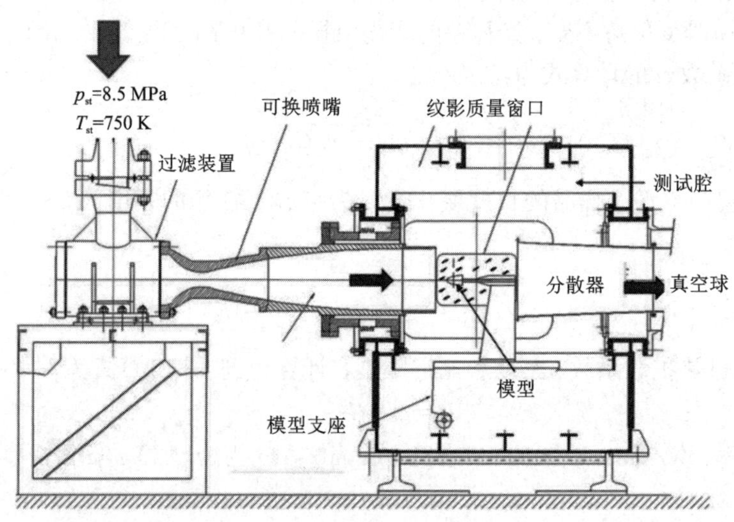

图7-9　风洞烧蚀试验原理分析

7.8　热透波结构试验进展

我国现阶段正处于飞行器提速改型的关键时期，国内急需耐高温高透波的天线罩材料。然而国外在相关产品上对我国采取了严格的技术保密措施，到目前为止国内还没有完全符合应用需求的产品。因此，为了更好地满足新一代飞行器发展的需求，必须开展对氮化硅/氮化硼材料制备技术的研究，如何有效提升此陶瓷材料的耐温、透波、承载等性能将是发展高超声速飞行器的关键技术之一。一旦本项目研制获得成功，将极大地提升我国新型飞行器的性能，同时也将进一步缩小我国与西方国家在这一领域上的差距。

尽管陶瓷基复相陶瓷材料在力学性能、低介电损耗、耐高温冲蚀等性能方面具有较大的优势（表 7-1），但此种材料仍存在介电常数偏高的问题，这会直接影响材料的透波性能。材料的孔隙率、空隙尺寸、频率及温度都会对介电性能产生影响。高的孔隙率在一定范围内会大大降低材料的介电性能，然而，孔隙率的提升并不利于材料的力学性能。因此，在材料设计时，材料的力学性能与介电性能需要进行良好的兼顾。

表 7-1　陶瓷基复相陶瓷与三种常用材料的性能对比

项目	陶瓷基复相陶瓷材料	石英陶瓷材料	有机复合材料	微晶玻璃材料
介电常数	4~5	3.2~3.5	2.8~3.1	6~7
介电损耗	<0.01	<0.01	6×10^{-3}	<0.01
抗弯强度	≥80 MPa	≤50 MPa	75 MPa	50 MPa
孔隙率	≥35%	7%~13%	1%	10%~15%
热膨胀系数	$\leqslant1\times10^{-6}$℃$^{-1}$	0.4×10^{-6}~0.7×10^{-6}℃$^{-1}$	$\leqslant1\times10^{-6}$℃$^{-1}$	2.3×10^{-6}~8×10^{-6}℃$^{-1}$
耐温性	约 1500℃	1000℃	800~1000℃	1000℃
透波率	≥70%	约 70%	约 70%	约 70%
优点	耐高温、强度高、抗氧化	热膨胀系数小、介电性能变化小	力学与热学性能良好	强度高、耐热性好
缺点	介电常数高	强度低、1050℃	易吸潮、体积相变	介电常数高

另外，陶瓷材料难以控制成型，尤其是对异形、大尺寸的构件。高温透波天线罩一般是锥形薄壁大尺寸部件，制备成型很困难。因此如何避免大尺寸陶瓷在烧结过程中变形开裂也将是技术研究的难点。

目前，改善复相陶瓷材料的力学与介电性能的方法如下：

(1)设计粉体组分。粉体的组成决定了烧结后样品的力学、介电性能和加工性。因此需要研究粉体氮化硅和氮化硼、氧化铝和氧化钇等添加剂的含量对烧结性及烧结后力学和介电性能的影响。研究人员通过以硅粉、氮化硼粉为原料，调节氮化硼的添加量，制备的氮化硅/氮化硼多孔陶瓷材料具有大于 90 MPa 的强度，且孔隙率大于 47%、收缩率为 2.2%。另外，还发现少量添加的氮化硼在陶瓷的晶界处具有钉扎效应，提升了力学强度，然而，研究人员并未对陶瓷的介电性和加工性进行研究。研究人员采用气压烧结工艺，通过调节烧结助剂的种类和添加量，对材料的介电性进行了研究，其制备得到的氮化硅/氮化硼复相陶瓷的介电常数为 4~6，透波率为 71%。

(2)优化烧结成型工艺。高温透波天线罩一般是锥形薄壁大尺寸部件，制备成型很困难。控制成型及烧结工艺，采用净尺寸成型工艺，收缩率小，避免大尺寸陶瓷在烧结过程中变形开裂。研究人员通过采用凝胶工艺，实现了净尺寸成型制备氮化硅基复相陶瓷，尽管微观组织结构均匀，然而工艺复杂，得到的陶瓷强度不高。基于先前的试验，通过原位反应烧结工艺制备了氮化硅/碳化硅复相陶瓷，实现了净尺寸成型，收缩率低于 0.6%；并且第二相的添加很好地实现了增强增韧作用。因此，研究表明，通过优化成型和烧结工艺，可以实现复杂构件成型。

尽管氮化硅/氮化硼复相陶瓷材料具有广阔的应用前景，但是在兼具复相陶瓷材料良好的力学与介电性能、实现复杂异形天线罩成型技术等方面，一直成为氮化硅/氮化硼复相陶瓷材料性能提升和应用的瓶颈，并且目前关于改善氮化硅/氮化硼复相陶瓷的制备与成型研究工作较少。基于上述分析，本节将从以下几方面开展研究，以实现高性能氮化硅/氮化硼复相陶瓷材料的关键制备技术与成型：①力学与介电性能。高温透波材料通常要求具备一定的强度和抗热震性，以及较低的介电常数和介电损耗角正切值。粉体的组成决定了烧结后样品的力学、介电性能和加工性。因此需要研究粉体氮化硅和氮化硼、氧化铝和氧化钇等添加剂的含量对烧结性及烧结后力学和介电性能的影响；②异形陶瓷材料的成型。控制成型及烧结工艺，采用原位反应烧结技术，避免大尺寸陶瓷在烧结过程中变形开裂。高温透波天线罩一般是锥形薄壁大尺寸部件，制备成型很困难；③界面层状结构的设计。通过对陶瓷材料进行层状结构的设计，实现孔隙梯度结构，研究氮化硅与氮化硼的界面结构及宏观力学、介电性能的关系，有望改善耐温性、抗震性和优化透波性能。希望氮化硅与氮化硼的界面结构及宏观力学、介电性能的关系等的研究工作的开展，既能为制备高性能的氮化硅/氮化硼复相陶瓷材料提供理论和实践基础，也为其他的复相陶瓷材料研究提供重要借鉴。

透波材料是指对波长在 1~1000 mm、频率在 0.3~300 GHz 范围内电磁波的透过率大于 70%的一种具有透波、高强度、耐高温和抗腐蚀等多种功能的材料。随着飞行速度的不断提高，飞行器对透波材料在力学性能、介电性能、耐高温、耐腐蚀等方面的要求越来越高。与氧化铝、氧化硅等陶瓷材料相比，氮化硅具有优异的力学性能和热稳定性，是最有发展前景的天线罩材料。然而，Si_3N_4 介电常数相对较高；Si_3N_4 断裂韧性较低，可加工性较差；但增强相氮化硼具有热膨胀系数低、热导率高、抗热冲击性能优良等优异性能，特别是与 Si_3N_4 陶瓷相比，氮化硼具有更好的介电性能和热稳定性。因此，采用 Si_3N_4 和 BN 两种材料制备 SiBN/Si_3N_4 复合材料(图 7-10)，能使其同时具有 Si_3N_4 陶瓷良好的力学性能和 BN 陶瓷优异的介电性能与热稳定性能。

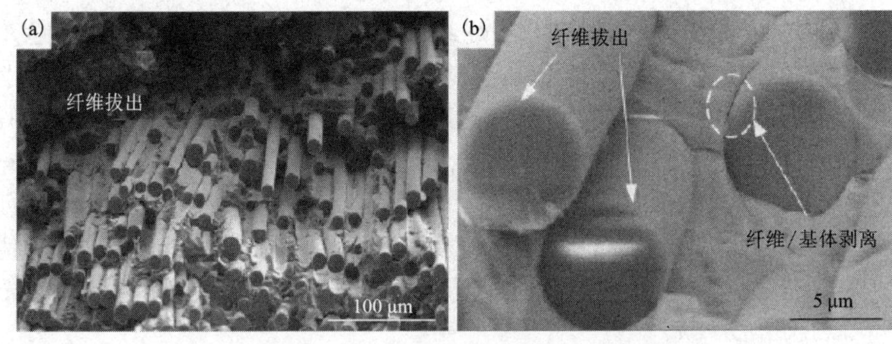

图 7-10　SiBN/Si_3N_4 复合材料断口的微结构形貌

连续纤维增强陶瓷基复合材料是指以连续纤维为增强体，以陶瓷或复相陶瓷为基体，通过适当工艺制备的复合材料。此种材料具有低密度、高比强度、高熔点、高温抗氧化、高断裂韧性、抗热震等优异性能，被认为是耐高温结构功能一体化复合材料的主要发展方向。以 Si_3N_4 纤维为增强体，以 BN 为界面层，以聚硅硼氮烷(PBSZ)为先驱体，采用先驱体浸渍裂解工艺制备 Si_3N_4/SiBN 复合材料(图 7-11)。

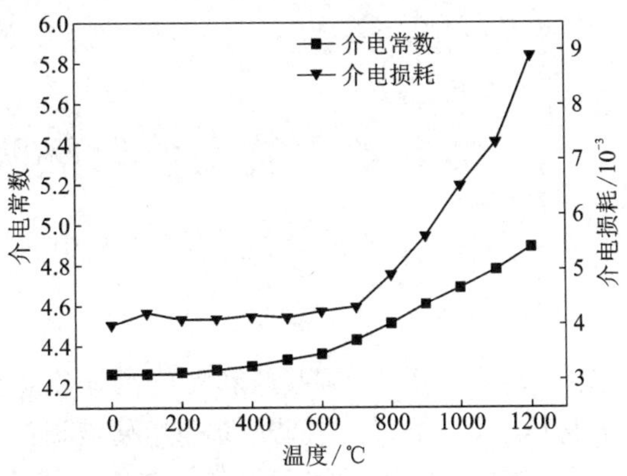

图 7-11　Si_3N_4/SiBN 复合材料介电常数和介电损耗随温度变化的曲线

研究结果表明，Si_3N_4/SiBN 复合材料介电常数在温度升高至 500℃ 以上时呈现缓慢平稳增加的趋势；而介电损耗在 700℃ 以下时较为稳定，在 800℃ 以上时急剧上升。由于氮化物属于共价键体系材料，其极化机制主要考虑电子位移极化、离子位移极化和热离子极化。随着温度的升高，离子附着力降低使得材料极化增强的程度要高于复合材料密度降低，从而导致极化程度减弱，因此，复合材料的介电性能随温度升高有增加的趋势。

习　题

1. 热结构天线罩介电性能的测试方法有哪些？各测试方法在原理上有何异同？
2. 热透波结构材料体系上包括哪几种？耐温和耐烧蚀性能有何异同？
3. 热透波结构的设计准则是？主要考虑哪些方面的因素？
4. 如何对热透波结构进行介电性能调控？
5. 当前飞行器热透波结构不同材料体系的介电性能、透波性能有何异同？未来高超音速飞行设计，随着马赫数上升，热透波结构如何兼顾力学、介电、防热等方面的综合性能？
6. 对比分析陶瓷基体系与高分子基体系的热透波结构制备工艺、介电性能。
7. 石英体系与陶瓷基体系热透波结构在烧蚀率、结构稳定性方面，有何异同？
8. 热透波结构如何兼顾外形设计、介电性能与烧蚀率？
9. 热透波结构风洞试验与常规的测试有何不同？得到的试验效果有何具体区别？
10. 热透波结构多层结构与梯度结构设计有何异同？结构设计是为了调控热透波结构哪些方面的性能？

第 8 章　航空航天热吸波结构设计及试验

当前，轻质、宽频、强吸收和多功能复合吸波材料已然成为新兴的目标，单一损耗类型的吸波材料已经不能满足需求，多重电磁波损耗机制复合的电磁波吸收材料日益增多。多层异质复合结构可以有效调节复合结构与空气间的阻抗特性，同时多组分界面极化能提升电磁波的多重反射和吸收，实现新型轻质、宽带、强吸收电磁波吸收材料的设计与调控。

随着电子通信技术和战斗隐身技术的不断发展，电磁波吸收材料在未来经济建设和国防建设中的地位日趋重要，为保护国家信息安全以及在信息化战场上占据主动地位，发展高性能吸波材料迫在眉睫。阻抗匹配特性是决定吸波材料性能的关键因素之一，然而，目前阻碍高性能吸波材料发展的主要问题在于：阻抗匹配特性的调节需要进行大量实验验证，严重消耗人力、时间和资源，如何快速优化吸波材料的阻抗匹配特性是一个极具挑战的问题。此外，电磁波吸收材料和装置在消除通信系统基站、天线装置、个人终端电磁干扰和泄漏，提升特种装备隐身性能等方面发挥着重要作用，宽频带、强吸收、轻质高效吸波材料一直是业界的追求目标，对吸波材料进行有效合理的多层级结构设计已成为重要的研究方向和突破点。

8.1　电磁吸波机理

电磁波吸收材料简称为吸波材料，一般是指能够通过将入射的电磁波能量转化为热能等其他能量的方式进行耗散，达到反射电磁波的强度显著弱于入射电磁波的一类功能材料。吸波材料对电磁波的吸收主要取决于它自身的电磁参数，即复介电常数和复磁导率。复介电常数和复磁导率的物理意义可以通过麦克斯韦方程组来解释。

在经典电磁理论中，麦克斯韦方程组是其核心，是研究一切宏观电磁现象和工程电磁问题的理论基础。可以根据麦克斯韦方程组来描述三维空间中电场和磁场、电磁场和电磁场源、电磁场和介质之间的关系。

通常，当电磁波入射到材料表面时，会经历三个过程(图 8-1)：反射、吸收和传输。当电磁波入射到非磁性物体表面的电介质材料时，电场诱导两种不同的材料内部电流，即传导电流和位移电流。在电介质材料中，大多数载流子被束缚，不能参与导电。但是，倘若外加电场作用于材料，这些束缚电荷可能会被取代。这种位移电荷产生一个与外加电场相反的偶极场且材料被极化。传导电流由净自由电荷产生，而束缚电荷产生位移电流。介电损耗正切值表示位移相量和总电流之间的正切值。

材料的电磁屏蔽机制包括吸收、反射和多层反射。SE_R 是反射效能，主要取决于电磁屏蔽材料的磁导率和电导率，这是由于屏蔽体中具有自由移动的电荷载流子，电磁波入射传输

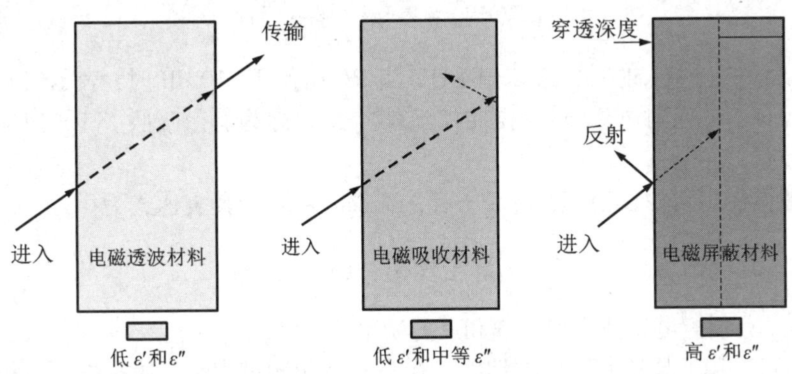

图 8-1　不同复介电常数材料对应的电磁波传输简化模型

时能够与之产生交互作用而被反射损耗。SE_A 是吸收效能，主要取决于屏蔽体的厚度，这是由于屏蔽体中有电磁波传输时，材料内部的磁偶极子或电偶极子与之发生交互作用而被反射损耗。SE_M 主要出现于屏蔽体的内部界面之间，当电磁波在屏蔽体内部传输时，这些机制要求材料内部拥有较大的比表面积。

电磁屏蔽即通过利用屏蔽材料对电磁波的反射、吸收和多次内反射使辐射能量不断衰减，最终达到对材料的屏蔽作用。屏蔽效果由屏蔽效能(单位为 dB)决定，屏蔽效能越高，材料的屏蔽效果越佳。屏蔽材料的表面、内部产生的感生电荷及极化现象皆影响着屏蔽效能。材料的总电磁屏蔽效能(SE_{total})通常由反射损耗(SE_R)、吸收损耗(SE_A)和多次内反射损耗(SE_M)组成。电磁屏蔽的理论模型主要包括传输线理论法模型、涡流效应法、电磁场理论法。其中传输线理论计算最为便捷，精度较高，在分析电磁屏蔽机理时经常被采用。

$$\Gamma = \frac{Z_{in} - Z_0}{Z_{in} + Z_0} \tag{8-1}$$

电磁波在材料表面的反射系数 Γ 由界面处波阻抗 Z_{in} 和自由空间阻抗 Z_0 决定。

对于单层均匀吸波体，电磁波从自由空间入射至材料表面的归一化输入阻抗为：

$$Z = \left|\frac{Z_{in}}{Z_0}\right| = \sqrt{\frac{\mu_r}{\varepsilon_r}}\tanh\left[j\left(\frac{2\pi fd}{c}\right)\sqrt{\frac{\mu_r}{\varepsilon_r}}\right] \tag{8-2}$$

式中：μ_r 为吸波体的等效磁导率；ε_r 为吸波体的等效介电常数；f 为电磁波频率，Hz；d 为吸波体厚度，m；c 为真空光速，3×10^{-8} m/s。当吸波体和自由空间的波阻抗相匹配时，反射系数为零，即实现电磁波零反射。

8.2　电磁屏蔽与吸波性能表征

样品的电磁参数由矢量网络分析仪测试。采用同轴环法，将相应质量的样品和石蜡混合均匀，压制成内径为 3.04 mm、外径为 7 mm、厚度为 2.0 mm 左右的同轴环。根据测试得到样品在 2~18 GHz 的电磁参数，再结合以下公式，便可计算得到材料的吸波性能。

电磁波吸收效能：由反射损耗系数 RC(reflection coefficient)来表示，单位为 dB，其计算式为：

$$RC(\mathrm{dB}) = 20\lg\left|\frac{Z_{\mathrm{in}} - Z_0}{Z_{\mathrm{in}} + Z_0}\right| \tag{8-3}$$

当电磁波从空气中入射时，Z_0 取值为 1；当 RC 值低于-10 dB 时，表示仅有 10%的电磁波被反射，即 90%的入射电磁波被材料内部吸收，此时即为有效吸收，其相对应的频率范围即为有效吸收带宽。

电磁吸波效能也可由反射损耗评价 RL(reflection loss)，其表达式为：

$$RL = 10\lg\frac{P_{\mathrm{R}}}{P_{\mathrm{I}}}(\mathrm{dB}) \tag{8-4}$$

式中：P_{I} 和 P_{R} 分别指电磁波入射功率和反射功率。

此外，也可采用波导法测试吸波性能。在介电性能测试之后，通过矢量分析仪得到了反射参数(S_{11} 和 S_{22})与透射参数(S_{12} 和 S_{21})。根据 S 参数原则，结合反射系数 R 和透射系数 T 可计算出，$R=|S_{11}|^2=|S_{12}|^2$，$T=|S_{12}|^2=|S_{21}|^2$。电磁屏蔽性能可通过 R 和 T 进行评价，μ 指磁导率，σ 指电导率，d 指样品厚度，f 为频率，如式(8-5)所示。

$$\begin{aligned} &SE_{\mathrm{Total}} = SE_{\mathrm{R}} + SE_{\mathrm{A}}(\text{当 } SE_{\mathrm{Total}} > 15\ \mathrm{dB}\text{ 时}) \\ &SE_{\mathrm{R}} = -10\lg(1 - R) = 39.5 + 10\lg\frac{\sigma}{2\pi f\mu} \\ &SE_{\mathrm{A}} = -10\lg\left(\frac{T}{1 - R}\right) = 8.7d\sqrt{\pi f\mu\sigma} \end{aligned} \tag{8-5}$$

一般来说，当频率变化时，SE_{R} 的增加表示空气和材料之间的阻抗失配增加，而 SE_{A} 的增加则表示材料中电磁能量的衰减增加。因此，低 SE_{R} 和高 SE_{A} 的材料有望用于微波吸收。

8.3 轻质吸波材料微结构设计

电磁波吸收材料实现宽频有效吸收需满足两个基本条件：①入射电磁波需要最大限度地进入材料内部，即阻抗匹配；②进入材料内部的电磁波能最大限度地被衰减吸收，即具有衰减特性。吸波材料通常由吸波剂和透波基体两部分构成，单独依靠优选吸波剂的种类和含量等性质难以同时满足这两个条件，结构设计是吸波材料性能优化的另一个有效途径。结构设计可分为吸波材料的宏观结构设计和吸波剂的微观结构设计两种(图 8-2)。宏观结构设计通常通过改善材料的阻抗匹配特性来提高电磁波吸收能力。例如，角锥、蜂窝、频率选择表面等复杂结构外形设计均可提高吸波材料的电磁波吸收能力。而吸波剂的微观结构设计主要指不同吸波相的复合和界面设计，以提高吸波剂的损耗能力，如增强缺陷极化、增加入射电磁波内部散射等。电磁波吸收材料结构设计包含以下两种方式：①宏观结构设计：对于多层结构，吸波体和自由空间更好地阻抗匹配，例如透波-吸波层设计或者阻抗逐渐增大的梯度多层设计；对于多孔结构，多孔结构改善了吸波体和自由空间的阻抗匹配，提高了材料的电磁波吸收能力，同时气孔结构对电磁波的损耗机制包含单个气孔内部的震荡损耗和气孔间的多重散射，多重散射在一定程度上增加了入射电磁波的传输路径，从而增大了材料对电磁波的衰减能力；②微观结构设计：多重界面设计，通过不同吸波相的组合实现多重吸波机制的复合，吸波剂的微结构设计聚焦在界面设计，异质界面的形成会导致电荷的积聚，同时增加入射电磁波在材料内部的传输路径(图 8-3)。

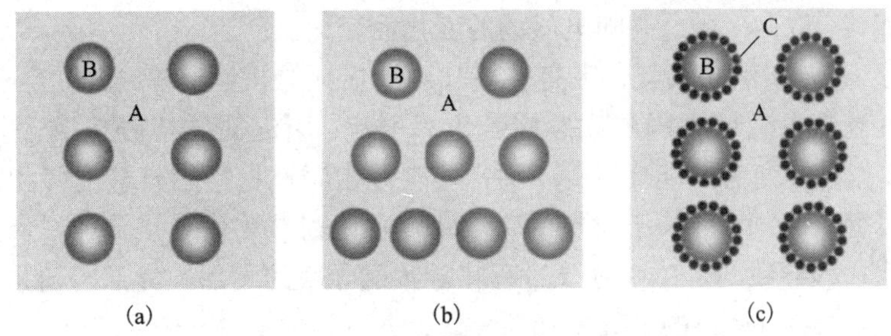

图 8-2　吸波材料的微观结构模型

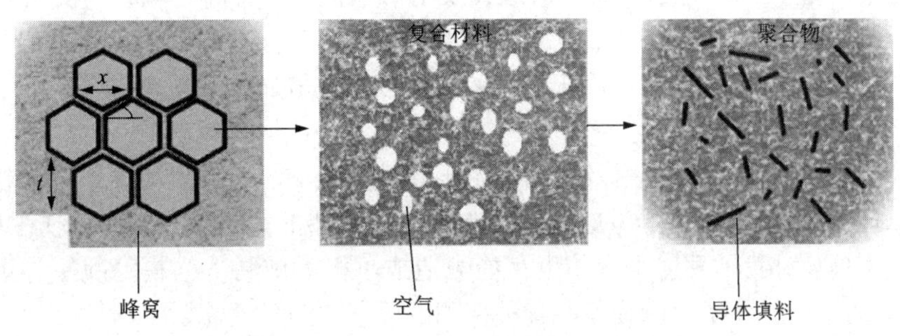

图 8-3　吸波性能提升微结构设计

高导电率有利于空气介质与材料表面阻抗失配，从而使更多的电磁波能量被反射。而复杂的多层结构增加了电磁波进入材料内部后的多重散射和反射，增加电磁波能的损耗。基于电磁波损耗机理，可将电磁波吸收机制分为介电损耗、磁损耗和电导损耗三种。

3D 导电网络结构的多孔样品导电性和电磁屏蔽性能均比较优异。3D 导电网络结构能将进入系统的电磁波进行多次的反射和吸收，进而使入射波得到有效的衰减。电磁屏蔽性能的改善或提升有多方面的原因，具体为：①导电网络(隔离结构)的改善。当样品形成了更好的导电网络，其电导率会增加，此时会有更多的移动电荷载体(电子或空穴)与入射电磁波相互作用，同时导电网络充当桥梁作用为移动电荷载体的自由运输提供充足的通路，最终提升电磁屏蔽效能；②促进电磁波的吸收作用。最初未被材料表面反射出去的那部分波进入材料的内部，经过材料界面多次反射和散射，促进吸收，转化为热量，难以逃逸，或屏蔽材料中的电偶极子或磁偶极子与磁场相互作用产生的热损失，最终达到提升电磁屏蔽效能的目的；③热导率。多孔材料热传递的方式主要包括热传导和热辐射。多孔材料孔隙率的提升易降低热传递效率。应当与导电率的协同作用结合考虑，最终提升导电率，提升电磁屏蔽效能。

当前追求轻质、宽频、强吸收和多功能复合吸波材料已然成为新兴的目标，单一损耗类型的吸波材料已经不能满足需求，多重电磁波损耗机制复合的电磁波吸收材料日益增多。然而，高性能的复合吸波材料还在以下的损耗问题上亟待突破。

(1)极化损耗：当电磁波入射到介电材料时，首先遇到的微观机制是介质的极化。极化通常包括取向(偶极子)极化、空间电荷(界面)极化、原子极化和电子极化等极化机制，原子极化和电子极化通常出现在高频范围；界面极化通常出现在低频区间(MHz)，载流子在材料界面处的迁移受阻，成为束缚电荷，从而在界面处聚集；取向极化，又称偶极子极化，是微波波段(GHz)主要的极化机制，在未有电磁场的情况下，偶极子乱序分布，在施加电磁场后，偶极子将发生旋转，取向一致，并随电磁场的变化而变化；

(2)磁损耗，主要指涡流损耗、磁滞损耗和剩余损耗等机制衰减电磁波。涡流损耗是指磁性材料在交变高频电磁场中因电磁感应产生涡电流，引起磁感应强度和磁场强度的相位差，使得电磁波能量转变为热能耗散掉。磁滞损耗是由磁性材料的畴壁位移和磁畴转动这一不可逆的磁化过程引起的，取决于材料的磁导率以及瑞利常数等磁性质。剩余损耗是由不同机制的磁化弛豫过程导致的。磁化弛豫过程将导致磁导率的实部和虚部均随频率产生变化；

(3)电导损耗主要与材料的电导率相关，高导电材料的载流子迁移有利于更多的电磁波能量转变为热能。但是，对于高导电的材料，入射电磁波将在材料表面产生高频振荡趋肤电流，电导率越高，趋肤深度越小，从而引起强反射。因此，尽管高导电材料具有极高的介电损耗，但是由于差的阻抗匹配特性，故它并不能单独作为吸波材料使用。通常会将高导电材料作为损耗相与透波材料复合，以优化材料的阻抗匹配，增加入射电磁波的比例，增大材料的有效吸收带宽。

随着新型探测技术、制导技术及弹药技术不断升级发展，先进的侦察系统和精确打击武器系统已经对发射平台构成了严重威胁。而精确制导武器的大量使用，使杀伤手段向"发现即命中"方向发展，对我军发射平台的生存能力造成了极大威胁。为提高我军导弹发射装备的隐身抗毁能力，需要提高发射装备在各种探测手段下的隐身性能。

然而在实现多种功能设计的时候，均会存在以下诸多矛盾。为了实现良好的雷达波隐身功能，经常需要采用厚重的吸波涂料或夹芯层，这常常以牺牲轻便性、机动性、续航能力以及其他功能的实现作为代价；或采用特殊的外形设计，以降低被雷达探测到的概率，但这样的外形设计常常具备非常明显的军用特征，反而很容易暴露我方的军事目标。为了具备可见光隐身功能，瞄准新一代飞行器结构需求，本节将重点开展轻质、高强承载-吸波一体化纤维中空复合结构设计与制备，从而突破承载-吸波性能的高性能纤维中空结构设计方法和理论。

电磁波吸收材料和装置在消除通信系统基站、天线装置、个人终端电磁干扰和泄漏，提升特种装备隐身性能等方面发挥着重要作用，宽频带、强吸收、轻质高效吸波材料一直是业界追求目标，对吸波材料进行有效合理的多层级结构设计和多组分调控已成为重要的研究方向和突破点。

8.3.1 三维结构设计

近年来，具有三维多孔、中空、核壳、卵黄壳或核鞘结构的多组分介电/磁性微、纳米材料已成为一种有效的电磁吸波材料。研究人员以二氧化硅反蛋白石为模板，酚醛树脂前驱体为碳源，乙烯酸为锌源，制备了氧化锌纳米颗粒修饰的三维有序介孔碳球的复合材料。研究表明，复合材料吸波性能的提升得益于氧化锌纳米颗粒的均匀分散及三维有序结构的介孔碳球。近日，研究人员在氮掺杂石墨烯基复合泡沫吸波材料研究中取得了一定的进展，其研究基于介电损耗型吸波材料建立的介电常数衰减评估图，借助理想介电常数关系寻求最优阻抗匹配组分，大大缩减了调节复合吸波材料阻抗匹配特性的实验周期。该研究基于电磁吸收的阻抗匹配和最大衰减原理，以氧化石墨烯(GO)为模板，采用水热-高温煅烧两步法构建了三维结构氮掺杂还原氧化石墨烯/多壁碳纳米管(NRGO/MWCNTs)复合泡沫材料。研究表明：控制原位氮掺杂、煅烧温度、填充比等可以有效调控复合泡沫材料的电磁参数与微波吸收性能；探索了该复合材料对微波的吸收机制，且获得的复合材料具有超低密度、强吸收、宽频带、薄厚度和低填充比等特点，因此在电磁污染防护与电磁吸收等领域具有较好的应用前景。此外，二维碳纳米材料，如石墨烯和 $Ti_3C_2T_x$ MXene，具有低密度、大比表面积和可调节的电性能，正广泛应用于吸波复合材料。优异的物理/化学性能和结构多样性使石墨烯/MXene 气凝胶成为制备宽带吸波材料的有效候选材料之一。研究报道了通过定向冷冻法和肼蒸汽还原法制备得到一种新型的含有磁性 Ni 纳米链锚定的三维 MXene/石墨烯复合气凝胶。Ni/MXene/RGO（NiMR-H）气凝胶(6.45 mg/cm^3)最小反射损耗达-75.2 dB，有效吸收带宽达 7.3 GHz。因此，通过结合微观介电/磁性多组分和宏观 3D 互连阵列蜂窝结构，以及适度的还原和氮原子掺杂改性，可逐步实现吸波材料薄、轻、宽、强等特性。

8.3.2　多孔复合结构设计

研究人员仍致力于探索新型高性能电磁波吸收材料。介电材料，特别是碳材料，包括导电炭黑(CB)、石墨、碳纤维(CFs)、碳纳米管和氧化石墨烯，其因密度低、电性能好、耐腐蚀等优点而得到发展。其中，多孔碳因密度低、介电损耗高、环境友好等优异特性而成为一种新型的吸波材料。研究人员以二氧化碳为发泡剂，通过发泡法制备出堆积密度为 45~90 g/L 的聚丙烯/炭黑(PP/CB)复合发泡粒子，而后通过高温水蒸气成型工艺制备出大尺寸的聚丙烯/炭黑复合泡沫板。结果表明，该 PP/CB 复合泡沫不仅具有较低的密度(0.030~0.117 g/cm^3)，还具有良好的力学性能(75%压缩强度为 6.2~41.2 MPa，拉伸强度为 0.4~0.9 MPa，断裂伸长率为 6%~17%)。更重要的是，良好的导电网络和泡孔结构还赋予了该类材料优异的吸波和电磁屏蔽性能。炭黑质量分数为 25%的 PP/CB 复合泡沫(PPCB25)在 2~18 GHz 频段内的反射损耗(RL)最低约为-60 dB，其有效吸波(RL<-10 dB)频宽高达 15 GHz。此外，对该 PP/CB 复合泡沫电磁屏蔽性能的测试还表明，其在 6~18 GHz 频段能够屏蔽 99%~99.92%的入射电磁波能量且电磁波吸收效率高达 80%~97%。此外，研究人员通过溶剂热法和液相还原法相结合实现了三层中空复合结构微球 Fe_3O_4/FeCo/C 的制备，碳用于改善阻抗匹配，FeCo 用于增强不同频带中的电磁波吸收，同时拓宽有效吸收带宽，Fe_3O_4 用于调控磁性。此三层中空复合结构能够引起多重弛豫过程，提升阻抗匹配，最终实现吸波性能的提升，其表现为最小反射损耗高达-37.4 dB，有效吸收带宽达 5.9 GHz。

8.3.3　多层级结构设计

纳米结构，诸如中空、多孔、核壳、蛋黄壳、多壳结构经常出现在当今的前沿热点研究中。其中，多壳结构包含中空结构、多孔结构和核壳结构等复合结构，具有重量轻、比表面积大、生物相容性好、传输效率高等特性。此外，通过灵活调控纳米结构的成分、形状、壳层参数等，将有助于让材料获得所需的电磁特性，最终达到吸波的效果。研究人员采用简单的“原位聚合-真空辅助”工艺制备裂解碳(PPy)/碳纳米纤维(CNFs)/聚二甲基硅氧烷(PDMS)复合吸波体，引入 PDMS 后的复合吸波体介电常数曲线接近于理想吸波材料介电常数关系曲线，其电磁波吸收性能在匹配厚度为 4 mm 时达到-25 dB，有效吸收频段覆盖整个 X 波段。此外，研究利用拱形法测试 PPy/CNFs/PDMS 复合吸波体在不同入射角度下的反射率，结果表明，当电磁波入射角度为 30°时，PPy/CNFs/PDMS 复合吸波体表现出优良的电磁波吸收特性，最低反射损耗达-21.2 dB，相比于 PPy/CNFs 复合材料(最低反射损耗未达到-10 dB)，

PDMS 的引入优化了复合材料的阻抗匹配特性，进一步提高了复合材料的吸波性能。这一研究结果表明，介电常数衰减评估图的建立为开发高性能吸波材料提供了可靠的数据支持。此外，有研究报道基于介电、磁损耗双重协同效应、导电网络和多层异质结构的设计，可实现碳纳米纤维/碳层/Fe_3O_4 复合材料提升的吸波性能，具体表现为反射损耗为-43.6 dB，有效吸收宽带为 4.6 GHz，此时填充量为 10%(质量分数)。由于多层异质结构优化了吸收体的阻抗匹配，合理的微观结构和成分之间的协同效应，将最终改善微波吸收。然而，导电填料的引入会增加电导损耗，可通过调控填充量优化有效吸收带宽。

8.3.4 多组分界面设计

电磁波吸收材料的吸收能力不仅取决于介电损耗、磁损耗和阻抗匹配，还受其结构和成分的双重影响。因此，需进行合理的材料微结构构造以改善吸收性能并提高 EM 衰减能力。具有低密度和大表面积的独特结构可以大大增加极化中心，通过诱导表面极化和极化弛豫，有利于进一步增强介电损耗能力。通过向材料中引入壳或孔，能有效降低材料介电常数以增强阻抗匹配。除了结构探究外，多种成分设计的复合材料也引起了研究人员的兴趣。磁性金属材料由于在高频下具有高饱和磁化强度和高导磁率，因此可以广泛地用于制备较薄的吸波材料。然而，单一磁性组分材料仅具有单一磁损耗和高密度，此将导致吸波性能较差。相反，碳基材料因其低密度、高介电损耗和出色的化学稳定性而被广泛使用。研究人员设计了一类具有独特空心碗状结构的氮掺杂钴/碳多孔纳米复合材料，碗状多孔腔体可以调节匹配复合结构与空气间的阻抗特性，多组分界面极化可协同提升电磁波多重反射和吸收，空心内腔的存在可降低密度，为新型轻质、宽带、强吸收电磁波吸收材料的设计与制备提供了新视角和重要参考。通过碗状聚苯乙烯磺化(HBSPS)，2-甲基咪唑钴盐 ZIF-67 金属有机框架结构负载生长及在惰性气氛中高温热解，可制备系列空心碗状的氮掺杂钴/碳多孔纳米复合材料(HBN-Co/C)。HBN-Co/C 独特的多级多孔结构一是有利于电磁波在碗状结构的凹面产生多次反射/散射，增强耗散效果；二是通过精控制空心结构间距、比表面积和氮掺杂钴/碳杂原子多种功能界面，导致电磁波与材料界面的多重极化，提升入射电磁波吸收效果。当厚度为 1.9 mm 时，最低反射系数为-42.3 dB(13.3 GHz)；当厚度为 1.7 mm 时，-10 dB 以下的有效吸收带宽可达 5.1 GHz。相比于本体材料，此种材料的吸波性能大幅提升，密度大幅降低，可为轻质高效吸波材料多层级结构设计提供新的视角。

8.4 当前轻质吸波材料研究进展

碳化硅纤维本身的吸波性能不好，其电磁波损耗方式单一，很难达到实际使用的需求，往往需要结合其他材料的改性才能获得较好的吸波效果。因此，需要通过采用不同的制备方法在碳化硅纤维表面设计并制备出具有介电损耗和电导损耗的复合体系结构材料，综合利用多重损耗协同作用，探究多重损耗机制协同作用的改性材料对碳化硅纤维吸波性能的影响及其作用机理。

8.4.1 SiC_f/SiC 多层结构设计与样品制备及性能表征

材料的结构与形貌是影响其吸波性能的关键因素。对于纳米材料而言，因尺寸和形状的效应，可以提升材料介电性能和磁性能间的相互作用，从而改变材料的介电性能和磁性能。随着材料尺寸的减小，材料的表面积、活性位点数等得到提升，从而进一步促进电磁波与材料之间的相互作用，增加电磁波的耗散。此外，材料尺寸的减小，会增强界面极化效果和多重反射效应，进一步提升电磁波的吸收。

相较于其他的纳米材料，一维纳米材料因其独特的各向异性而备受关注。在电磁波消耗过程中，由于一维纳米材料的各向异性，材料内部的失配电子会在一维纳米材料的两端富集，此将有助于提升材料的弛豫极化效果。同时，一维材料相互搭接成三维导电网络，增强材料的导电通路，将促使材料的电磁波衰减能力的提升。常见的一维纳米材料有碳纳米纤维、碳纳米管、碳化硅纳米线等。最近的研究报道表明，一维纳米材料的引入将能增强纤维基复合材料的电磁波吸收性能，同时也将提升复合材料的力学性能。因此，一维纳米材料与纤维的复合将成为一维纳米材料在电磁波吸收领域应用的重要一环。

电泳沉积法的特点：低温、低成本，沉积物选择广，沉积过程可控，被广泛用于纤维增强复合材料的制备。碳化硅基体的制备过程：先通过化学气相沉积的方法在碳化硅纤维表面制备一层热解碳（PyC）涂层，然后采用电泳沉积的方法在镀有热解碳的碳化硅纤维上引入一维的碳化硅纳米线，最后采用化学气相渗透（CVI）的方法，由此便可制备出碳化硅基体。引入一维碳化硅纳米线可以改善纤维复合材料的电磁参数，从而改善阻抗匹配，提升界面极化效果等，从而达到增强电磁波吸收的效果。

具有多孔结构的 SiCNWs@ PyC@ SiCf 复合材料的制备过程：先采用电泳沉积法在有热解碳层的碳化硅纤维上负载碳化硅纳米线阵列，再通过化学气相渗透法，即可制备出具有多孔结构的 SiCNWs@ PyC@ SiCf 复合材料（图 8-4）。因此，基于电泳沉积、电化学沉积与化学气相渗透法结合共同制备的试样，获得的最小反射损耗值高达-58.5 dB，有效带宽达 6.13 GHz（图 8-5）。

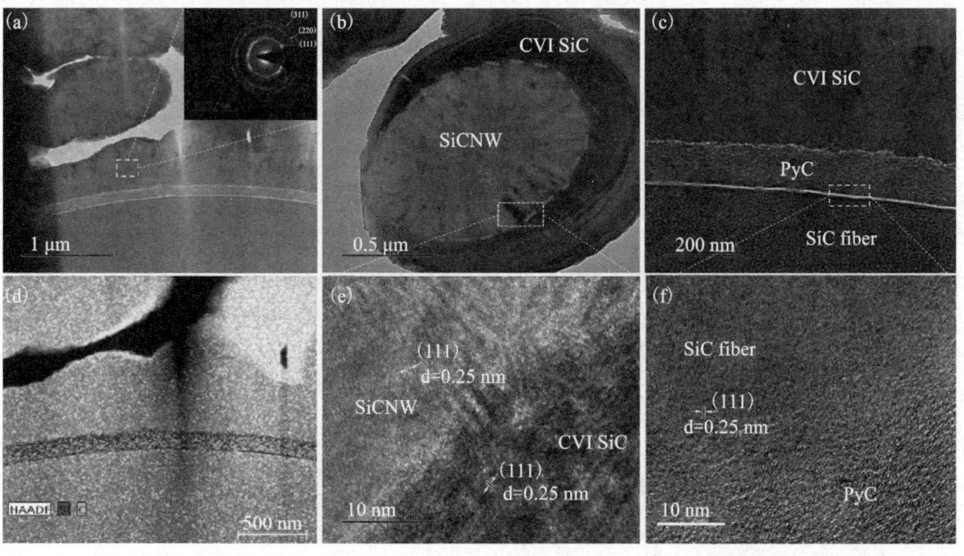

图 8-4　PyC-SiC$_f$/SiC 复合材料透射电镜图片分析：(a)～(c)透射电镜 TEM 图片；(d)元素能谱分析；(e)～(f)高倍率透射电镜图片(HRTEM)

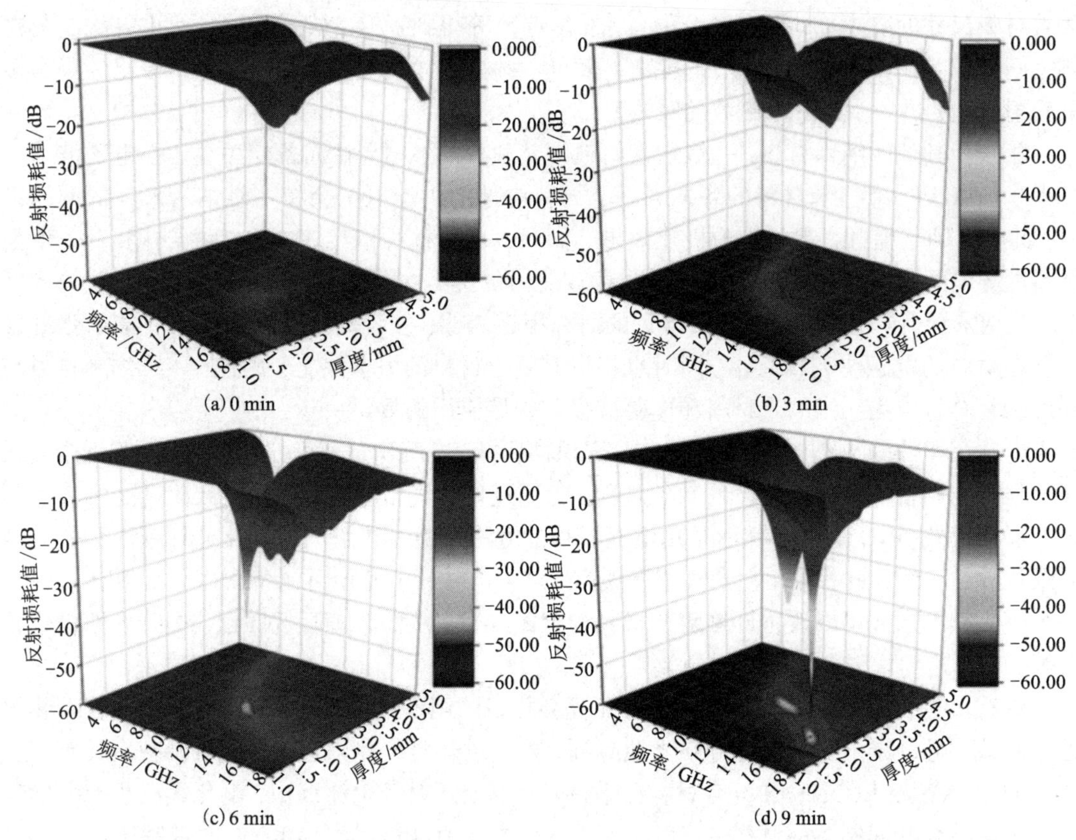

图 8-5 不同电泳沉积时间制备的 PyC-SiCf/SiC 复合材料的最小反射损耗值 RL_{min}

8.4.2 SiC/FeNi/SiO_2 多层结构设计与样品制备及性能表征的研究基础

除了一维材料以外，多层结构也是提升材料吸波性能的材料设计。磁控溅射可以精确制备出不同厚度的层状薄膜，而且薄膜可以通过调节磁控溅射过程中靶材的成分，继而改变薄膜的组成。特别是对于磁性薄膜，由于表面效应和尺寸效应，相较于块体磁性材料而言，具有更高的饱和磁化强度和矫顽力，而且这些性能受薄膜成分和厚度的影响很大。磁性薄膜具有很高的各向异性，具备很强的磁损耗能力。此外，磁控溅射方法具有低温、高真空、可靠度高等优异特性，在制备薄膜方面有独特的优势，通过磁控溅射方法制备的磁性薄膜改性碳化硅纤维对纤维的力学性能几乎不会有损伤。因此在碳化硅纤维上采用磁控溅射方法制备磁性薄膜是提升碳化硅纤维吸波性能的重要手段之一。

因此，通过磁控溅射的方法，能在碳化硅纤维上制备出具有双层结构的薄膜 FeNi-C，以及不同成分的梯度薄膜 FeNi-SiO_2(图 8-6)。通过石墨层和 SiO_2 层进一步调节复合材料的电磁参数，提高其电导损耗、电介质损耗和磁损耗能力，改善阻抗匹配性能，制备出一系列具有优异吸波性能的改性碳化硅纤维。我们通过研究薄膜的结构组成，以及成分变化对纤维介电性能和磁性能的影响，来探究基于这些电磁参数变化对纤维吸波性能的影响。

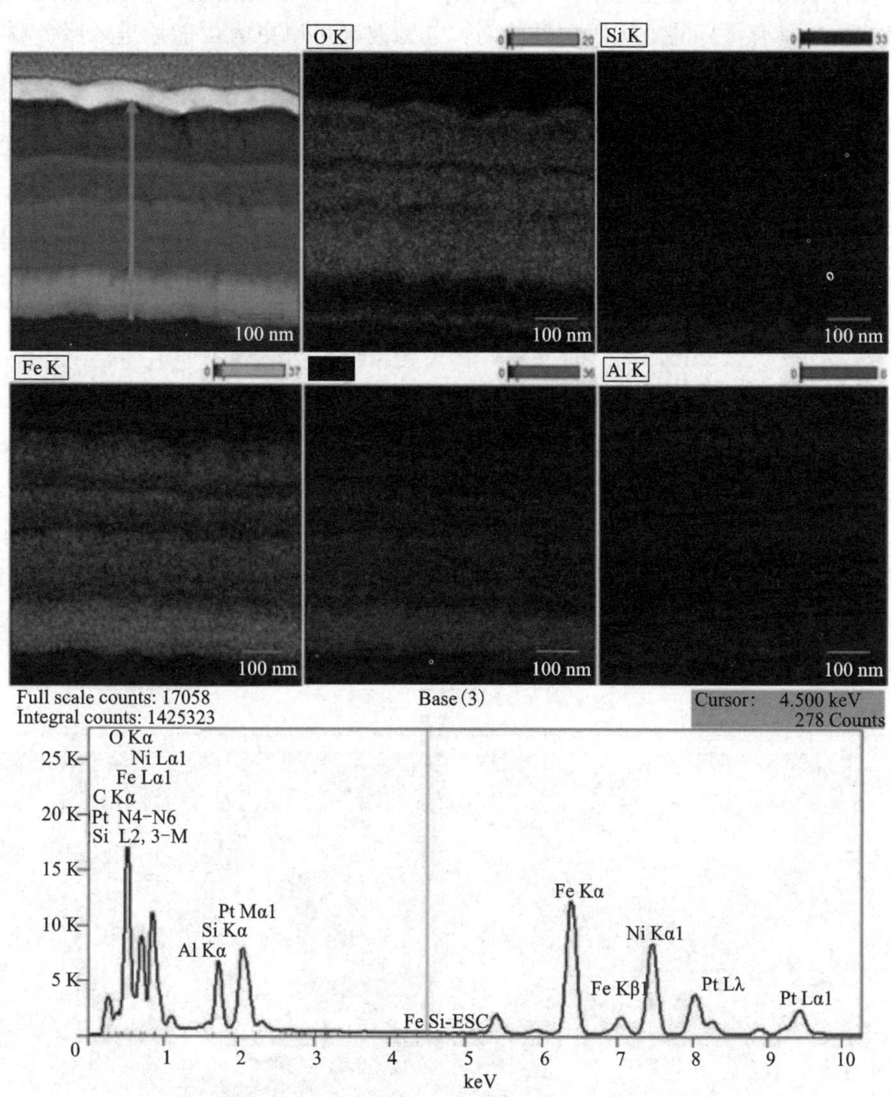

图 8-6　扫描透射电镜与能谱分析多层结构的 $SiC/FeNi/SiO_2$ 样品

多层吸波结构的 $SiC/FeNi/SiO_2$ 样品，主要包括五层：SiC fiber+(FeNi 合金)(为第一层)+($25\%SiO_2$+75%FeNi 合金)(为第二层)+($50\%SiO_2$+50%FeNi 合金)(为第三层)+($75\%SiO_2$+25%FeNi 合金)(为第四层)+SiO_2(为第五层)。透射电镜与能谱分析的结果表明，最初设计的五层结构及成分皆达到了预期的设计目标。此外，样品获得的最小反射损耗值高达-55.2 dB 的，有效带宽达 10.37 GHz。

通过分析 $FeNi-SiO_2@SiC_f$ 的电磁参数，解释了其成分组成对吸波性能的影响。$FeNi-SiO_2@SiC_f$ 的吸波性能优异，在 10.37 GHz 下，其最小反射损耗值可达到-55.2 dB，对应的吸收厚度为 2.5 mm。最大的有效吸收带宽为 6.84 GHz(11.08~17.92 GHz)，对应的吸收厚度为 2.0 mm。$FeNi-SiO_2@SiC_f$ 的优异吸波性能来自合理的梯度结构设计，以及梯度结构带来的电磁参数的调节和阻抗匹配的提升。

决定材料取得优异吸波性能的因素主要有两个：强电磁损耗能力和优异的阻抗匹配性能。当吸波材料具有优异的阻抗匹配性能时，电磁波则可以更大可能地进入吸波材料内部，而不是在材料表面被发射掉，从而取得较好的吸波效果。碳化硅纤维本身的阻抗匹配性能较差，损耗能力也较弱，所以其吸波性能整体较差。以 FeNi-SiO_2@SiC_f 为例，FeNi-SiO_2@SiC_f 外部的 SiO_2 层有助于入射波较好地进入吸波材料内部。SiO_2 具有与空气类似的特征阻抗，因此常常被用于改善吸波材料的阻抗匹配性能。当电磁波从空气中入射到 SiO_2 薄膜上时，由于相近的特征阻抗，电磁波会优先入射到 SiO_2 薄膜内。后续通过调控 SiO_2 的含量，产生梯度变化，使得层与层之间具有相近的特征阻抗，从而实现 FeNi-SiO_2@SiC_f 与空气间更优异的阻抗匹配性能。

8.4.3 多层异构设计与性能调控

本节通过采用模板法与电泳沉积法相结合的方式来制备中空结构的 BTO/PDMS 复合材料，并对复合电介质进行微观结构分析与介电性能表征。从图 8-7 中可以看出，在有 BTO 网络骨架嵌入的基体附近截面上有孔洞出现，原因如下：制备 BTO 网络骨架时使用的是模板法，在通过 $FeCl_3$ 溶液出去镍泡沫模板后会留下空隙，从而形成中空的填料骨架，在使用 PDMS 浸渍时，由于是在常压下进行的，因此 PDMS 可能无法充分浸渍到填料的中空部分而形成孔隙。

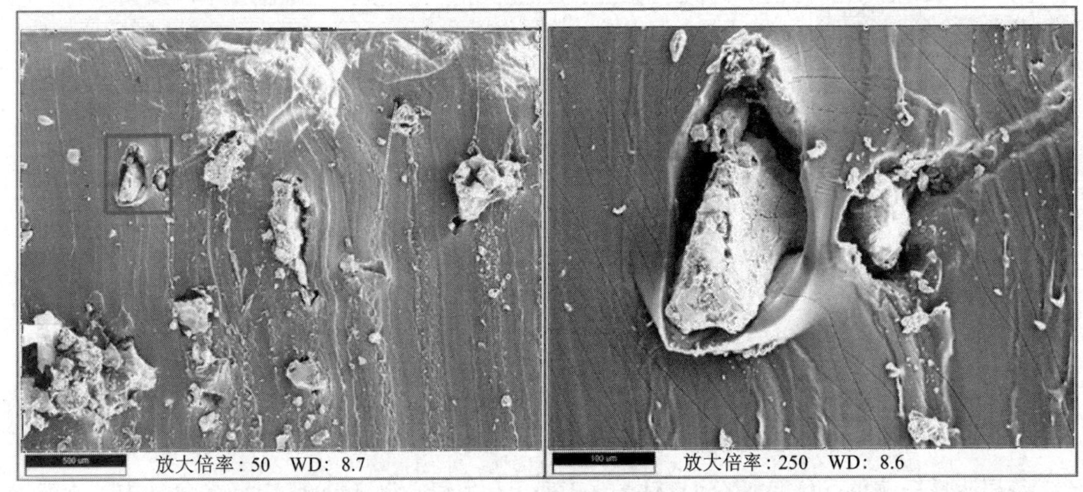

(a) 放大倍率为50倍的SEM图像　　(b) 放大倍率为250倍的 (a) 中标记处的SEM图

图 8-7　BTO/PDMS 复合材料扫描电镜图

将图 8-7(a) 中方框区域进一步放大，以观察 BTO/PDMS 复合材料基体与填料间的结合情况。从图 8-7(b) 中可以清晰地看到环状孔隙。此外，对复合材料的介电性能进行分析可知，当 BTO 质量分数达 10.16%时，1000 Hz 下复合材料的相对介电常数提升至 85(纯 PDMS 的相对介电常数仅为 2.75)。

8.4.4　介电性能理论模拟分析

有限元模拟制备的 BTO/PDMS 复合材料电场的分布如图 8-8 所示。核壳结构无序网络模型的内部电场有明显减小，内部的高电场区域场强由无序网络模型的约 120 V/m 减小到 40 V/m 左右。这表明在无序网络模型中，核壳结构依然可以很好地起到填料与基体间过渡层的作用，减小由于二者介电性能巨大差异带来的电荷集中程度，有效降低电场强度，提升复合材料击穿强度。

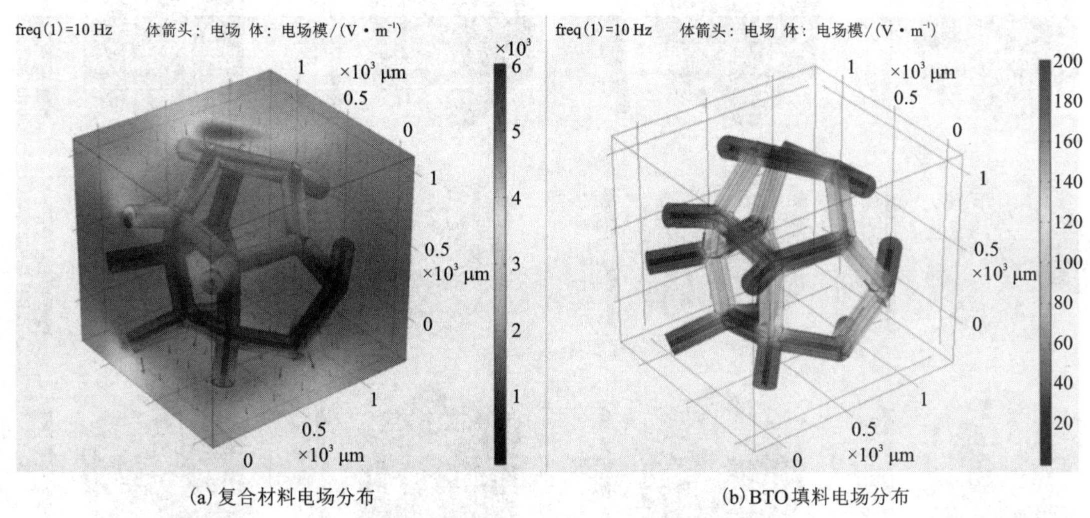

(a) 复合材料电场分布　　(b) BTO 填料电场分布

图 8-8　BTO/PDMS 电场分布有限元模拟分析

此外，本节还以聚偏氟乙烯(PVDF)为基体的多种复合材料结构模型为例，运用 ABAQUS、COMSOL 等软件，基于有限元理论及多物理场耦合对电热性能进行了理论模拟分析(图 8-9)。另外，还揭示出材料优化选择-模型-性能之间的构效模拟关系，最终构建纳米复合物的基本方法以及实现具有优异电卡性能的纳米复合物的设计。针对高性能复杂氧化物陶瓷材料铝酸镧/钛酸锶异质结界面出现的异常物理现象(比如二维电子气、铁磁性和超导性)，通过采用激光分子束外延技术从结构与性能的内在关联方面进行结构调控和设计，从实验设计和第一性原理方面进行了深入的研究，并最终制备了高性能多功能异质结晶体管电子器件。

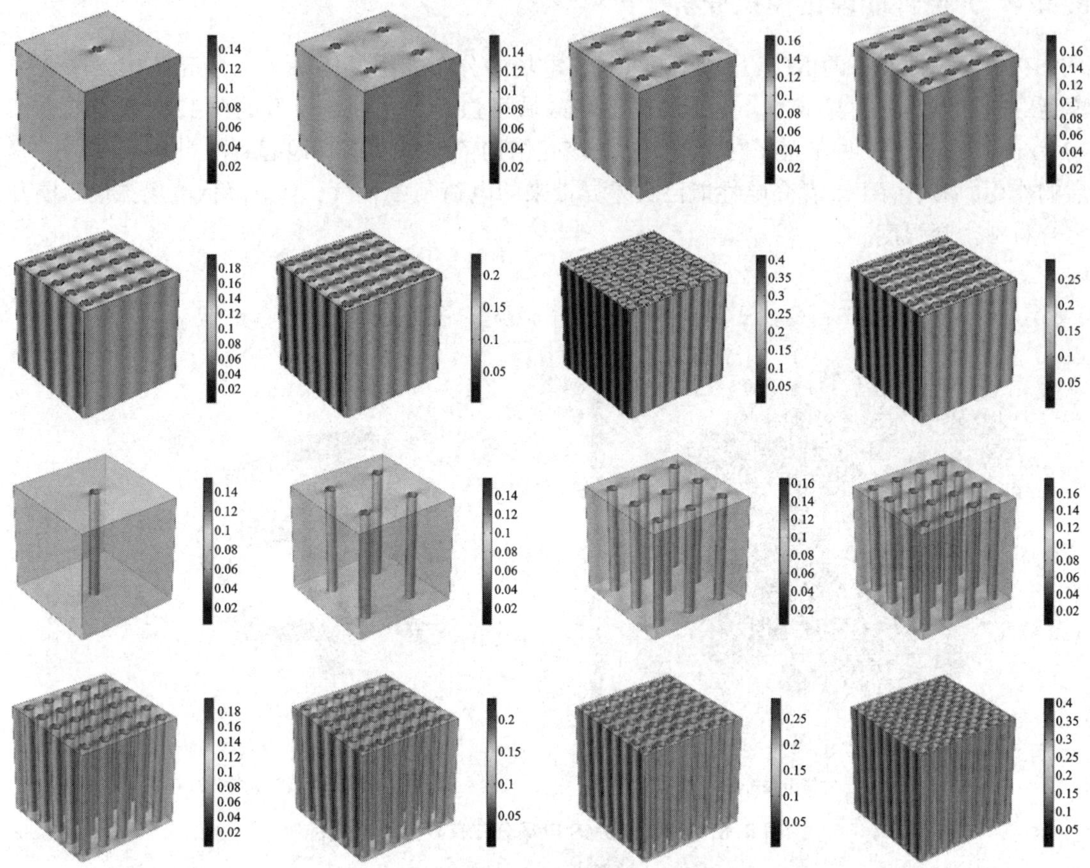

图 8-9　复合材料 $BaTiO_3$/PVDF 的结构设计及复合材料内部结构有限元模拟电场分析

习　题

1. 航空航天热结构电磁吸波与透波的机理有何异同？它们的性能参数如何具体体现？

2. 电磁吸波的测试方法包括哪些？对测试样品的具体要求有何异同？

3. 如何定义热结构电磁吸波性能的优异性？热结构使用时，考虑吸波性能时是否需要兼顾其他方面的性能？具体包括哪些？

4. 如何对热结构轻质吸波材料进行结构设计？设计时需考虑的因素有哪些？

5. 当前使用的轻质吸波材料体系包括哪些？未来还可以在哪些方面进行提升？

6. 航空航天复合材料电磁吸波反射损耗数值具体达多少时可认为是有效的吸波材料？

7. 复合材料吸波材料进行结构设计时，应如何有效匹配磁损耗与介电损耗？

8. 铁磁与介电如何具体影响航空航天热结构的吸波性能？

第 9 章　航空航天热结构无损检测技术

航空航天领域中对产品的质量、性能、寿命以及可靠性有着极高的要求，因此研究先进的无损检测技术具有重要意义。无损检测技术在航天设备日常检测、维护方面起着关键作用，为航天装备飞行安全提供了保障(图 9-1)。从航空航天构件的设计、材料研究与制备、工艺研究与优化、结构件制造装配、整机服役和结构修理等都离不开无损检测技术的支撑。

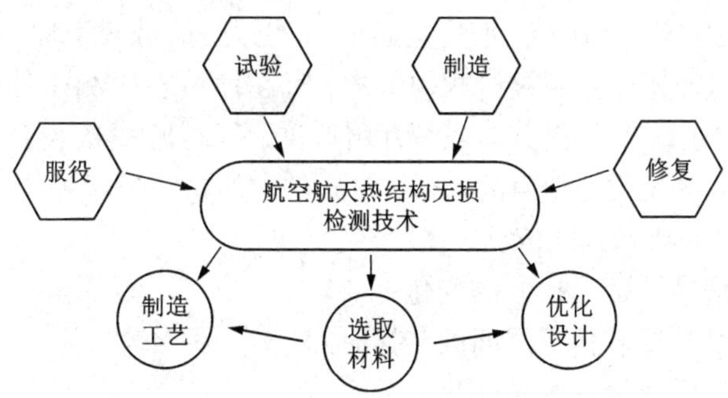

图 9-1　无损检测在航空航天中的应用

9.1　概述

复合材料由于具有高比强、高比模、耐高温、耐腐蚀、耐疲劳、阻尼减震性好、破损安全性好、性能可设计等优点，已发展成为航空航天结构的基本材料。但是，复合材料结构件的制造过程中也有可能产生缺陷，引起质量问题，甚至导致整个结构件的报废，造成重大经济损失。因此，复合材料的无损检测技术应运而生，早期复合材料的无损检测技术主要沿用金属的无损检测，但发现其不能完全解决复合材料的无损检测问题，20 世纪 80 年代后，符合复合材料特点的无损检测新技术开始蓬勃发展。

复合材料常见缺陷种类有：

(1)分层：基体、纤维、模具之间的热膨胀系数不匹配或存储时间过长；

(2)夹杂：操作失误或预浸料本身有缺陷或操作不当；

(3)脱黏：黏结剂选择不当或固化不完全；

(4)孔隙：溶剂、低分子杂质的挥发，真空控制不当；

(5)冲击、撞击损伤：工具脱落或其他外物体碰撞引起；

(6)纤维曲屈：预浸料本身有缺陷或操作不当；

(7)纤维断裂：预浸料中纤维质量不好。

9.2 超声波检测法

超声波检测法是最早用于材料无损检测的方法之一，也是目前复合材料无损检测的主要监测技术手段之一。国际上70%~80%的复合材料的无损检测都采用了超声检测技术。它主要根据复合材料自身及其缺陷对超声波传播的阻碍来判断材料表面及内部的缺陷，不仅能检测复合材料中的内部缺陷，如疏松、分层、夹杂、裂纹等，还能对材料厚度和性能进行评估。超声波具有很强的穿透能力，可以对较厚的材料进行探测，其灵敏度高，操作简单，能实现对缺陷的深度、大小、范围的精准检测。超声检测的缺点是检测效率较低，需要针对不同缺陷使用不同的探头。对于小缺陷和厚度较小的材料，其检测起来比较困难，检测过程中需要使用耦合剂。

(1)超声波检测法的检测原理为：利用超声波对材料中的宏观缺陷进行检测，当超声波传输进材料时，便伴随着能量损失，尤其是遇到两种介质的分界面时，会发生反射等现象。具体过程表现为：①引入超声波到被检测构件中；②超声波在检测构件中传播，并与构件材料和其中的缺陷相互作用，其传播方向或特性将改变；③检测设备收集超声波信号，并进行分析处理；④通过分析接收到的超声波信号，对构件中的缺陷进行评估。

(2)超声波检测法的缺陷判断依据

①不连续的反射信号及信号振幅的变化；

②超声波入射信号与接收信号之间的传播时间；

③超声波通过构件后能量的衰减变化。

(3)超声波检测法的特性及应用范围

①使用范围：金属、非金属、复合材料等构件的无损检测；

②对较大厚度范围的构件内部缺陷进行检测，并且可以对整体构件体积进行检测，穿透能力强。例如，既可以对薄壁管材或厚度为1~2 mm的板材进行检测，也可对几米长的钢锻件进行检测；

③灵敏度高，既可检测构件内部尺寸较小的缺陷，也可测定缺陷的深度位置，并且只需从构件的一侧进行检测；

④现在已逐渐开发出轻便的检测设备，可现场进行检测。

超声波检测法广泛应用于航空发动机、飞行器中不同类型的零部件。此外，伴随着复合材料的发展，超声波无损检测技术已成为复合材料检测最有效的检测手段之一。然而超声波检测也存在一些检测局限，如由于检测盲区、缺陷取向性、构件异形的复杂程度、材料内部结构(晶粒度、均匀性、致密程度等)的不同，这些都将影响最终的检测效果。

9.3 红外热像检测技术

红外热像检测可以动态地、客观地监测温度变化，在无损检测领域具有重大的应用价值。

(1)红外热像检测技术的检测原理

利用红外热像仪设备监测物体或构件表面的温度变化情况。倘若构件内部不连续，存在缺陷或构件结构有差异，则会影响被测物体的热扩散过程。

(2)红外热像检测技术的缺陷判断依据

红外检测分为主动式与被动式检测方式。

①主动式：红外通过检测构件受激励(热激励)后呈现辐射亮度分布变化，适用于复合材料层合板和夹层结构件。

②被动式：红外通过检测构件，基于构件自身辐射亮度分布进行分析评价，适用于运行中电力设备的监测与诊断。

(3)红外热像检测技术的特性及应用范围

①非接触式，无污染，快速、直观；

②不受材料类别限制，不受材料大小限制；

③检测以图像形式呈现，直观，可用于航空航天大型构件的现场检测；

④适用于检测缺陷的存在，如构件的分层、脱黏、结构积水、锈蚀等，检测厚度为 2~3 mm，但不应用于检测断裂、分离、胶接。

9.4　激光检测技术

激光检测技术是最早应用于材料无损检测的技术之一。对于脱层和气泡等通过常规检测手段难以检测的缺陷，可以通过激光技术来检测。激光检测技术包括激光全息技术和激光散斑技术。激光全息技术是应用最早、使用最多的一种激光无损检测技术。它是利用激光全息照相来检测材料表面和内部缺陷的。激光全息检测对被检测材料没有特殊要求，由于激光相干长度较长，可以检测较大物体，可以通过干涉条纹数量和分布来确定缺陷的大小、位置和深度。与激光全息检测类似，激光散斑检测也是通过干涉条纹来确定缺陷特征的，具有快速成像等优点，比激光全息检测操作更加方便，效率更高。

(1)激光检测技术的检测原理

激光错位散斑干涉检测：采用单束光，通过一个剪切镜将单束光分为两路，在成像平面上形成两幅相互错位的像，产生干涉。因此，通过观察全场表面应变的光学干涉方法，基于输出的反应应变分布的条纹图，尤其是异常的应变特征条纹，继而检测出缺陷。

(2)激光检测技术的缺陷判定依据

①对于较大的缺陷(ϕ15 mm)，产生的干涉条纹变化将非常显著，只要很小的压力变化，便可观察到明显的条纹变化；

②通过直接测量构件表面的斜率(位移的导数)，能自动去除刚体的位移，尤其是当缺陷受承载后应变集中十分灵敏，因此可以获得较高的测量精度。

(3)激光检测技术的特性及应用范围

①可用于检测特殊的分层缺陷，如紧贴型分层缺陷(显示分离，但贴得很紧)；

②可通过相移技术(如偏振相移法、平移剪切镜法、迈克尔逊光路相移法)实现实时的相移，用于检测变化不太快的动态测量。

9.5 X 射线技术

X 射线作为一种波长很短、能量很大的电磁波，照在物质上时，仅一部分被物质所吸收，大部分经由原子间隙而透过，表现出很强的穿透力。

(1) X 射线技术检测原理

射线检测技术(radiographic testing)是利用射线(X 射线、γ 射线、中子射线等)穿过物体时的吸收和散射的特性，检测其内部结构不连续性的技术。

(2) X 射线技术缺陷判定依据

利用 X 射线探测物体的内部，通过测定射线的衰减系数，采用数学方法，再经计算机处理，求解出衰减系数值在某剖面上的二维分布矩阵，转变为图像画面上的灰度分布，从而实现建立断面图像的成像技术。通过分析断层面内密度的分布，就可以获得复合材料内部密度均匀性、微孔隙体积含量与分布等方面的信息。

(3) X 射线技术特性及应用范围

①孔隙、夹杂等体积型缺陷检测，对平行于射线穿透方向的裂纹有比较好的检测效果；

②对复合材料中特有的树脂聚集与纤维聚集等缺陷也有一定的检测能力，在铺层数量较少时，还可发现铺层内纤维弯曲等缺陷；

③由于分层缺陷对射线穿透方向上的介质并无明显影响，因此分层缺陷在成像上并不明显，对平行于材料表面的裂纹也不敏感。

9.6 微波检测技术

微波是指频率为 300 MHz~3000 GHz 的电磁波，是无线电波中一个有限频带的简称，是分米波、厘米波、毫米波和亚毫米波的统称。微波频率比一般的无线电波频率高，通常也称为超高频电磁波。

微波检测技术的原理及特点：

微波指向性高，在复合材料中穿透能力强、衰减小，适合于检测厚度较大的材料。对结构中的孔隙、疏松、基体开裂、分层和脱黏等缺陷具有较高的灵敏性。

微波检测技术的特性及应用范围：

微波检测技术已用于大型导弹固体发动机玻璃钢壳体中的缺陷和内部质量的检测。实践证明，利用反射法测量的厚度误差小于 0.125 mm，利用穿透法可测定 0.02 mg/cm^3 的密度变化。由于微波探伤技术不能穿透导体，因此这种检测方法很难应用于整机检测。

9.7 常用无损检测技术研究进展

航空航天领域构件的特殊性，使得其对无损检测技术的要求非常高，不仅对缺陷检出率、缺陷检出准确性、检测灵敏度等方面的要求很高，而且对检测缺陷的可视化程度、缺陷的定性定量评估、检测效率等也有较为实际和现实的技术要求。为此，无损检测技术一直受到广泛的关注。此外，无损检测在新方法、新技术、新仪器设备及其在工程实际检测中的应用逐渐受到广泛关注。

无损检测在航空产品使用过程中的重要作用，主要体现在如下方面：①航空产品服役过程中的无损检测，主要是用于日常使用过程中那些可接近的结构或零部件例行的无损检测；②航空产品维修过程中的无损检测，主要用于定期维修/修理过程中的零部件或结构的无损检测，包括结构修理前、后的无损检测；③关键结构和重要结构的寿命预测、评估及健康监测。因此，现代无损检测技术贯穿于航空产品全过程全寿命周期的各个阶段和工序过程。

9.7.1　空气耦合超声检测技术应用

空气耦合超声对于航空产品的无损检测而言，是用于解决那些不能用液体耦合剂进行复合材料结构无损检测的一种选择。

空气耦合超声技术最先于 20 世纪 20 年代用于南极冰盖厚度的测量(频率为 20~100 kHz)。过去 40 年来，该检测技术的发展非常迅速，已被证明是检测与评价纤维增强复合材料、蜂窝夹芯/泡沫夹芯结构材料、金属、耐高温陶瓷材料等质量的有效手段。此方法不仅可以用来评价泡沫夹芯复合材料中蒙皮与泡沫芯之间的脱黏、层压复合材料中的内部分层缺陷，还能检测碳/碳复合材料刹车盘中的夹杂和不均匀缺陷。空气耦合超声检测技术已在航空航天新型复合材料检测中得到应用，实现了波音 737 机翼后缘蜂窝夹芯材料、A320 副翼、波音 737 尾翼、黑鹰直升机旋翼、泡沫夹芯材料及相应构件的检测。

空气耦合超声换能器是决定空气耦合超声检测技术发展水平的关键。目前，国内外重点研究方向包括新型高性能空气耦合超声换能器、低噪声激励接收放大装置、新型检测方法、激励信号编码技术及数字信号处理技术等。根据空气耦合超声换能器换能方式的不同，可将空气耦合超声换能器分为压电型和电容型两类。压电型需满足低密度、低介电损耗、低声阻抗等特性，常用的材料有聚偏氟乙烯(PVDF)、硅橡胶、聚丙烯铁电材料。电容型换能器，由于具有灵敏度高、频带宽、声阻抗匹配特性良好等优异特性，已成为新的研究趋势。

电容型空气耦合超声换能器，基于电容器原理，具有两个平行电极。第一个电极是固定电极，通常称为背板(图 9-2)。在许多设备中，这种电极是抛光或粗糙的金属表面，但在这里使用的电极是采用硅微机械加工技术制造的，振动膜通常是一种薄聚合物，厚度为 2~10 μm，其中一侧有金属涂层。

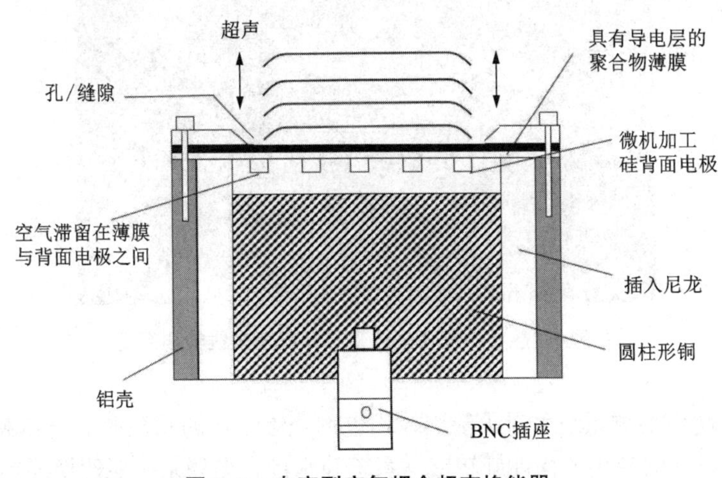

图 9-2　电容型空气耦合超声换能器

空气耦合超声检测复合材料热塑性基体材料的试验系统如图 9-3 所示。采用锥形设计提升了换能器的分辨率，研究了热塑性带的超声特性并进行了检测概率分析，该方法对基体材料中的裂纹检测具有良好的效果。此外，空气耦合超声检测技术可用于航空航天夹芯部件、复合材料等构件的检测成像，具体表现为用于整流罩、空客直升机尾桁等大型航空航天构件。另有研究报道表明，所研制的单侧阵列式的空气耦合检测系统能在 4 min 内实现 1 m^2 构件的检测，基于多阵元空气耦合换能器的检测方法，各个阵元以不同的频率激发，在检测时同时激励所有阵元来增加带宽，进而提高检测效率，并研究声压分布、声束扩散和可达焦距等参数对检测结果的影响。

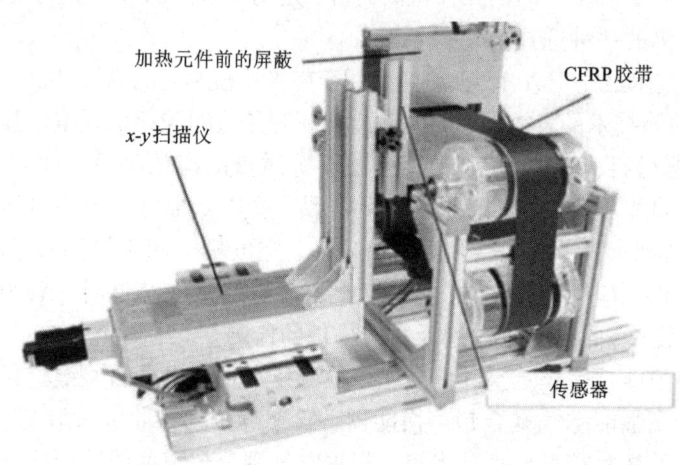

图 9-3　空气耦合超声检测装置(对高温条件下连续复合材料基体带进行检测)

一体化的阵列超声在线检测系统能够实现热塑性复合材料带拉挤成型生产过程中各类缺陷的连续快速检测。该系统能够对复合材料孔隙率和树脂浸渍程度进行检测和评价。相比于成品检测，该在线检测系统能显著提高复合材料带的检测效率，并大大降低质量控制成本(图 9-4)。

图 9-4　热塑性复合材料带阵列超声在线检测系统

自动化阵列超声检测系统可对火箭固体推进剂绝缘结构的圆柱形部分和液体推进剂的管道进行检测，所设计的专用的构件旋转支撑系统和水耦合循环系统能使换能器在固定位置自动实现检测区域的扫描检测，这在很大程度上提高了大型结构件的检测效率和可靠性(图 9-5)。

图 9-5　大型火箭结构的阵列超声自动化检测系统

9.7.2　红外热像技术应用

将红外热像检测技术引入到复合材料结构的无损检测中，目前还存在部分应用局限性，如：①对于“冷零件”，即自身没有可检出的热辐射的被检测件，无论是加载方式、加载效果、加载工艺性、加载效率等，还是检测设备、实际应用的可行性等，都需要有质的进步或技术提升；②就复合材料而言，红外的缺陷检出能力比较有限，其更适合一些蒙皮较薄的蜂窝夹芯的无损检测，或者夹芯结构进水的检测；③受被检测结构表面的涂料、漆层等残留或零件表面颜色不均匀等的影响，红外检测经常会造成缺陷伪像，从而影响缺陷的判别。然而，针对红外热像技术存在的问题，目前此技术的应用和升级仍然比较广泛。

9.7.3　激光超声检测技术应用

利用短脉冲激光在材料表面的热弹效应产生高带宽超声波，采用光声显微镜在 X 和 Y 方向以 50 μm 的间距进行扫查，从而实现对 CFRP 试样中表面缺陷的深度和尺寸进行评价，并对交叠层中人工分层缺陷进行三维重建。其成像结果中能精确显示分层的位置和大小，还在一定程度上反映各个纤维层的取向(图 9-6)。

9.7.4　散斑干涉技术应用

电子散斑干涉是以激光、光电子技术、数字图像处理技术为基础的现代光学测量技术，该技术以激光散斑作为被测物场变化信息的载体，通过观察待测材料在加载时的缺陷表面因异常变形导致的异常光学干涉条纹来判断缺陷特征(图 9-7)。

目前，该技术研究的重点方向为加载方式、检测方法、调制加载技术及图像信号处理等。采用的加载方式主要包括真空加载、热加载、声加载、电磁加载等，选择不同的加载方式，可实现复合材料不同类型缺陷的检测与评估。

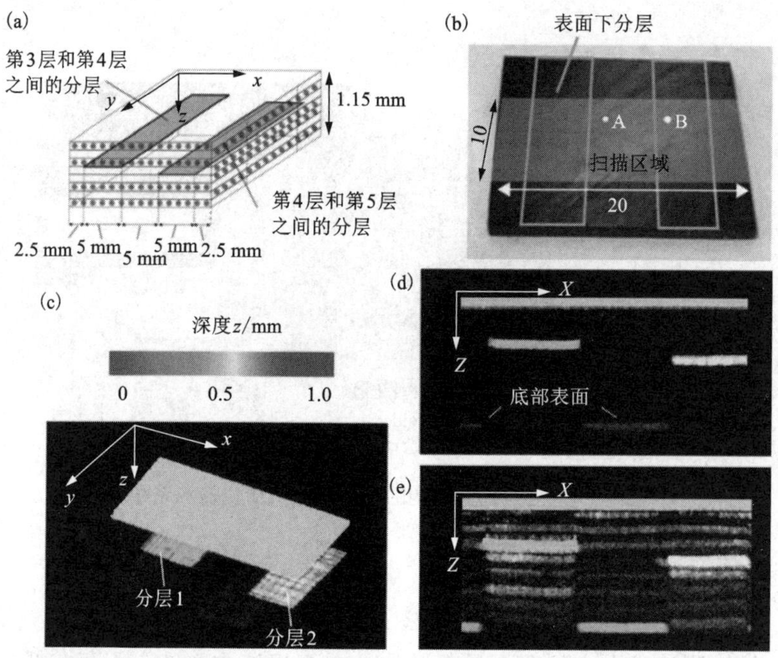

图 9-6　不同深度含人工分层缺陷的 **CFRP** 试样，以及试样的 **3D** 成像和横截面成像结果分析

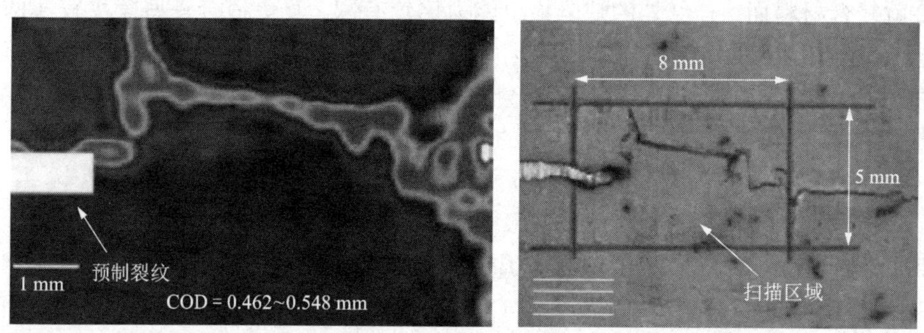

图 9-7　电子散斑干涉技术检测碳/碳复合材料的表面裂纹缺陷

9.7.5　航空航天复合材料超声检测技术的应用

本节将对不同结构和不同生命周期下复合材料各类缺陷检测中涉及的其他超声检测方法和应用进行介绍。

以碳纤维增强复合材料(CFRP)为代表的复合材料广泛应用于航空航天领域关键构件的制造和应用，在制造过程到在役使用会产生孔隙、分层、开裂、纤维层褶和冲击损伤等多种类型的缺陷，因此复合材料无损检测技术的发展不可避免地涉及多种超声无损检测技术和成像技术。

层压板中的超声脉冲回波响应信息反演了实际材料属性的三维图像，通过不同的数据转换方法实现了层位图、平面层角度图和纤维取向图等结果的直观显示，揭示了试样内部微观结构细节，包括层板下沉、面内层的波纹褶皱等(图 9-8)。

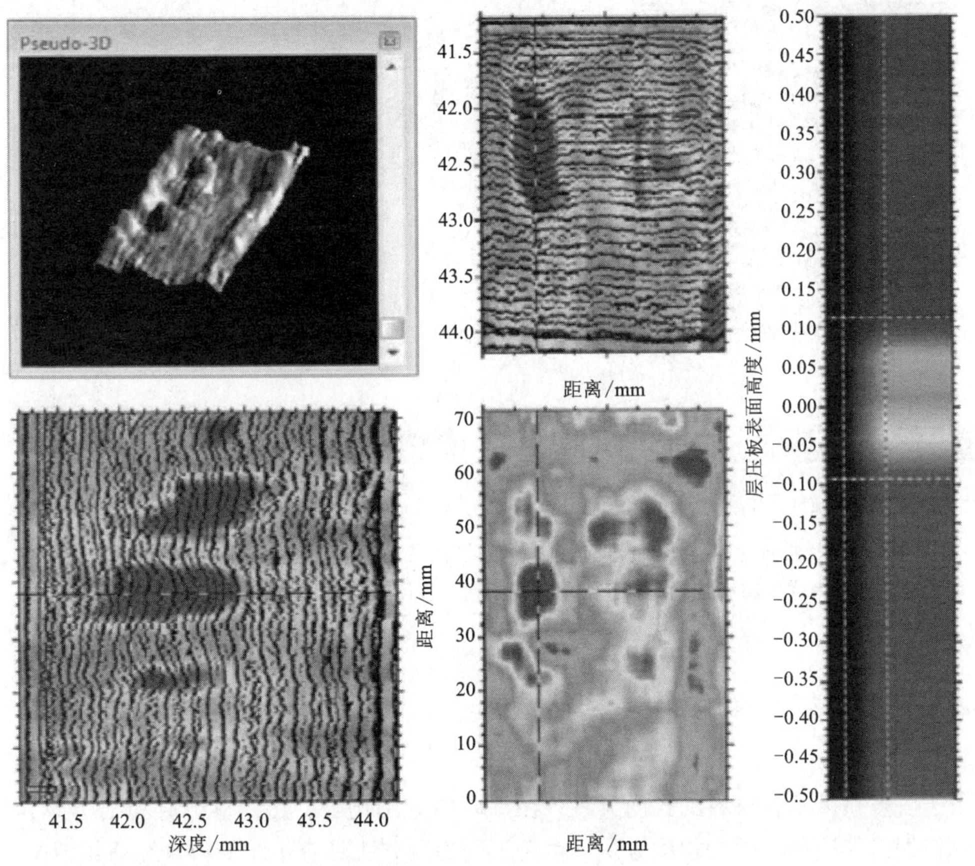

图 9-8　纤维束定向检测：层压板中每层的高度和起皱变化的成像结果
(左上方为起皱最严重处的 3D 图像)

碳纤维增强聚合物(CFRP)层压板中的层状起皱通常处于几何分析比较复杂的位置，需使用无损检测技术进行量化处理，即基于一种用于铺层映射的超声波技术对层压板起皱进行分析。其方法为：利用从脉冲回波获得的瞬时相位三维数据，使用结构张量图像处理技术对超声波检测结果进行处理，以量化 CFRP 层压板内部层的方向。结果表明，必须考虑在处理过程中相位卷绕数据的性质，以获得准确的纤维定向方向结果。将三维铺层方向和铺层位置与真实的结果进行比较可知，将超声导出的结果叠加在 X 射线 CT 图像切片上的技术可以对层合板铺层角度和位置获得精确的分析(图 9-9)。

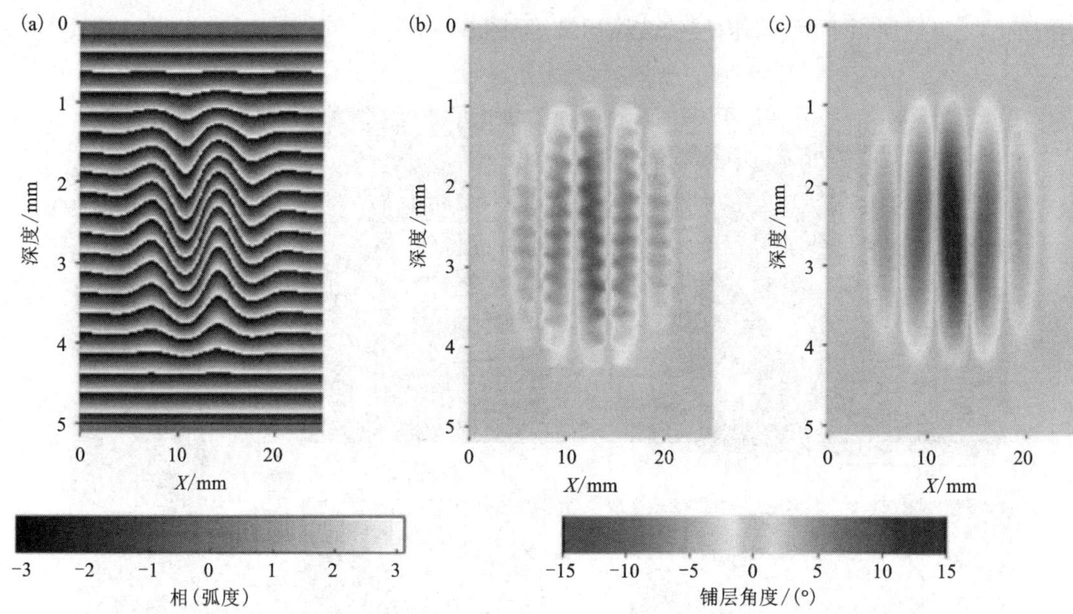

图 9-9 层状复合材料层压板模拟超声瞬时相位数据集：(a)横截面显示了瞬时相位响应；(b)在不考虑相位卷绕的情况下，使用结构张量过程测量的铺层角度图；(c)修正后的结果

9.8 展望

由于航空航天复合材料的各向异性，在不同的应用场合，其材料组成和结构差异较大，因此要根据需求选择不同的检测方法。由于不同检测方法具有不同的特点和适用范围，使用一种检测方法很难实现对所有缺陷类型的检测，故未来的无损检测方式将会是多种检测方法结合使用。随着计算机技术、图像处理技术、传感器技术和人工智能等技术的不断进步，未来无损检测技术将会朝着低成本、快速、高效、自动化、安全可靠的方向发展。

未来结构健康监测技术要在航空航天复合材料领域走向全面应用，应发展以下方向：①发展多物理场综合监测技术，实现结构健康状况多维表征；②发展传感器自诊断技术，借助传感器网络的自感知能力，提高航空航天结构中健康监测传感器的耐久性；③研究结构健康监测环境自修复技术，以应对航空航天结构不断变化的应用环境；④结合渐进性损伤分析技术，建立极端环境和高载荷水平下的复合材料性能预测模型；⑤发展航空航天复合材料结构剩余寿命预测技术。

自修复碳纳米组装结构材料在航空航天材料的应用：碳纳米结构材料的优异性能高度符合航空航天用复合材料的要求，碳纳米结构复合材料的研发将为航空航天材料的发展带来更大活力。在碳纳米管复合材料自修复方面，制备的碳纳米管/磺酸化类石墨烯/聚乙烯醇复合材料在加水轻度加压的情况下可以对损伤实现自修复，如图 9-10 所示，其力学性能可以修复到原状态的 80%，修复后的拉伸强度约为 80 MPa。

综上，未来无损检测要向新评估技术、智能与自动化无损检测、快速、寿命评估与健康

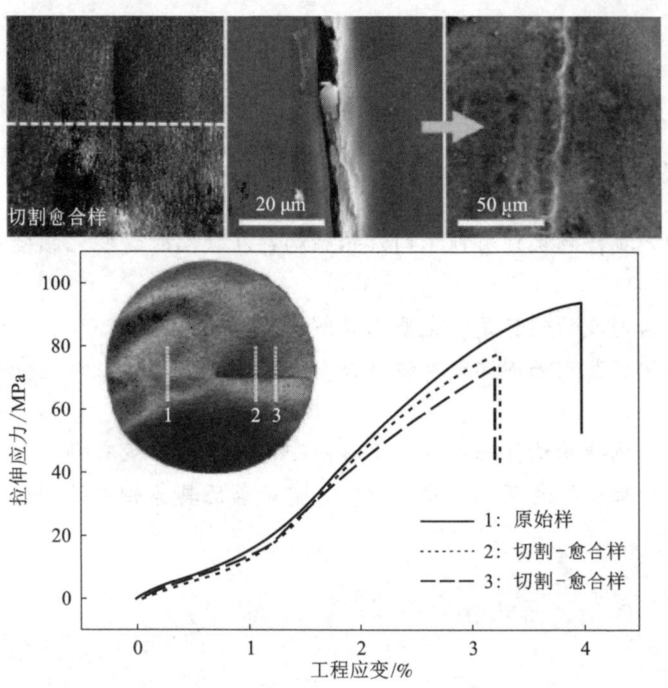

图 9-10　碳纳米管/磺酸化类石墨烯/聚乙烯醇复合材料的力学性能

监测技术等方面发展。我国航空航天事业发展如火如荼，同时也正面临着对高端新型检测技术的供需矛盾，随着新材料技术、大规模集成电路及高端微机械加工技术的发展与进步，非接触无损检测技术将具有很大的发展潜力，并将在未来航空航天及新材料等领域获得广泛应用。

目前，无损检测技术已成为现代航空材料与结构制造、航空产品设计与使用的核心支撑技术。其原因如下：一方面，先进的航空产品设计、材料研究、工艺研发、结构制造和产品服役等离不开无损检测技术的支持和配套；另一方面，无损检测技术的发展离不开航空型号产品的牵引，其需密切围绕与航空产品的研发与制造有关的材料、工艺、制造、维修等工程需求，才能更有效地开展无损检测技术的研究、相关的检测标准研究制定、检测装置的研发，先进有效的无损检测技术体系和检测方法的构建工作。

习　题

1. 如何理解热结构无损检测与结构健康监测的异同？

2. 航空航天热结构无损检测的形式主要包含哪几类？它们测试的形式、性能分析、使用范围有何具体区别？

3. 不同类别的无损检测机理有何不同？热结构存在缺陷时这些无损检测手段判定的依据有何异同？

4. 无损检测今后发展的趋势是？主要需要解决哪些具体问题？

5. 无损检测与健康监测如何实现有机结合？高超音速飞行器在哪些方面需要用到无损检测或健康监测？

6. 大型航空航天热结构构件如何开展无损检测？其检测手段有哪些？

7. 如何实现热结构构件的原位无损检测？当前是否已具备相关的测试手段或设备？

第 10 章　航空航天新型材料及热结构

2009 年 12 月，哥本哈根气候大会召开，低碳开始成为全球关注的焦点问题，低碳经济时代到来。低碳经济概念首先由英国提出，其本质是通过技术创新和制度创新提高能源效率和能源结构的问题。低碳经济是以低能耗、低污染、低排放为基础的经济模式，低碳经济主要从两个方面带动实体经济的发展，一个是激发新能源产业的活力，另一个是对传统产业的低碳化转型升级。新能源产业快速发展面临一系列材料“卡脖子”关键问题，新材料的发展是传统产业提升能效和降低排放的基础。2020 年 9 月，在第七十五届联合国大会上，我国向全世界庄严承诺，力争在 2030 年前实现碳达峰，2060 年前实现碳中和。“碳达峰”和“碳中和”(简称“双碳”)目标为我国新材料产业的转型发展提供了动力和舞台。新材料指新近研究成功或正在研制中的高性能结构材料和具有特殊性质的功能材料。作为当今材料科技发展最活跃的产业领域之一，新材料产业已成为决定一国高端制造及国防安全的关键因素，是支撑新兴产业发展的基础性产业。

航空航天材料及应用是航空航天工程专业航空宇航制造模块核心课程。航空航天材料是航空航天工程发展的物质基础，航空航天高技术领域的需求推动了先进材料及材料科学技术的发展。本章节要求了解航空航天材料的特殊性、种类、应用及发展趋势，掌握航空航天材料的成分、组织和成型工艺之间的关系，掌握常用航空航天材料(如轻金属、超高强度钢、高分子复合材料)的用途和制备方法；学会从材料的性质及应用环境出发选择制备方法，建立材料设计的基本思维方式，从组成与结构的关系分析材料的性能，从获得的材料性质出发选择制备方法，形成材料成分—结构—制备—性质的知识结构体系，建立材料设计—制造—性能—应用环境一体的思维模式。

太空垃圾已成为当前人类面临的又一环保问题，人类的航天活动已开始更加关注具有太空环保性能的航天材料。以航空航天特色的工程伦理问题为目标，通过对课堂教学的改革，建立与课程内容联系紧密的工程伦理案例，深化学生对工程伦理的理解，使学生具备工程伦理分析能力，未来注重具有环保性能的航空航天材料的研发。

据报道，绕地球飞行 6 年半的“天宫一号”从南太平洋中部区域再入大气层，绝大部分器件在空中分解并烧蚀销毁。天宫一号完美谢幕，既没有对地面造成任何威胁，也没有制造太空垃圾。作为负责任的航天大国，我国一直致力于“太空环保”，不仅尽力呵护太空环境，而且尽其所能参与太空碎片和太空垃圾的清理行动，为营造安宁有序的太空环境做出贡献。

10.1 高焓异形天线罩智能复合陶瓷材料

高超声速飞行器用天线罩是属于典型的结构功能一体化的高性能陶瓷结构，不仅需要具备一定的强度和隔热及抗热冲刷性能来保护飞行器的雷达天线，同时还需要具有较高的微波透过率，从而保证飞行器的抗干扰能力和实现较高的瞄准精度。新一代飞行器由于射程更远、速度更快、飞行时间也更长，使得新型天线罩必须具备更高的性能指标，比如高强度、高耐受温度以及低介电和宽频带高透波等。例如当飞行器的飞行速度由 3675~4900 km/h 提高到 7350 km/h 以上，天线罩的使用要求温度将由 600℃左右提高到 1000℃以上，构件的抗弯强度将从 50 MPa 提升到大于 75 MPa。此外，由于飞行器飞行时间较长，马赫数较高，气动加热累积效应严重，天线罩的热防护技术成为飞行器研制的关键技术之一。因此，面对天线罩用于高超声速飞行器的复杂环境，研制的天线罩需要满足透波、烧蚀、承载和隔热等多种功能。

基于以上应用需求，我国现常用的微晶玻璃、有机复合材料、石英陶瓷等天线罩材料在使用温度和强度等方面就不能很好地满足应用要求，例如石英陶瓷天线罩通常强度不大于 50 MPa，且使用温度不高于 1000℃。复相陶瓷材料，由于其在高温和常温下都具有良好的力学性能，同时还具有良好的热稳定性、低介电损耗、耐高温冲蚀等性能，因此被认为是新一代耐高温高透波天线罩的理想材料。针对长时间耐高温高透波材料，除了要满足外部防热外，还要求具有优异的隔热能力，即良好的高温隔热性以保证天线罩高温长时间工作，同时背温要尽可能低。良好的耐温性可以保证飞行器天线罩材料长时间使用不变形。

我国现阶段正处于飞行器提速改型的关键时期，国内很多单位对耐高温高透波的天线罩材料需求急切。然而国外在相关产品上对我国采取了严格的技术保密，国内到目前为止还没有完全符合应用需求的产品。因此，为了更好地满足新一代飞行器发展的需求，必须开展对氮化硅/氮化硼材料制备技术的研究，如何有效提升此陶瓷材料的耐温、透波、承载等性能将是发展高超声速飞行器的关键技术之一。一旦本研究获得成功，将极大地提升我国新型飞行器的性能，同时也将进一步缩小我国与西方国家在这一领域方面的差距。

尽管陶瓷基复相陶瓷材料在力学性能、低介电损耗、耐高温冲蚀等性能方面具有良好的优势，然而，其仍存在介电常数偏高的问题，这将直接影响材料的透波性能。材料的孔隙率、空隙尺寸、频率及温度都会对介电性能产生影响。高的孔隙率在一定范围内会大大降低材料的介电性能，然而，孔隙率的提升不利于材料力学性能的提升。因此，在材料设计时，需要对材料的力学性能与介电性能进行良好的兼顾。

同时，陶瓷材料难以控制成型，尤其是异形、大尺寸的构件。高温透波天线罩一般是锥形薄壁大尺寸部件，其制备成型很困难。因此，如何避免大尺寸陶瓷在烧结过程中变形开裂也将是技术研究的难点。

目前，改善复相陶瓷材料的力学性能、介电性能及成型性，可从以下几方面着手：

(1)设计粉体组分。粉体的组成决定了烧结后样品的力学性能、介电性能和加工性。因此需要研究粉体氮化硅和氮化硼、氧化铝和氧化钇等添加剂的含量对烧结性及烧结后力学性能和介电性能的影响。例如，通过以硅粉、氮化硼粉为原料，调节氮化硼的添加量，制备的氮化硅/氮化硼多孔陶瓷材料具有大于 90 MPa 的强度，且孔隙率大于 47%、收缩率为 2.2%。

另外，还发现少量添加的氮化硼在陶瓷的晶界处具有钉扎效应，提升了力学强度，然而，此实验并未对陶瓷的介电性和加工性进行研究。此外，通过气压烧结工艺，调节烧结助剂的种类和添加量，针对介电性进行了研究，制备得到的氮化硅/氮化硼复相陶瓷的介电常数为 4~6，透波率为 71%。

(2)优化烧结成型工艺。高温透波天线罩一般是锥形薄壁大尺寸部件，其制备成型困难。控制成型及烧结工艺，采用净尺寸成型工艺，收缩率小，避免大尺寸陶瓷在烧结过程中变形开裂。例如，通过凝胶工艺实现了净尺寸成型制备氮化硅基复相陶瓷，尽管微观组织结构均匀，然而工艺复杂，得到的强度不高。先前的研究表明，通过原位反应烧结工艺制备了氮化硅/碳化硅复相陶瓷，实现了净尺寸成型，其收缩率低于 0.6%；并且第二相的添加很好地实现了增强增韧作用。因此，研究表明，通过优化成型和烧结工艺，可以实现复杂构件成型。

尽管氮化硅/氮化硼复相陶瓷材料具有广阔的应用前景，但是兼顾复相陶瓷材料良好的力学性能与介电性能、实现复杂异形天线罩成型技术等方面，一直成为氮化硅/氮化硼复相陶瓷材料性能提升和应用的瓶颈，并且目前关于改善氮化硅/氮化硼复相陶瓷的制备与成型研究工作较少。基于上述分析，本节将从以下几方面开展研究，以实现高性能氮化硅/氮化硼复相陶瓷材料的关键制备技术与成型(图 10-1)：①力学与介电性能。高温透波材料通常要求具备一定的强度和抗热震性，以及较低的介电常数和介电损耗角正切值。粉体的组成决定了烧结后样品的力学性能、介电性能和加工性。因此需要研究粉体氮化硅和氮化硼、氧化铝和氧化钇等添加剂的含量对烧结性及烧结后力学性能和介电性能的影响；②异形陶瓷材料的成型。对于控制成型及烧结工艺，采用原位反应烧结技术，能避免大尺寸陶瓷在烧结过程中变形开裂。高温透波天线罩一般是锥形薄壁大尺寸部件，其制备成型很困难；③界面层状结构的设计。通过对陶瓷材料进行层状结构的设计，实现孔隙梯度结构，研究氮化硅与氮化硼的界面结构及宏观力学、介电性能的关系，有望改善耐温性、抗震性和优化透波性能。希望以上研究工作，既能为制备高性能的氮化硅/氮化硼复相陶瓷材料提供理论和实践基础，也可为其他的复相陶瓷材料的研究提供重要借鉴。

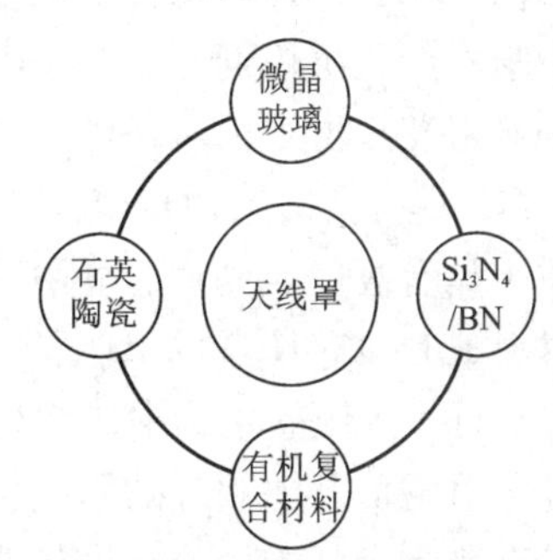

图 10-1　高焓异形天线罩复合材料 Si_3N_4/BN 与其他材料对比

10.2　生物忆阻器及材料

忆阻器，是通过控制电流的变化来改变其阻值，如果把高阻值定义为“1”，低阻值定义为“0”，则这种电阻就可以实现存储数据的功能。因此，忆阻器在逻辑运算、非易失性存储和仿生神经突触等领域彰显出巨大的潜力，甚至有望作为人工大脑的关键部件。制备忆阻器的材料主要有无机材料、有机材料、复合材料与生物材料等，然而制备出一种兼具低功耗、高稳定性、高柔性、可降解、可植入的忆阻器仍是一个亟待解决的难题。

在大数据时代的背景下，每年所产生的数据都呈现几何式增长，传统的 CMOS 技术和冯诺依曼系统不断受到新出现的散热、内存和缩放墙问题的挑战。为此，人们希望可以开发体积小、低功耗、存储性能优异、价格低廉的存储器来存储庞大数据。因此，突破“冯·诺依曼”架构的计算体系以及电子元件成为当代计算机科学技术和微电子器件的研究热点之一。

经过多年的发展，忆阻器依靠非易失性、高密度、可扩展、快速运行和低功耗等诸多优点，为发展数据信息存储与处理融合的新型并行计算机架构、突破传统“冯·诺伊曼”架构提供了可行的路线。基于忆阻器的存储和计算集成的优势也成功为仿生内存计算提供更高效的替代方案，并能够实现在生物系统中观察到突触行为和伤害感受器行为。这种新型系统可以有效地执行学习、记忆和其他复杂的任务处理。目前，单个忆阻器就可以实现多种突触功能，包括兴奋性突触后电流(EPSC)、双脉冲易化(PPF)、尖峰幅值依赖可塑性(SADP)、尖峰时间依赖可塑性(STDP)、短期可塑性(STP)和长期可塑性(LTP)等。同时，基于氧化物等材料的忆阻器也可被用于模拟伤害感受器的生物学功能，如疼痛敏感、脱敏、异常性疼痛和痛觉过敏等。这些行为为发展神经形态计算提供了良好基础。

当前，忆阻器的阻变机理主要包括肖特基(Schottky)势垒、普尔-法兰克(Pool-Frenkel)效应、空间电荷限制电流(SCLC)、缺陷能级的电荷俘获和释放、铁电极化、电子自旋以及导电丝生长和断裂。此外，还包括在此材料体系中我们最新发现的氢质子传输机理。

10.2.1 生物忆阻器多阻态存储特性

本书首次选用具有良好生物相容性的勃姆石作为忆阻器阻变层，并制备了一系列忆阻器件。选择勃姆石(γ-AlOOH)作为忆阻器阻变层的主要理论依据如下：

(1)γ-AlOOH具有良好的生物安全记录，是国外食品药品监督管理局批准的各种人用疫苗中唯一的无机佐剂。同时，还是一种先进的抗菌材料。这些特征为勃姆石作为阻变层制备生物忆阻器提供了天然条件。

(2)具有良好生物相容性的勃姆石在室温下具有较高的质子迁移率。勃姆石氢键链中的氢质子具有高度流动性，可用于质子传导应用。最近，研究人员开展了一种基于金属有机框架材料FJU-23-H_2O的忆阻器，该器件具有阈值开关特性，其机制归因于氢键所引起的质子传导，而非传统氧化物中氧空位迁移。然而，目前对于质子型忆阻器的质子迁移机制以及质子迁移对阈值开关效应的影响仍不清楚。γ-AlOOH含有大量规则的氢键链，对促进质子迁移具有非常有利的作用，并有望获得有前景的开关特性。另外，基于γ-AlOOH新材料的质子型忆阻器，也将有可能通过实验结果和理论分析进一步详细揭示质子传导对电阻转换机制的影响。

(3)此外，γ-AlOOH层间的OH键长度会随外界的影响(压力等)而变化，会导致勃姆石层间的能垒发生变化，从而影响质子迁移率。区别于传统的氧化物依靠氧空位缺陷的移动的方式，这种调节电导率的方法有望获得稳定可控且连续可调的电导率，进而形成多阻态，实现高密度存储(图10-2)。

具有良好生物相容性的柔性忆阻器件因可穿戴和可植入的潜在应用特点而备受青睐。PET基器件与传统的生物忆阻器相比，由于采用的PET柔性基底具有不可溶性，因此适用于对人体健康情况进行长期检测和信息存储(图10-3)。

忆阻器呈现出的四种阻态可以完美地反映人体的健康状况。以人体激素分泌水平为例，忆阻器的四种状态(图10-4)可以完美对应激素分泌的五种状态：微量($I_{CC}<1$ mA)、低值($I_{CC}=1$ mA)、正常($I_{CC}=2$ mA)、高值($I_{CC}=4$ mA)和高含量($I_{CC}=6$ mA)。由于该器件具有多阻态，故可以同时完成信息存储和分类。因此，在将来由该忆阻器组成的监测传感器有望同

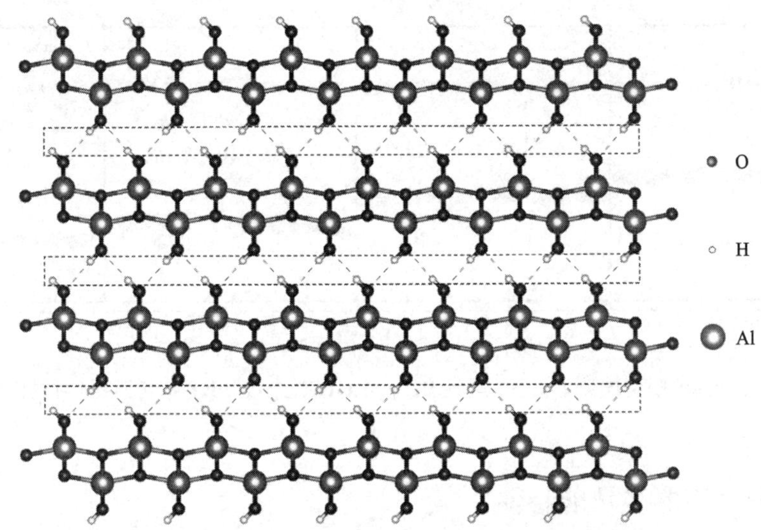

图 10-2　γ-AlOOH 的原子结构图(含氢键通道，形成通道效应)

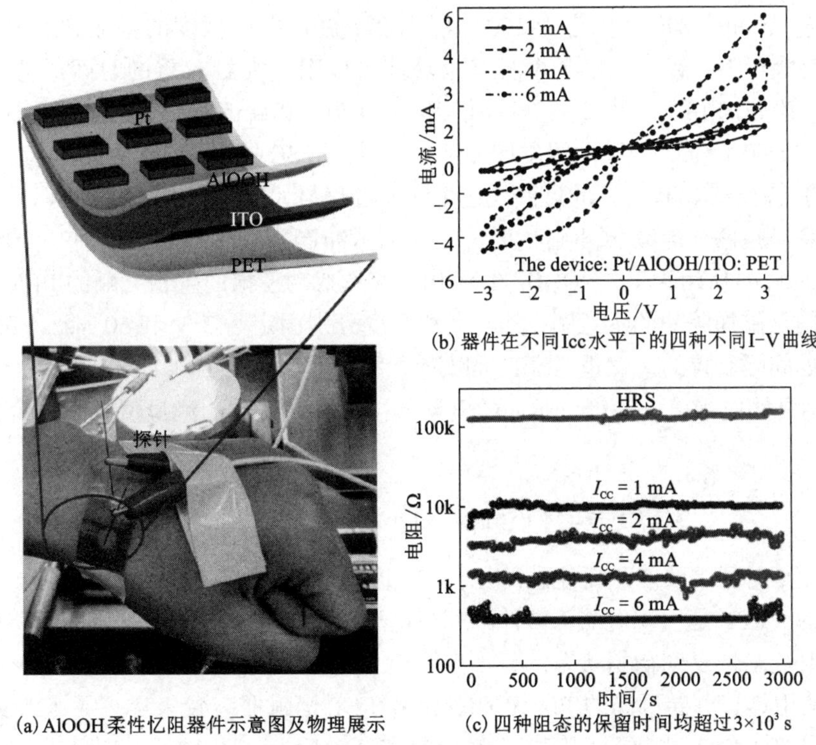

(a) AlOOH柔性忆阻器件示意图及物理展示　(b) 器件在不同Icc水平下的四种不同I-V曲线　(c) 四种阻态的保留时间均超过3×10^3 s

图 10-3　柔性 Pt/γ-AlOOH/ITO(PET 忆阻器件)

时实现对人体健康状况的监测、存储、分类等一体化过程。

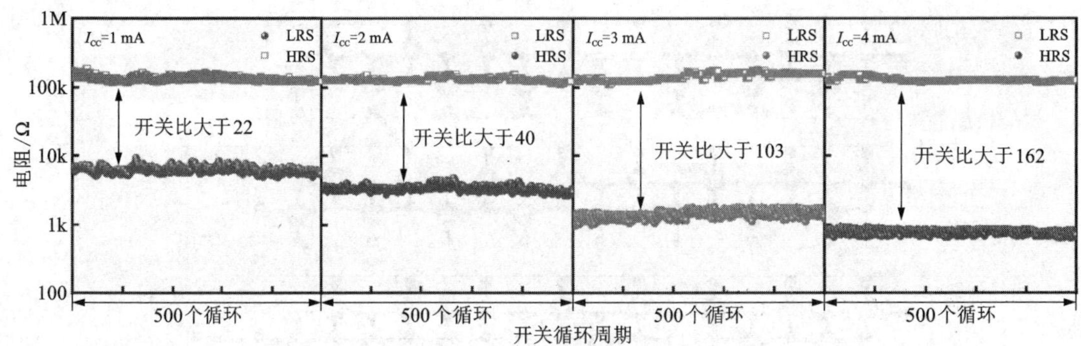

图 10-4　在四种不同的限制电流 I_{CC} 下，柔性 Pt/γ-AlOOH/ITO(PET 基忆阻器件)的疲劳耐受性测试

10.2.2　生物忆阻器多功能特性

图 10-5(a)显示了忆阻器通过响应外部电压编程来模拟突触的典型突触特性。当神经信号传递到突触前膜时，存在于突触前膜的突触小泡将大量神经递质传递到突触间隙，引起突触后膜电位的变化。图 10-5(b)显示了 Pt/AlOOH/ITO：PET 突触装置的兴奋性突触后电流(EPSC)响应。脉冲持续时间固定为 100 ms。显然，施加电压幅度的增加导致 EPSC 的快速增加，这与突触行为一致。突触的两种基本功能可以根据突触权重的时间或持续变化分为 STP 和 LTP。当施加 100 ms 的 2 V 脉冲时，EPSC 上升，然后迅速衰减到其初始状态，表明器件具有突触的 STP 特征。当脉冲幅度增加到 6 V 时，EPSC 较高，弛豫时间也增加到几十秒，完成了从 STP 特征到 LTP 特征的过渡。这个转变过程与人的学习记忆过程是一致的。

PPF 现象是指两个连续脉冲到达时，后一个脉冲产生的 EPSC 大于前一个脉冲产生的 EPSC。图 10-5(c)所示为 Pt/AlOOH/ITO：PET 装置成功模拟的生物突触的 PPF 功能，其中右上角的插图是施加脉冲的示意图，其幅度和宽度分别固定为 3 V 和 50 ms。PPF 是通过改变脉冲之间的间隔获得的。这里，PPF 可以定量表示为等式 $PPF=(G_2-G_1)/G_1\times100\%$，其中 G_1 和 G_2 分别是响应于第一和第二脉冲的电导。接下来对图中的测量值进行拟合，其拟合公式为：

$$PPF = a \times \exp\left(-\frac{t}{t_1}\right) + b \times \exp\left(-\frac{t}{t_2}\right) + c \tag{10-1}$$

式中：t_1 和 t_2 是时间常数。需要注意的是，PPF 值随着间隔的减小而增加，这与生物突触的特性是一致的。PPF 是生物短期可塑性的理想例子，因为电导会随着时间的推移而变化，并在设备断电时逐渐恢复到初始状态。

同时，使用具有电导可调的 Pt/AlOOH/ITO：PET 忆阻器装置来实现了人工突触的突触可塑性，其中 ITO 和 Pt 电极分别模拟突触前端和突触后端。图 10-5(d)显示了在相同的正负脉冲序列下的 LTP 和 LTD 过程，由 100 个连续的尖峰触发。突触权重(W)的增强是通过负电压尖峰[幅度为-3~-1 V，持续时间(t_d)为 1 ms，间隔时间(Δt)为 1 s]实现的。突触权重(W)的减弱是通过正电压尖峰(幅度为 1~3 V，t_d=1 ms，Δ_{Time}=1 s)实现的。突触权重的调制是通过使用不同幅度的脉冲序列来完成的，证明了突触幅值依赖可塑性(SADP)。该特征还表明该设备有可能模仿伤害感受器的行为，因为 SADP 是生物突触响应外部化学刺激的重要行为之一。

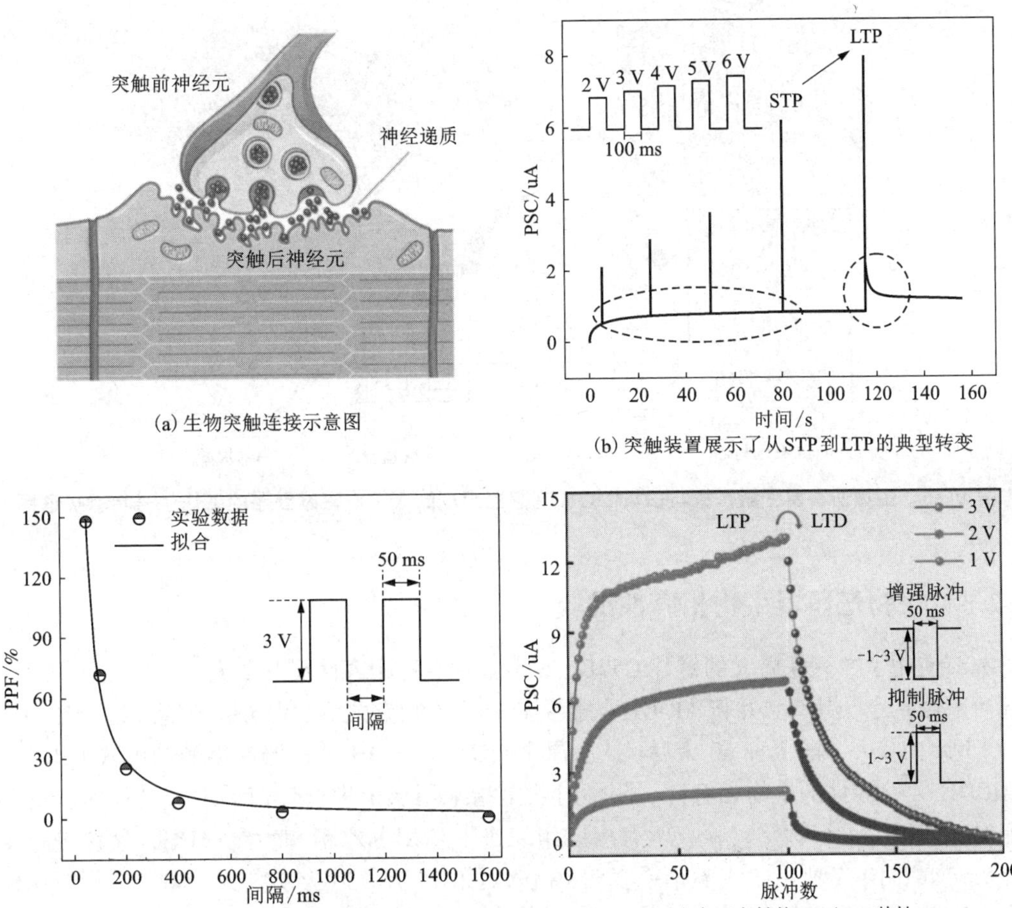

(a) 生物突触连接示意图

(b) 突触装置展示了从STP到LTP的典型转变

(c) 突触装置实现PPF功能

(d) 人工突触的LTP/LTD特性

图 10-5　生物突触特征的模拟

在成功模拟突触功能的基础上，该材料体系被进一步设计为人工伤害感受器(图 10-6)。图 10-6 中说明了生物伤害感受器和类似的人工伤害感受器是如何工作的。伤害感受器是感觉神经元中感知有害刺激的特殊受体。当检测到高于预设有害阈值的有害刺激时，伤害感受器充当阈值开关，产生动作电位，并通过脊髓将其发送到大脑的中枢神经系统，从而感知疼痛并启动运动反应以最大限度地减少潜在损害。同样，基于忆阻器的伤害感受器中，忆阻器充当阈值开关，当传感器产生的电脉冲施加到忆阻器上，且脉冲幅度高于忆阻器的阈值电压时，忆阻器将转为导通状态并输出电流，对应于生物感受器对有害刺激的反应。

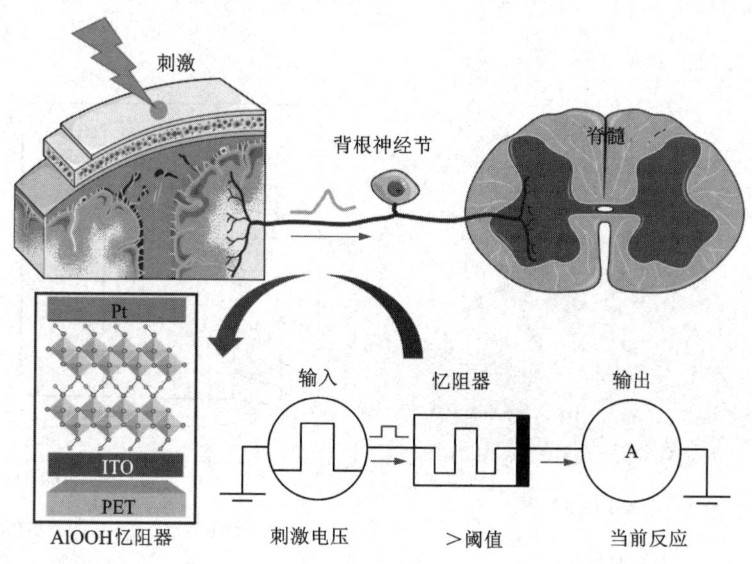

图 10-6　生物伤害感受器系统与由 AlOOH 忆阻器组成的人工伤害感受器的工作信号传输机理图

10.2.3　生物忆阻器生物相容性试验

本节使用了 5 只 6 周大的雄性 C57BL/6 小鼠对生物相容性展开研究。对于皮下植入，在颈部后部做一个小切口，并将 AlOOH 柔性器件插入伤口。之后，用可吸收缝线缝合切口。在孵育 15 天、30 天、45 天和 60 天后，从小鼠中收集与 AlOOH 柔性器件接触的皮肤组织，以评估 AlOOH 柔性器件的生物相容性。阴性对照是指采用从未进行任何手术或其他实验的小鼠身上的皮肤组织进行对照实验。所有皮肤组织进一步用苏木精和伊红(H&E)染色进行组织学分析，如图 10-7 所示。实验结果表明，植入后第 15 天、30 天、45 天、60 天，周围组织均未观察到明显的免疫细胞浸润，这表明 AlOOH 柔性器件与宿主具有良好的相容性。此外，AlOOH 柔性器件附近的皮肤组织在 60 天后没有显示出致密的纤维囊，这与阴性对照皮肤组织相似。这证明 AlOOH 柔性忆阻器具有人体应用的潜力。

为了检测 AlOOH 柔性器件是否对主要器官有害，在植入 60 天后采集脾脏、肝脏、肺、肾脏和心脏样本，并用多聚甲醛(在 4% PBS 中)固定以进行组织学分析，收集植入 AlOOH 柔性器件 60 天后小鼠的心脏、肝脏、脾脏、肺和肾脏的所有主要器官进行 H&E 染色，如图 10-7 所示。在这些所有的主要器官中均未发现损伤或炎症反应。虽然此部分在小鼠体内的测试时间只有两个月，同时也没有对小鼠的血液等进行细致的生物安全性能表征，但此实验却是同类中第一个从器件层面在小鼠体内进行的生物安全测试，其实验结果初步地证实了 AlOOH 柔性忆阻器具有良好的生物安全性，具有人体可植入应用的潜力。但是要满足对人体健康实时和长期监测的生物相容性需求还需要进一步设置对照实验来进行全面细致的表征，包括从高倍数的组织学分析细胞是否存在水肿以及需要进行血液化验，统计激素以及生物酶等各项数据是否属于正常范围以及最终开展的临床试验。

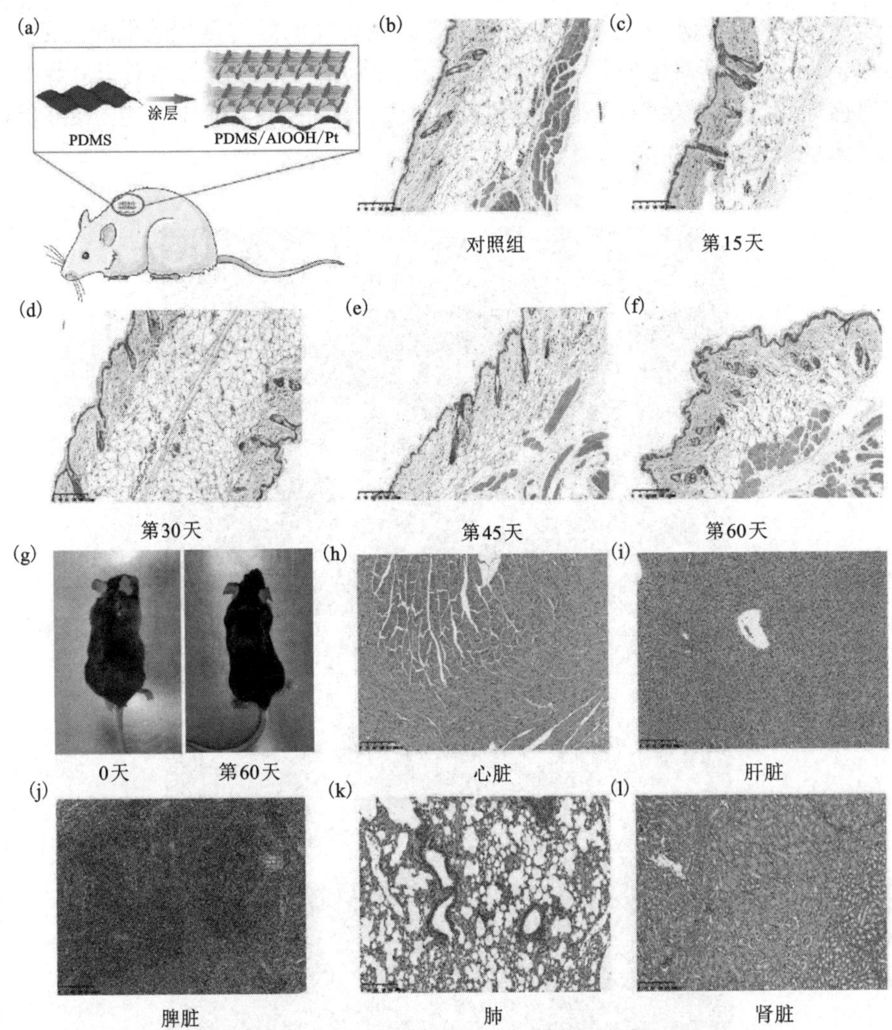

(a)~(f)植入 AlOOH 柔性器件 0 天、15 天、30 天、45 天和 60 天后收集的与 AlOOH 柔性器件接触的小鼠皮肤组织；植入 AlOOH 柔性器件 60 天后小鼠所有主要器官的组织学分析：(g)~(l)心脏、肝脏、脾脏、肺和肾脏的组织学分析。

图 10-7　将 AlOOH 柔性器件植入小鼠体内的生物相容性实验结果

10.2.4　生物忆阻器未来应用前景及发展

忆阻器的最有趣特征是它可以记忆流经它的电荷数量，相当于一种有记忆功能的非线性电阻。生物忆阻器不仅工作电流低、功耗低，而且具有非线性的传输功能，显示了其在人工神经突触、有机生物电子等方面的巨大应用潜力。

忆阻器与传感器相结合可实现多模态感官记忆，能用于机器人感觉适应的开发与应用。随着智能机器人领域的飞速发展，机器人将被应用于更多的场景之中，这就迫切需要提升机器人对于复杂环境的适应性，进而提升机器人的智能水平。忆阻器作为一种新兴的神经形态器件，具备突触可塑性，即其电阻可在外界电压脉冲作用下发生非易失性变化。将忆阻器与传感器结合，构建感觉记忆系统，通过忆阻器电阻/电导在传感器输出信号作用下发生的非易失性改变，实现对于传感器近期曾经反复接受的重复性刺激的累积效果的记忆，并利用其电阻/电导的变化表示其对于外界刺激的敏感程度，以指导后续执行器对于外界刺激的反应程度，实现感觉适应中的关键核心过程，进而实现机器人的感觉适应功能，最终促进机器人智能感知技术的发展(图 10-8)。

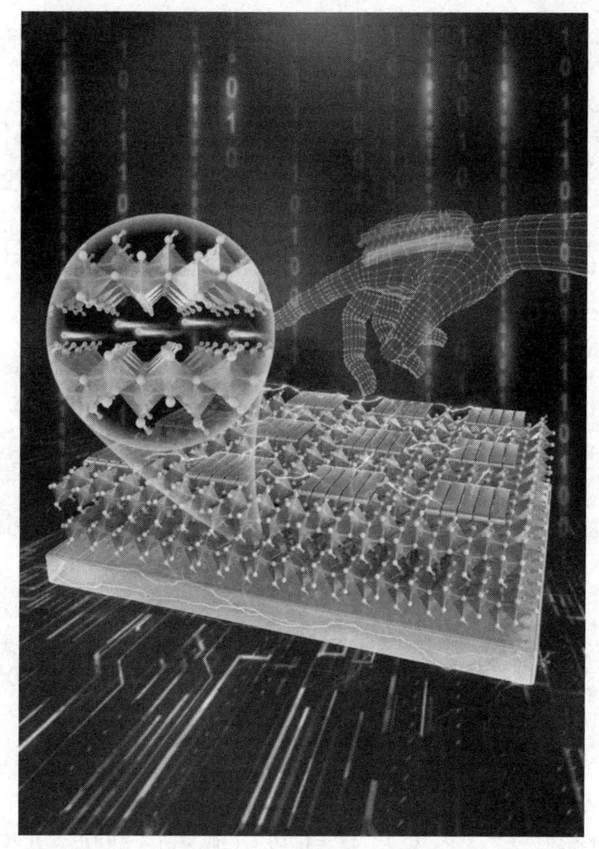

图 10-8　生物忆阻器件

10.3　航空航天用柔性复合电介质材料

复合电介质材料具有储能功率密度高、充放电速率快、抗衰退循环、适用于极端环境和性能稳定等特征，能够满足新时期能源的使用要求。随着材料科学技术的发展，目前基于对介电储能的应用开发，改善并提升复合电介质储能密度依然是研究的一大重点。

采用高介电常数的无机物与高击穿强度的有机物进行复合，提升电位移极化(图 10-9)，有望制备出具有高介电常数和高击穿强度的介电电容器。高功率储能装置可以用在炸弹引信、电磁炮、电磁弹射等领域。

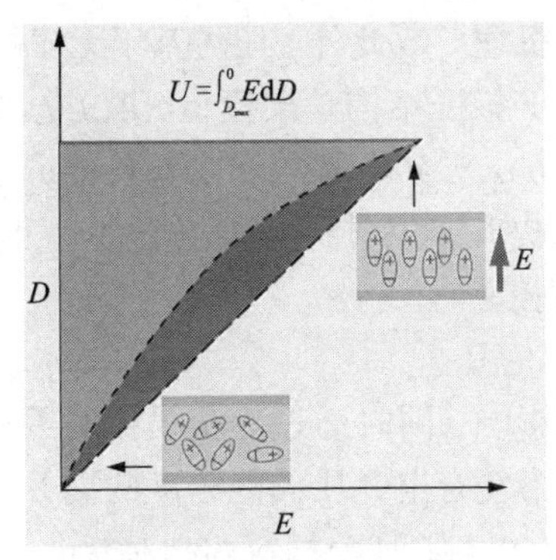

(a) 复合电介质储能密度和效率计算

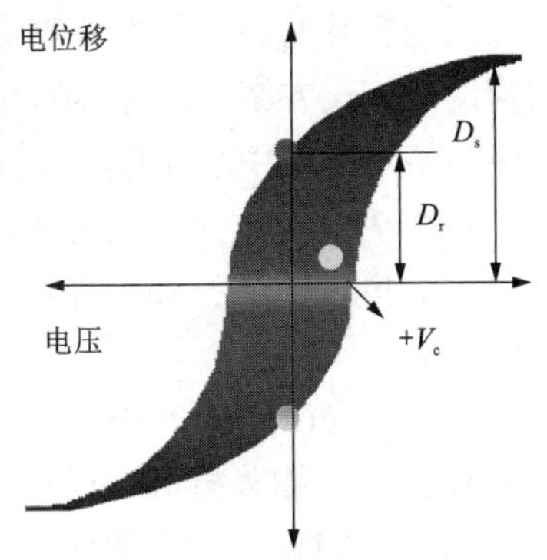

(b) 电场作用下的电位移极化演变过程

图 10-9　复合电介质储能密度和效率计算和电场作用下的电位移极化演变过程

10.3.1　柔性复合电介质材料及结构设计

目前，随着科技进步和经济社会发展，人类面临的能源问题日益突出，风能、太阳能等可持续能源的使用前景愈发广泛，而这些能源本身难以管理和储存，其储存和调度大多需要转化为更加广泛应用的电能。由于电能具有便于储存和输送的特点，目前已经成为现代工业的主要动力资源。因此，开发综合性能优良的储能器件成为能源领域的一个重要课题。近年来，储能器件在航空航天、通信元件、移动设备等领域的关键作用日益凸显，随之而来，高效的储能材料也成为研究的热点，具体而言，需要开发具有优异的储能密度、良好的柔韧性和耐化学腐蚀性的介电材料。当前主要的电能储存器件主要包括电池和电容器两种，其中电池作为目前使用最普遍的储能器件之一，因具有电压稳定、储能密度大等优点，故被广泛应用于低电压、小功率的工作环境中，但同时也存在一些不足，例如功率密度低、充放电速度慢等问题，不能很好地满足现代电子系统对于储能器件的要求。而电容器在这些方面具备可以与之互补的优势，因充放电速度快、耐高电压、使用寿命长，使其在电力储存、电子工程中得到了广泛应用。但是，目前电容器还普遍存在储能密度较低等问题，因而开发可靠性高、储能密度高的新型电容器具有非常广泛的需求和良好的应用前景。制备高储能密度的电介质材料是研发新型电容器的重要手段之一。电介质材料的储能密度和它的介电常数、绝缘性能密切相关，具有高介电常数 ε 和高击穿场强 E_b 的电介质材料往往具有更高的储能密度。因此，近年来围绕这两方面优化电介质的储能性能已经成了研究热点。

柔性复合电介质材料的结构设计思路有：①以 BTO 作为陶瓷填料，通过电泳沉积的方式，在镍金属泡沫表面沉积 BTO 颗粒，待烧结固化后，再在 $FeCl_3$ 溶液中除去镍泡沫模板，从而制备一种具有三维网络状结构的 BTO；接着将 BTO 作为填料，填入 PDMS 基体后，即可制备一种新型柔性介电复合材料。②基于高介电常数的铁电材料钛酸钡(BTO)，选择生物相容性良好及击穿性能优异的高弹性 PDMS 作为复合材料基体，制备介电储能复合材料。③创新性地使用模板法在镍泡沫上以电泳沉积的方法制备具有多孔网络状骨架的 BTO 填料，再与 PDMS 形成复合材料，这种复合材料的相对介电常数比以普通 BTO 颗粒为填料的复合材料的相对介电常数更高，相同负载电压下，其储能能力更强。④建立相应的几何模型，利用

COMSOL 多物理场仿真软件基于有限元理论进行模拟分析，并与试验测试结果进行对比印证，分析试样介电性能提升的原因及其介电储能机理。⑤此外，还可基于无序的 BTO 网络骨架模型，提出结构设计优化方案，包含 BTO/PVDF 核壳结构骨架模型、四方结构有序网络模型、蜂窝结构有序网络模型，并通过有限元模拟方法对介电常数和击穿性能分别进行数值分析。以上这些思路都将为复合电介质储能密度的提升提供材料与物理研究基础。

下面将简要介绍介电常数调控和击穿场强调控。

(1)介电常数调控

探究中空微观无序、有序结构对介电性能的影响，同时通过理论模拟对柔性复合材料进行系统的介电与击穿强度性能分析这一思路，将为复合电介质储能密度的提升研究提供理论铺垫。研究结果表明，当 BTO 体积分数达到 10.16%时，复合材料的相对介电常数在 1000 Hz 时提升到 85(纯 PDMS 的相对介电常数仅为 2.75)；当 BTO 的体积分数为 5%~20%时，介电常数随 BTO 含量的增加呈线性增加。另外，通过对 BTO 形貌进行有序定向结构调控(如四方或蜂窝定向结构)，不仅能使复合材料的介电性能获得提升，还能使材料在某些特定方向的击穿强度性能获得显著提升。若使 PVDF 和 PDMS 复合形成核壳结构，复合材料的介电常数也将会略有提升，其填料与基体的介电性能差异减小，击穿强度性能也能获得提升(图 10-10)。

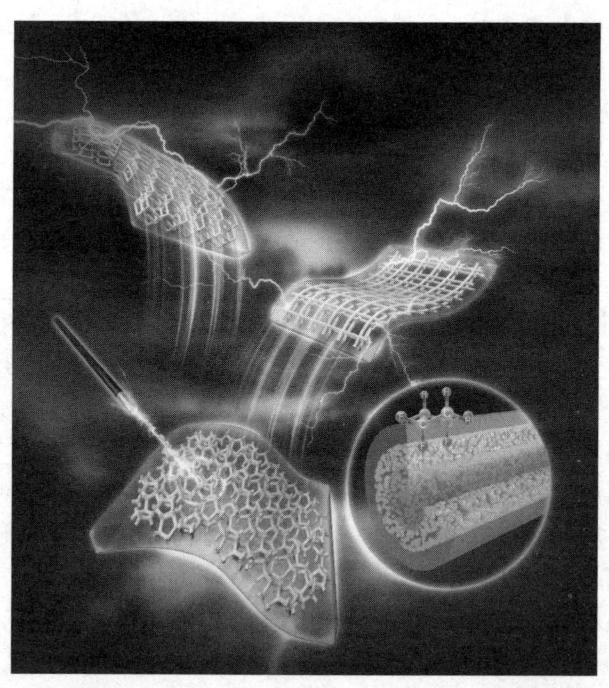

图 10-10　复合电介质材料的无序网络、四方网络、蜂窝网络结构模型

本课题组采用模板法与电泳沉积法相结合制备了中空网络结构的 BTO/PDMS 柔性电介质复合材料，基于此无序的 BTO 网络结构，优化设计了四方有序网络结构、蜂窝有序网络结构，通过有限元模拟方法对几种模型的介电常数和击穿性能分别进行了系统的数理分析，此研究结果为复合电介质储能密度的提升提供了材料与物理研究基础。

(2)击穿场强调控

当前球形填料类聚合物基复合材料是研究较为广泛的一类储能材料。通常以聚合物为基体，以高介电常数的无机纳米粒子为填料，设计并制备有机-无机复合材料。研究表明，通过设计一种类似三明治的宏观结构，能使夹层结构中相邻层之间形成更强的界面势垒，从而保护复合薄膜免受击穿；此外，合成珊瑚状和树枝状的无机填料的思路(让垂直于外电场的分支提供击穿强度的增加，平行于外电场的分支提供介电常数的增加)，为改善介电复合材料介电常数与损失击穿强度之间的矛盾提供了一条新的研究途径。然而当无机填料含量增加时，大部分介电复合材料的击穿性能总会发生明显降低，导致其储能密度得不到显著改善，球形填料类聚合物基复合材料的研究进入瓶颈阶段。因此，通过结构设计进一步优化其击穿性能仍然充满着挑战。

与其他电能存储设备相比，由介电复合材料所制得的介质电容器在快速充放电能力与高功率密度方面极具优势，如何在提高介电复合材料能量密度的同时优化其击穿性能已成为当前的研究热点之一。本课题组的研究工作基于 DBM (dielectric breakdown model，介电击穿)模型，采用有限元数值模拟，研究了无机填料的分布对柔性 PDMS 基介电复合材料体系电场与发生介电击穿时击穿损伤形貌演变的具体影响(图 10-11)。研究结果表明：填料与基体边界处存在较大的介电差异，可以使用较大介电常数的聚合物基体或较小介电常数的无机填料来减缓其界面处区域高电场的集中，继而提高复合材料的耐击穿能力；同时，当无机填料分散得更为均匀时，其树状损伤通道更容易产生分支，此种情况将使介电击穿的树状损伤通道的损伤位点增多，延缓其损伤速度，继而提高复合材料的耐击穿能力。该研究结果将为开发高储能密度且具有优异击穿性能的有机-无机复合电介质材料提供坚实的理论依据。

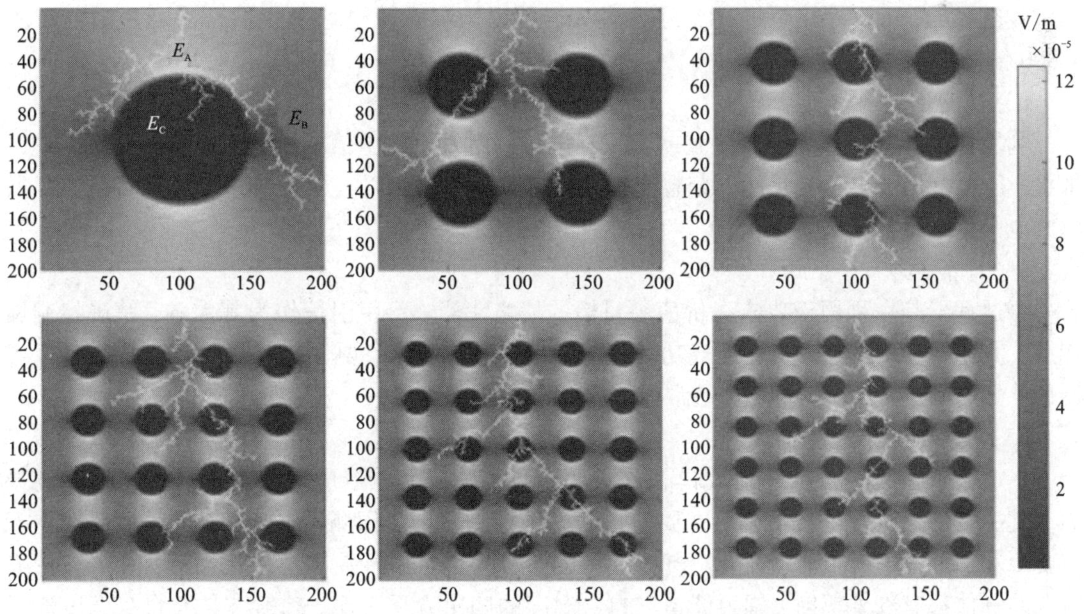

图 10-11　添加不同无机填料含量的介电复合材料的击穿损伤形貌

10.3.2 应用前景

多样化和规模化储能技术在电力系统中的广泛应用将成为未来智能电网发展的一个必然趋势。介质电容器以及超级电容器储能是适于电网规模储能的主要物理储能技术，具有良好的发展前景和广阔的应用前景。利用高介电常数和高介电强度材料作为全固态储能介质的电容器具有微秒甚至纳秒级充放电速度、高功率密度、较宽的工作温度范围以及安全性好等优点，在智能电网调频、新能源汽车以及电磁能武器等系统中都是核心部件。目前，国际上工程用薄膜介质高储能电容器主要用于脉冲功率电磁能武器，知名厂商是通用原子系统公司(General Atomics)，其电容器最大储能密度仅为 3~5 J/cm^3，最大循环次数可达 1011 次。这类工程用商品电容器的储能密度较低的主要原因仍然是受制于双轴拉伸聚丙烯(BOPP)薄膜的物理性质(2.4 J/cm^3)，因此国外非常重视新型薄膜介质材料的应用基础研究。基于储能密度理论，对于普通电介质材料而言，其相对介电常数(ε_r)和介电强度(E_b)相对较小，致使储能密度较低。如果储能介质材料介电常数达到 100、介电强度达到 500 kV/mm，则储能密度大于 30 W · h/kg。因此，解决问题的关键在于发展同时具备高介电常数和高介电强度的电介质材料。

(1)电磁弹射

电磁弹射耗电巨大，几乎在一瞬间要释放几十度的电。一般使用前通过电源给储能装置充能，使用时，在一瞬间将能量释放，推动舰载机起飞，如福特级航母使用飞轮储能系统(感兴趣可以搜下飞轮储能)。

(2)电磁轨道炮

与电磁弹射类似，电磁轨道炮也需要在瞬间释放巨大的能量。通用原子公司展示的巨大的储能电容器，可以存储超过 415 kJ 的能量，可以为电磁轨道炮提供数百次超过自身重力 30000 倍的加速度。

(3)压电引信

利用压电换能器作为敏感装置或者发火电源的触发机电引信。压电引信的瞬发度高达微米级，且压电元件与起爆元件可分置于弹丸头部和尾部，这正是聚能装药结构所需要的，所以压电引信广泛用于破甲弹上。

(4)储能模块

穿透武器是一种用于攻击高价值硬目标的战略武器。穿甲引信作为其大脑，精确控制爆炸点。其中，可靠的电源是保证成功爆炸的基础。作为引信主要储能元件的 MLCC 陶瓷电容器，需要其能经受极端的冲击，通常为数十万个重力加速度。

(5)热释电红外探测器

热成像仪在国防和航天领域具有悠久的应用历史，其军事应用有夜间作战、精确制导等。其关键部件为红外探测器，主要包括了光子探测器和热探测器，光子探测器的问题在于需要冷却，而热探测器则不需要冷却。其中的一种为热释电探测器。应用原理如下：自然界所有的物体都有红外辐射，辐射能量与自身温度的四次方呈正比，辐射波长与自身温度成反比。人体温度一般在 37℃，发出的红外线波长为 10 μm 左右。利用热释电材料(如 $LaTiO_3$ 单晶，PZT 陶瓷)的正热释电效应，可以将波长为 8~12 μm 的红外信号转变为电信号，为了只对人的红外敏感，可以通过菲涅尔滤光片降低环境的干扰。现代步枪的热成像仪探测距离为

1000 m，坦克的热瞄准器可以达到3000 m。

(6)复合电介质电卡效应制冷

根据国际能源署(IEA)"制冷未来"(The Future of Cooling)报告，单2016年一年全球家用空调销量0.94亿台，商户空调0.40亿台，合计1.34亿台。同年中国空调机的销量为0.53亿台。截至2016年，全球正在运行的空调机有16.22亿台，中国拥有空调机数量最多，占全球总数的35%，共有5.69亿台。单2016年全球空调制冷耗电量便达到了惊人的16020亿kW·h。而根据联合国数据统计，全球每年有25%~30%的电力被用于制冷行业。

而现如今绝大多数的制冷设备的原理依然是传统的气体压缩制冷，普遍借助对环境或人体有害的制冷剂(如氨、氟利昂等)的相变来实现制冷工艺，其能耗较高，容易导致臭氧层被破坏，带来温室效应等负面影响，且随着温度升高，人类对于制冷的需求逐步增加。当前，人们对于绿色环保且低能耗的制冷方案的探索已提上日程，成了相关各界共同努力的目标。为了在国际高精尖领域享有一定话语权，我国对于新兴产业或领域的探索更是迫在眉睫。特别是我国高端制冷技术存在一定缺陷，寻找新的制冷技术将有助于从根本上解决技术封锁的问题。

现如今，由于技术的进步与新材料的发现，原本只存在于理论层面而不能高效实现的电卡制冷已经变得切实可行，成为未来制冷领域研究大受欢迎的主要方向。未来研究可以通过采用适当体积分数的无机填料与有机聚合物，合理地设计拓扑结构(拓扑结构，指实现填料与基体的层状设计)，解决其面临的分散不均匀等问题，同时充分利用界面极化带来的效应，最终实现柔性电介质储能密度和电卡制冷效率的大幅度提升。电卡性能未来提升路径具体表现为：①设计制备具有显著电极化响应的极性分子结构的高储能聚合物材料；②设计制备具有分级结构的高储能无机纳米颗粒/聚合物复合电介质材料；③利用不同物理性质薄层设计制备多层结构的高储能密度介质复合材料；④利用极性高分子内源性界面显著增强极化(图10-12)。

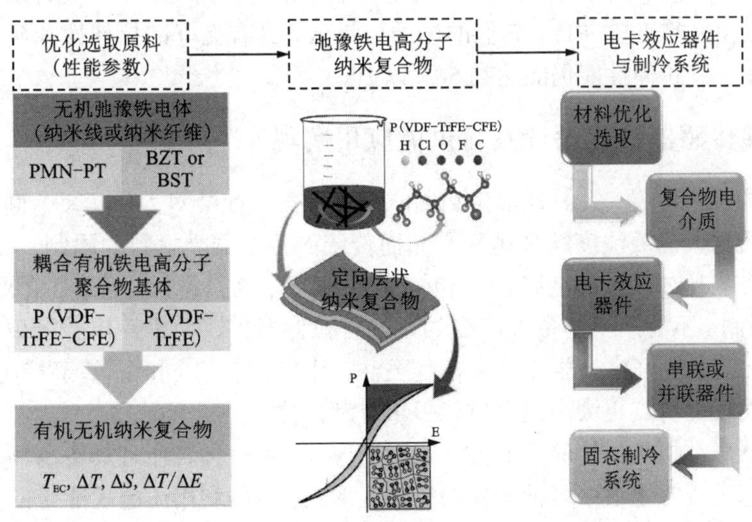

图10-12　柔性复合电介质结构设计及电卡效应制冷

10.4 自供能柔性传感器结构设计及交互界面实现

柔性传感器的主要性能指标包括灵敏度、有效线性度、最大应变范围、反应时间、迟滞时间以及稳定性等。

10.4.1 传感性能指标

灵敏度(GF)和有效线性范围是柔性应变传感器的主要影响因素。其他主要性能指标包括滞后性、延展性和循环稳定性。在调控柔性复合材料应变传感器的性能时，应主要考虑这些参数，这对分析传感器的性能优劣具有重要的参考意义。

(1)灵敏度

应变传感器的灵敏度，称为敏感因子，表示为电阻的相对变化量与施加应变之间的比值。一般将灵敏度表示为：

$$GF = \frac{\Delta R}{\varepsilon R_0} \tag{10-2}$$

式中：R_0 为初始电阻；ΔR 为加载/卸载后电阻的变化；ε 为应变，表示长度变化量(ΔL)与原始长度(L_0)的比值。由不同材料制备的传感器，其灵敏度往往取决于材料本身的属性、导电网络的结构和维度等因素。

(2)有效线性度

通常选择过原点的拟合曲线与原始数据点具有高匹配度(≥95%)作为传感器的有效线性度，因为在这个范围内，传感器内部导电网络结构稳定，能够满足多次的循环加载测试。

(3)最大应变范围

拉伸性是指在周期性加载条件下，传感器能够承受的最大应变范围。不同材料的拉伸性能有所区别。对于柔性纳米复合材料应变传感器，一般选择柔性材料作为基体，如聚二甲基硅氧烷(PDMS)和聚酰亚胺(PI)，它们的杨氏模量低，具有良好的拉伸性和延展性。即使与导电填料混合后，其拉伸性能仍能达到50%以上。

10.4.2 柔性传感器结构设计及自供能应用实现

随着经济的迅速发展，人们日常生活需求愈发多样，社会对人体运动、健康监测、电子皮肤甚至智能机器人的关注度越来越高。然而传统的传感器受材料的限制，存在着高能耗、低柔韧性的缺点。比如传统的金属、半导体材料传感器，因其材料特性(如延展性差、灵敏度低等问题)的限制，不能用于制备大应变的柔性可拉伸器件。而柔性传感器以其轻便、柔性可拉伸的特性，在柔性可穿戴器件领域备受关注(图 10-13)。同时，基于特定的材料选取，柔性传感器低功耗的特点更为满足自供能提供有利条件。

柔性传感器微结构与传统的供能方式难以适应，急需一种轻便且具备高输出功率和环保的供能方式。基于日常生活中多种多样的振动能形式，巧妙利用压电式能量的获取技术和静电摩擦式能量的获取方式，将压电式电源和纳米摩擦发电机合理复合，不仅能提高振动能的利用率，提高能量的输出功率，而且满足负载的耗能需求，兼顾了轻便性和环保性。

因此，自供能柔性传感器具有不依靠外部供能的环境适应性、轻便性及灵敏度高度满足

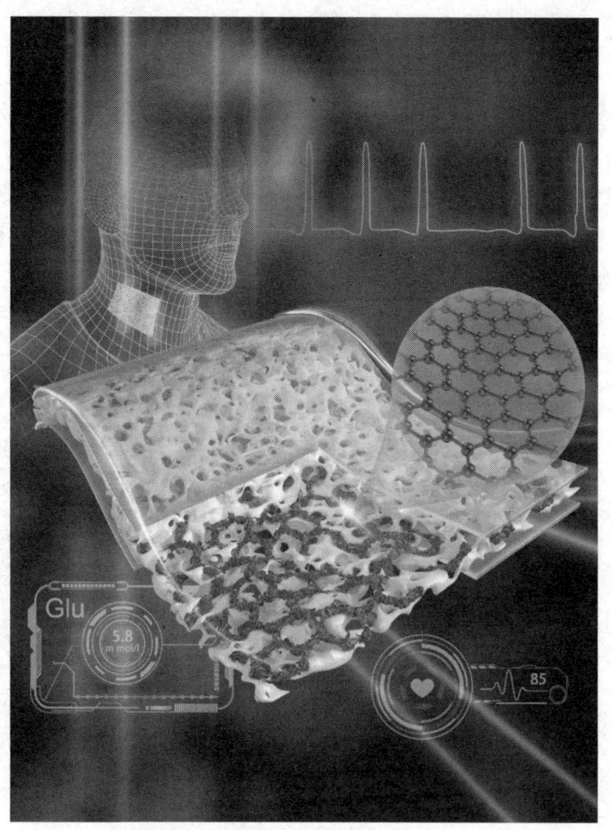

图 10-13　柔性传感器结构设计

多领域需求等优点。基于此，设计复合自供能柔性传感器，并将其应用于人机交互界面具有重大意义(图 10-14)。

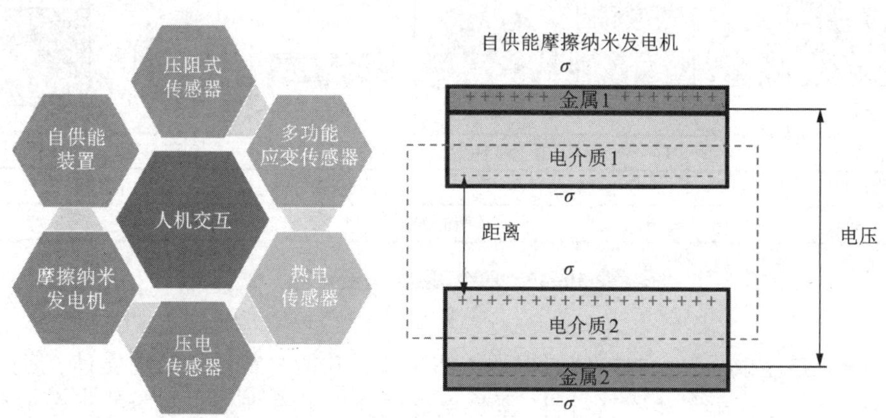

图 10-14　人机交互界面类别与自功能传感器机理图

10.5 新型热管理材料及智能结构

5G电信基站等基础设施大都位于户外，需要经受恶劣严苛的环境考验，包括极端高低温、湿度的波动、抵挡风沙的侵袭等。要确保更高速率信号的传输，5G系统则要具备比4G系统更可靠的运行能力。然而，高功率芯片作为5G系统的大脑，确保其持续稳定的运转就是重中之重。这对系统的散热功能提出了更高的要求。与传统的数据处理中心可进行主动冷却不同，户外电信基础设施的散热更依赖于优异的热管理设计。

传统的热管理材料主要包括金属材料和非金属碳基材料。一般来说，金属材料可以加工成高厚度但导热系数有限的材料，而高介电常数的非金属碳基材料很难获得高厚度，因此需要合理解决高导热系数与高厚度之间的矛盾。

高分子相变复合材料以其能量密度高、能量输出稳定性强等优点，近年来引起了人们极大的兴趣。然而，聚合物相变复合材料导热系数低、泄漏和刚性强等主要应用问题仍有待解决。因此，聚合物相变储能复合材料的研究进展及相变复合材料的导热机理值得关注，包含各种性能优越的相变复合材料的先进合成策略(图10-15)，特别是高性能聚合物相变储能复合材料的关键策略和实际应用。为了最大限度地收集和利用工业废热和太阳能，迫切需要各种性能优良的新型高分子相变复合材料，包括无机材料和有机材料系统，以实现恒温储存的规模化利用。然而，聚合物相变复合材料在柔性热电子和储能系统设计中面临着新的挑战和应用机遇。

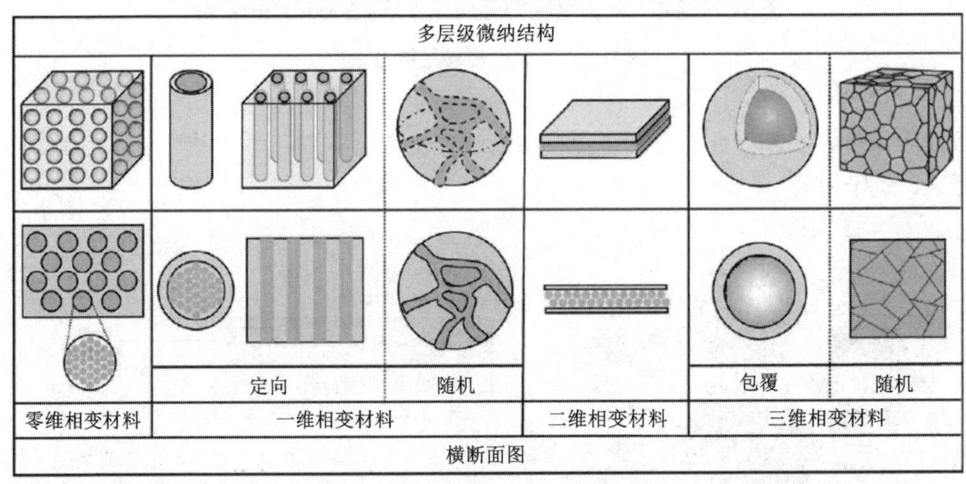

图10-15 形貌调控的复合材料

因此，未来航空航天新型材料应更多地关注于新型功能材料及其结构设计，诸如高焓陶瓷复合材料、新型忆阻器件生物新材料、柔性储能电介质及电卡效应制冷的复合材料、柔性传感及智能结构、新型热管理材料及智能结构。这些新型材料的开发及其智能结构设计将极大地促进航空航天领域高温热端结构、信息存储、信号传感、智能交互的使用。

习 题

1. 航空航天热结构面对未来复杂热环境的挑战，需求的新型材料主要有哪些？具体用到飞行器热结构哪个部位？

2. 热结构如何真正地实现智能化设计？其对航空航天复合材料的需求有何异同？

3. 太空环保要求航空航天复合材料具备哪些性能？如何兼顾先前的性能需求？

4. 航空航天复合材料进行热结构设计时，如何在满足常规的力学与热物理性能需求之后，实现有效的热管理？如何将热有效充分地利用？

5. 面对力、热、智能结构、热管理、太空环保等诸多需求，未来如何真正实现航空航天复合材料及热结构的一体化设计与制造？

6. 未来航空航天新型材料及热结构的应用准则是？应从哪些功能需求方面进行考虑。

7. 如何在航空航天热结构的防热功能需求与热管理之间建立有效的联系？

8. 热管理、热防护、智能材料、智能结构，它们之间的区别与联系是？未来如何真正将它们有效耦合，从而服务于高超音速飞行器设计？

第 11 章　总结与展望

高超音速飞行器结构与材料面临的挑战的最大根源在于其经受的严酷热环境。另外，由于存在飞行器的流场复杂、气动加热问题严重、总体设计与发动机研制难度大等问题，在研制飞行器时需综合考虑飞行器的气动外形参数、发动机设计、结构与材料、飞行性能以及耐久性与可靠性等诸多因素(图 11-1)。航空航天材料既是研制生产航空产品的物质保障，又是航空航天产品更新换代的技术基础。材料在航空航天工业及航空产品的发展中占有极其重要的地位。进入 21 世纪，航空航天材料正朝着高性能化、高功能化、多功能化、结构功能一体化、复合化、智能化、低成本以及与环境相容的方向发展。

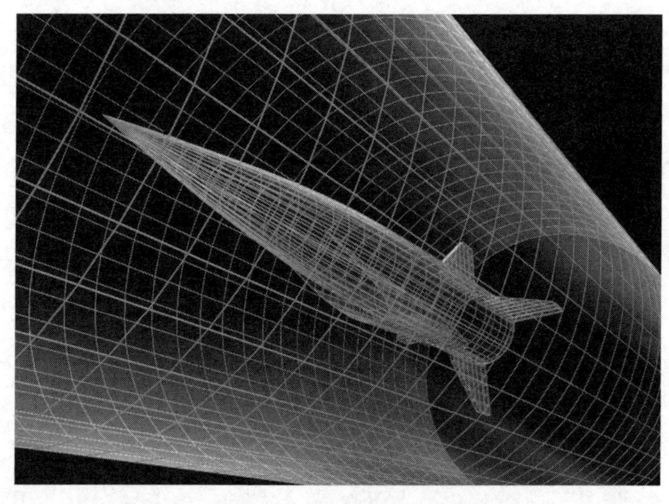

图 11-1　高超音速飞行器

本书基于“航空航天材料及应用”课程，围绕课程核心内容进行深入探究(图 11-2)，其目的如下：

(1)高性能的航空航天复合材料在当前人类空间探索中发挥着愈发重要的作用，有效支撑了国家重大专项、神舟飞船系列、嫦娥探月工程的顺利实施，课程以培养新时代中国特色社会主义思想和新工科创新能力的高素质人才为育人目标，挖掘航空航天技术及材料研发过程中蕴含的知识内容及核心要素，培养学生们空天科技报国的家国情怀。

(2)创新专业知识与思政元素的传递途径，引导学生领略航空航天材料的魅力，了解航空航天材料的发展历程与空天领域的具体运用，基于航空航天材料组分—加工—性能的课程闭环设计，在知识传授与学习互动中培养同学们的科学思维。

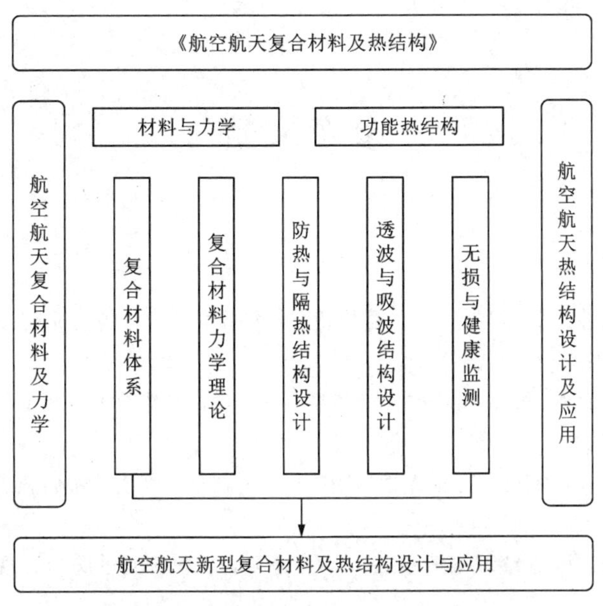

图 11-2　航空航天复合材料及热结构

(3)太空垃圾已成为当前人类面临的又一环保问题，人类航天活动已开始更加关注具有太空环保性能的航天材料。以航空航天特色的工程伦理问题为目标，通过对课堂教学的改革，建立与课程内容联系紧密的工程伦理案例，深化学生对工程伦理的理解，使学生具备工程伦理分析能力，未来注重具有环保性能的航空航天材料的研发。例如，机身材料的轻质化和高强度。结构重量的减少意味着可多带燃油或其他有效载荷，不仅可以增加飞行距离，而且可以提高单位结构重量的效费比；发动机材料，以耐高温为主要研究和发展方向。

未来高超音速飞行器热结构的发展需求具体表现为：当前开发的高超音速飞行器鼻锥端和翼前缘基本都为尖锐型的，具有高升阻比和强机动性的气动外形、超高速度、远巡航距离等特点，这些使得飞行器表面气动加热总热量大、驻点温度高、气动热力载荷大等，且要求为近乎零烧蚀的稳定外形，因而对飞行器的结构和热防护材料提出了非常苛刻的要求，因此热防护材料必须具有高导热、高抗冲击、高强度、高韧性、零氧化烧蚀等结构功能特性。

当前，中南大学已在重型运载火箭箭体结构件、碳/碳复合材料、航空航天用高性能新材料等方面做了重要研究，未来我们肩上的责任将更加艰巨。面对新时代的召唤，面对高超音速飞行器发展的迫切需求与挑战，中南人将紧跟国家重大需求的步伐，继续发挥自己的光与热。

参考文献

[1] 胡松青，吕强，王志坤，等. 碳纳米管/聚合物复合材料界面结合性能的研究进展[J]. 复合材料学报，2017，34(01)：12-22.

[2] 单忠德，范聪泽，孙启利，等. 纤维增强树脂基复合材料增材制造技术与装备研究[J]. 中国机械工程，2020，31(2)：221-226.

[3] 王凯，刘寒松，肇研. 连续纤维增强热塑性树脂基复合材料自动铺放技术研究进展[J]. 航空制造技术，2021，64(11)：41-49.

[4] 张稳，向阳，彭志航，等. 连续纤维增强 ZrO_2 陶瓷基复合材料研究进展[J]. 现代技术陶瓷，2021，42(03)：170-180.

[5] 孙聪. 高超声速飞行器强度技术的现状、挑战与发展趋势[J]. 航空学报，2022，43(6)：8-27.

[6] 桂业伟. 高超声速飞行器综合热效应问题[J]. 中国科学：物理学 力学 天文学，2019，49(11)：139-153.

[7] 黄杰，姚卫星，单先阳. 高超声速气动热/结构温度场一体化耦合分析[J]. 机械设计与制造工程，2021，50(8)：55-58.

[8] 梁恒亮，陈静，刘宇，等. 新型树脂基复材热防护结构制造技术研究[J]. 复合材料科学与工程，2022，3：96-103+128.

[9] 赵雨浓. 先进热结构材料高温氧化模型及热-力-氧耦合行为研究[D]. 北京：北京大学，2020.

[10] 马全胜，李俊含，田思戗. 热塑性复合材料的成型工艺及其在航空器中的应用[J]. 化工新型材料，2022，50(6)：263-266+271.

[11] 肖昌伟，李文晓. RTM 工艺复合材料孔隙表征和孔隙形成预测研究进展[J]. 材料导报，2022，36(23)：1-15.

[12] 陈意伟，单忠德，杨旭静，等. 连续纤维增强 PEEK 增材制造力学性能与成型质量优化[J]. 工程塑料应用，2022，50(5)：61-67.

[13] 王智，于宁，黎静. 熔融沉积纤维增强复合材料的研究进展[J]. 材料导报，2021，35(15)：15197-15204.

[14] 王得盼，梁森，周越松，等. 纤维增强氧化铝陶瓷复合材料工艺及性能研究[J]. 复合材料科学与工程，2022，4：45-49.

[15] 张容国，盛冬发，李忠君，等. 纤维增强复合材料力学性能预测[J]. 科学技术创新，2022，21：66-69.

[16] 王麒骅. SiC 纤维增强难熔合金复合材料的制备及界面扩散行为研究[D]. 长春：吉林大学，2022.

[17] 倪洪江，李军，邢宇，等. 航空发动机用 T800 级碳纤维增强聚酰亚胺复合材料制备及性能[J]. 复合材料科学与工程，2022，5：46-51.

[18] 黄亿洲，王志瑾，刘格菲. 碳纤维增强复合材料在航空航天领域的应用[J]. 西安航空学院学报，2021，39(5)：44-51.

[19] 徐雯婷. 纤维增强树脂基复合材料在直升机的应用现状[J]. 纤维复合材料，2021，38(3)：90-93.

[20] 邱超，马心旗，王亚震，等. 薄层碳纤维增强树脂基复合材料研究与应用进展[J]. 航空制造技术，

2021, 64(14): 22-31.

[21] 郝世杰, 崔立山. 基于应变匹配实现复合材料中纳米线的本征力学性能——金属纳米复合材料发展的新机遇[J]. 中国材料进展, 2015, 34(6): 487-490.

[22] 张超, 许希武, 许晓静. 三维多向编织复合材料宏细观力学性能有限元分析研究进展[J]. 复合材料学报, 2015, 32(5): 1241-1251.

[23] 巢青, 孙剑芬, 孙志刚, 等. 金属基复合材料力学性能研究进展[J]. 航空发动机, 2018, 44(4): 91-98.

[24] 王占忠, 张赞. 石墨烯增强铝基复合材料力学性能的发展现状[J]. 生物化工, 2022, 8(1): 176-180.

[25] Bellonte M. Composite Materials in the Airbus A380: From History to Future[C]. 13th International Conference on Composite Materials Engineering. Beijing: Engineering, 2001: 1-10.

[26] 翟军军, 王露晨, 孔祥霞. 三维多向编织复合材料温度效应综述: 热传导、热膨胀性质和力学响应[J]. 复合材料学报, 2021, 38(8): 2459-2478.

[27] 杨甜甜, 张典堂, 邱海鹏, 等. SiC_f/SiC 纺织复合材料细观结构及力学性能研究进展[J]. 航空材料学报, 2020, 40(5): 1-12.

[28] 王章文, 张军, 方国东, 等. 界面层对纤维增韧陶瓷基复合材料力学性能影响的研究进展[J]. 装备环境工程, 2020, 17(1): 77-89.

[29] 寇天翔. 航空航天领域先进复合材料的应用探讨[J]. 中国高新科技, 2021(21): 112, 122.

[30] 刘哲军, 陈博, 金珂, 等. 航天复合材料智能健康监测技术研究进展[J]. 宇航材料工艺, 2022, 52(2): 109-115.

[31] 熊健, 李志彬, 刘惠彬, 等. 航空航天轻质复合材料壳体结构研究进展[J]. 复合材料学报, 2021, 38(6): 1629-1650.

[32] 航空复合材料强度技术的前世今生与未来发展[EB/OL]. 复材资讯, 2020-09-04. http://www.fjyykj.com/news_info.aspx? cateid=9&newsid=66.

[33] 郑江楠. 先进复合材料在航空航天领域的研发与应用[J]. 科技创新导报, 2018, 15(02): 18, 20.

[34] 吴良义. 先进复合材料的应用扩展: 航空、航天和民用航空先进复合材料应用技术和市场预测[J]. 化工新型材料, 2012, 40(1): 4-9+91.

[35] 朱晋生, 王卓, 欧峰. 先进复合材料在航空航天领域的应用[J]. 新技术新工艺, 2012, 10: 76-79.

[36] 李涤尘, 鲁中良, 田小永, 等. 增材制造——面向航空航天制造的变革性技术[J]. 航空学报, 2022, 43(4): 22-38+3.

[37] 冯志海, 李俊宁, 左小彪, 等. 航天复合材料研究进展[J]. 宇航材料工艺, 2021, 51(04): 23-28.

[38] 姜天宇. 疏水改性 SiO_2 基复合材料自洁涂层的制备及其性能研究[D]. 哈尔滨: 黑龙江大学, 2021.

[39] 张仲, 吕晓仁, 于鹤龙, 等. 智能自修复材料研究进展[J]. 材料导报, 2022, 36(7): 241-248.

[40] 孙友群, 林海丹, 刘赫, 等. 自修复热固性树脂材料的研究进展与展望[J]. 化工新型材料, 2021, 49(6): 25-28.

[41] 颜启明. 可自修复聚合物基导电复合材料的制备及其性能和机理研究[D]. 广州: 华南理工大学, 2021.

[42] 王莹莹, 贾永芳. 自愈性导电材料及应用研究进展[J]. 化学推进剂与高分子材料, 2019, 17(5): 7-14.

[43] 张亚玲, 杨斌, 许亮鑫, 等. 基于动态化学的自愈性水凝胶及其在生物医用材料中的应用研究展望[J]. 化学学报, 2013, 71(4): 485-492.

[44] 谷瑞成, 张健, 张明阳, 等. 三维互穿结构 SiC 晶须骨架增强镁基复合材料制备及其力学性能[J]. 金属学报, 2022, 58(7): 857-867.

[45] 李伟智. 碳纤维增强聚合物复合材料的微观力学行为与失效机制[D]. 长春: 吉林大学, 2022.

[46] 赵鹏，董英杰，李响，等. 界面强度对柔性环氧树脂/黏土纳米复合材料热/力学性能的影响[J]. 材料研究学报，2022，36(6)：454-460.

[47] 段蓓蓓. Cu/CuZr 纳米复合材料力学行为与变形机制的模拟研究[D]. 西安：西安石油大学，2019.

[48] 郭少华，谢伟. 各向异性弹性力学场论的 Hamilton 体系[J]. 中南工业大学学报(自然科学版)，2003(2)：211-213.

[49] 任志英，方荣政，陈小超，等. 基于虚拟制备的金属橡胶各向异性本构特性研究[J]. 机械工程学报，2021，57(24)：211-222.

[50] 刘小平. 各向异性岩体弹性矩阵系数反演分析与应用[J]. 岩石力学与工程学报，2021，40(9)：1826-1838.

[51] 杨子豪. 微尺度各向异性功能梯度梁/板力学建模[D]. 沈阳：沈阳航空航天大学，2018.

[52] 谈炳东，许进升，贾云飞，等. 短纤维增强 EPDM 包覆薄膜超弹性本构模型[J]. 力学学报，2017，49(2)：317-323.

[53] 罗建辉，刘光栋. 正交各向异性弹性力学正交关系的研究[J]. 应用数学和力学，2005，5：621-624.

[54] 邵帅. 高熵高温合金结构及弹性力学性质的模拟研究[D]. 石家庄：河北科技大学，2018.

[55] 王科研，雷震. 弹性力学方程解的整体适定性[J]. 中国科学：数学，2019，49(02)：201-218.

[56] 杨振宇，龚文弈，卢子兴. 梁在几种典型载荷作用下的弹性力学求解方法[J]. 力学与实践，2023，45(1)：206-212.

[57] 黄忠文，张博文，唐明哲，等. 弹性力学与流体力学基本方程的统一性[J]. 力学与实践，2022，44(3)：672-676.

[58] 李俊永，吕和祥. 弹性力学状态变量体系下各向异性层合板的稳定问题[J]. 四川理工学院学报(自然科学版)，2016，29(4)：21-25.

[59] 宗智. 板岩横观各向同性力学特性与本构模型研究[D]. 济南：山东大学，2017.

[60] 张春春，王艳超，黄争鸣. 横观各向同性基体复合材料的等效弹性常数[J]. 应用数学和力学，2018，39(7)：750-765.

[61] 王书恒，戴时，吴鑫伟，等. 考虑材料各向异性的熔丝制造 PLA 点阵结构弹性各向同性设计[J]. 力学学报，2022，54(5)：1291-1302.

[62] 向雨欣，申克，吴昊，等. 定长炭纤维增强树脂复合材料的制备及其各向同性力学性能[J]. 新型炭材料，2021，36(6)：1188-1194.

[63] 向雨欣. 各向同性 CFRP 的制备及其力学性能研究[D]. 长沙：湖南大学，2019.

[64] 李威龙，张建辉. 各向同性热解炭涂层的微观结构及力学性能[J]. 杭州电子科技大学学报(自然科学版)，2016，36(1)：70-74.

[65] 李莹. 孔隙热弹性结构的线性和非线性静动力学特性研究[D]. 上海：上海大学，2011.

[66] 杨林，王亚光. 三维拟线性热弹性力学方程区域内部解的奇性传播规律[J]. 数学年刊 A 辑(中文版)，2005，3：297-306.

[67] 苗秀芝，张幸红，王保林，等. 梯度功能材料热弹性力学问题计算方法[J]. 功能材料，1999，2：11-14.

[68] 何业茂，焦亚男，周庆，等. 弹道防护用超高分子量聚乙烯纤维增强热塑性树脂基复合材料的拉伸力学行为[J]. 复合材料学报，2023，40(1)：119-130.

[69] 张志博，尚涵，徐文轩，等. 氧化石墨烯插层聚 β-羟基丁酸酯复合材料的结晶形态与宏观性能[J]. 高等学校化学学报，2022，43(2)：69-77.

[70] 李迅. 碎石增强高聚物复合材料的微观结构及力学性能[D]. 郑州：郑州大学，2021.

[71] 李望南，蔡洪能，李超，等.基于微观力学失效理论的复合材料单钉螺栓连接结构拉伸行为预测[J].复合材料学报，2013，30(S1)：240-246.

[72] 张延林，姜雪光.基于渐进均匀化理论的复合材料力学性能预测[J].沈阳工业大学学报，2017，39(05)：507-512.

[73] 赵锦枭，张丽娜，吴涛，等.均匀化理论研究纤维改进复合材料层合板力学性能[J].装备制造技术，2019，4：131-134.

[74] 周剑秋，黄连军，王英.基于应变梯度位错理论的纳晶-无定形态层状复合材料的力学性能研究[J].工程力学，2014，31(1)：224-228.

[75] 郑晓霞，郑锡涛，缑林虎.多尺度方法在复合材料力学分析中的研究进展[J].力学进展，2010，40(1)：41-56.

[76] 闫伟，燕瑛，苏玲.湿-热-力耦合环境下复合材料结构损伤分析与性能研究[J].复合材料学报，2010，27(2)：113-116.

[77] 朱昭君，强洪夫.基于均匀化理论的4D轴编C/C复合材料的细观力学性能预测[J].固体火箭技术，2019，42(1)：92-97+104.

[78] 刘海韬，杨玲伟，韩爽.连续纤维增强陶瓷基复合材料微观力学研究进展[J].无机材料学报，2018，33(07)：711-720.

[79] 黄敏杰，马利锋，尚福林.基于等效特征应变原理的复合材料有效模量细观力学分析[J].固体力学学报，2022，43(03)：271-283.

[80] 沈高峰，王振军，刘丰华，等.叠层穿刺CF/Al复合材料准静态拉伸力学行为与失效机制[J].航空学报，2021，42(12)：345-358.

[81] 邓鹏飞.碳纤维复合材料结构的力学行为研究[D].西安：西安电子科技大学，2021.

[82] 潘静.复合材料细观力学模型及相关材料性能研究[D].秦皇岛：燕山大学，2018.

[83] 王足.连续介质力学中某些物理量的近似和大变形弹塑性定义的比较[D].北京：北京交通大学，2010.

[84] 陈恩惠，杨锦鸿，李栋，等.软物质中的理性连续介质力学基础[J].物理学报，2016，65(18)：84-105.

[85] 汪志义，张弛，赵福垚.广义相对论与连续介质力学在几何学中基于张量的统一及其应用[J].物理与工程，2022，32(4)：51-56.

[86] 别业辉.近场动力学与连续介质力学耦合算法的研究[D].长沙：湖南大学，2019.

[87] 陈少华.在材料研制中的连续介质细观力学有限元建模现状评论[J].力学进展，2002，3：444-466.

[88] 周建雄.橡胶本构模型数值计算及分子链网络变形机制研究[D].马鞍山：安徽工业大学，2021.

[89] 谭江华，罗文波.橡胶材料分子链网络本构模型的研究进展[J].材料导报，2008，7：31-34.

[90] 张良，李忠华，马新强.橡胶Mooney-Rivlin超弹性本构模型的参数特性研究[J].噪声与振动控制，2018，38(S2)：427-430.

[91] 任文，文聘，何大平.石墨烯/柔性基底的界面力学性能研究进展[J].硅酸盐学报，2022，50(7)：1810-1820.

[92] 徐彬，杨会永，罗瑞盈，等.连续纤维增强SiC基复合材料界面相力学及抗氧化改性研究进展[J].航空动力学报，2023，38(4)：921-930.

[93] James R，Rice，Thomson R. Ductile versus brittlebehaviour of crystals[J]. The Philosophical Magazine：A Journal of Theoretical Experimental and Applied Physics，1974，29：73-97.

[94] 索涛，李玉龙，刘明爽.二维C/SiC复合材料高温压缩力学行为研究[J].兵工学报，2010，31(4)：516-520.

[95] 李国和，王敏杰. 淬硬45钢在高温、高应变率下的动态力学性能及本构关系[J]. 爆炸与冲击，2010，30(4)：433-438.

[96] Jones R M, Nelson D A R. A new material model for the nonlinear biaxial behavior of ATJ-S graphite[J]. Journal of Composite Materials, 1975, 9(1): 10-27.

[97] Jones R M. Modeling nonlinear deformation of carbon-carbon composite materials[J]. AIAA Journal, 1980, 18(8): 995-1001.

[98] 管国阳，矫桂琼，张增光. 2D-C/SiC复合材料的宏观拉压特性和失效模式[J]. 复合材料学报，2005，22(4)：81-85.

[99] Gkikas G, Paipetis A, Lekatou A, et al. Corrosion and environmental degradation of bonded composite repair[J]. International Journal of Structural Integrity, 2013, 4(1): 67-77.

[100] 董士博. 碳/碳化硅复合材料的高温力学性能研究[D]. 哈尔滨：哈尔滨工业大学，2021.

[101] Yan K F, Zhang C Y, Qiao S R, et al. In-plane shear strength of a carbon/carbon composite at different loading rates and temperatures[J]. Materials Science and Engineering: A, 2011, 528(3): 1458-1462.

[102] Zhang C, Wang H, Liu Y, et al. Interlaminar shear damage mechanisms of a 2D-C/SiC composite at elevated temperature in vacuum[J]. Vacuum, 2014, 105: 63-68.

[103] Zhang C, Gou J, Qiao S, et al. Interlaminar shear strength of SiC matrix composites reinforced by continuous fibers at 900℃ in air[J]. Materials and Design, 2014, 53: 93-98.

[104] 王富强，嵇阿琳，白侠，等. 单边切口梁法测试针刺C/C复合材料断裂韧性[J]. 固体火箭技术，2013，36(04)：564-568.

[105] ASTM. ASTM C1421-01 standard test methods for determination of fracture toughness of advanced ceramics at ambient temperature[S]. US: ASTM, 2001.

[106] 崔金平，赵威，饶平根. 单边V切口梁法测量结构陶瓷断裂韧性的研究进展[J]. 现代技术陶瓷，2021，42(03)：139-156.

[107] 刘昊. 基于单边V型切口梁法(SEVNB)氧化锆陶瓷断裂韧性及相变增韧的研究[D]. 广州：华南理工大学，2017.

[108] 李林涛，谭援强，姜胜强，等. C/C层合板单边切口梁实验DEM模拟及实验研究[J]. 材料导报，2013，27(04)：143-145+149.

[109] 拓宏亮. 先进复合材料损伤分析方法及应用研究[D]. 西安：西北工业大学，2019.

[110] 张力文，张小文，宋继萍. 金属蠕变疲劳寿命预估模型研究进展[J]. 工业加热，2021，50(02)：36-40.

[111] 王润梓. 基于能量密度耗散准则的蠕变—疲劳寿命预测模型及应用[D]. 上海：华东理工大学，2019.

[112] 曹宇，崔鑫，纪冬梅. P92钢的蠕变-疲劳损伤行为及蠕变-疲劳损伤本构模型的建立[J]. 机械工程材料，2021，45(10)：50-57+65.

[113] 胡晓安，石多奇，杨晓光，等. TMF本构和寿命模型：从光棒到涡轮叶片[J]. 航空学报，2019，40(03)：263-279.

[114] Hashin Z, Rotem A. A fatigue failure criterion for fiber reinforced materials[J]. Journal of Composite Materials, 1973, 7(4): 448-464.

[115] Philippidis T P, Vassilopoulos A P. Fatigue strength prediction under multiaxial stress[J]. Journal of Composite Materials, 1999, 33(17): 1578-1599.

[116] Shokrieh M M, Lessard L B. Progressive fatigue damage modeling of composite materials. Part I: Modeling

[J]. Journal of Composite Materials. 2000, 34(13): 1056-1080.

[117] Shokrieh M M, Lessard L B. Progressive fatigue damage modeling of composite materials. Part Ⅱ: Material characterization and model verification[J]. Journal of Composite Materials, 2000, 34(13): 1081-1116.

[118] Wang W, Yao D, Liang H, et al. Effect of the binary nonoxide additives on the densification behavior and thermal conductivity of Si3N4 ceramics[J]. Journal of the American Ceramic Society, 2020, 103(10): 5891-5899.

[119] 黄争鸣，张华山. 纤维增强复合材料强度理论的研究现状与发展趋势—“破坏分析奥运会”评估综述[J]. 力学进展，2007，37(1)：80-98.

[120] 陈津民. 细观应力破坏准则和五大强度理论[J]. 地球与环境，2005，33：15-16.

[121] 王宝来，吴世平，梁军. 复合材料失效及其强度理论[J]. 失效分析与预防，2006，1(2)：13-19.

[122] 蔡登安. 纤维增强复合材料的力学行为与多轴疲劳性能研究[D]. 南京：南京航空航天大学，2018.

[123] 陈波，温卫东，孙煦泽，等. 三维编织碳/碳复合材料高温力学及疲劳试验研究[J]. 南京工业大学学报(自然科学版)，2018，40(1)：8-16.

[124] 韩笑. SiC/SiC 复合材料力学性能的高温稳定性研究[D]. 南京：南京航空航天大学，2018.

[125] Kuntz M, Grathwohl G. Advanced evaluation of push-in data for the assessment of fiber reinforced ceramic matrix composites[J]. Advanced Engineering Materials, 2001, 3(6): 371-379.

[126] Chandra N, Ghonem H. Interfacial mechanics of push-out tests: theory and experiments[J]. Composites Part A: Applied Science & Manufacturing, 2001, 32(3-4): 575-584.

[127] Solti J P, Mall S, Robertson D D. Modeling damage in unidirectional ceramic-matrix composites[J]. Composites Science & Technology, 1995, 54(1): 55-66.

[128] Aveston J. Single and Multiple Fracture[J]. The Properties of Fiber Composites, 1971: 15-26.

[129] 姚怀博. 柔固耦合高超声速飞行器热流固多场耦合计算研究[D]. 哈尔滨：哈尔滨工业大学，2018.

[130] Starke E, Staley J. Application of modern aluminum alloys to aircraft[J]. Progress in Aerospace Sciences, 1996, 32(2-3): 131-172.

[131] Rioja R J, Liu J. The evolution of Al-Li base products for aerospace and space applications[J]. Metallurgical and Materials Transactions A, 2012, 43(9): 3325-3337.

[132] Czerwinski F. Controlling the ignition and flammability of magnesium for aerospace applications[J]. Corrosion Science 2014, 86: 1-16.

[133] Boyer R R, Briggs R D. The use of β titanium alloys in the aerospace industry[J]. Journal of Materials Engineering and Performance, 2005, 14: 681-685.

[134] Bai G, Li J, Hu R, et al. Effect of temperature on tensile behavior of Ni-Cr-W based superalloy[J]. Materials Science and Engineering: A, 2011, 528(4-5): 1974-1978.

[135] Huda Z, Edi P. Materials selection in design of structures and engines of supersonic aircrafts: a review[J]. Materials & Design, 2013, 46: 552-560.

[136] Veiga C, Davim J P, Loureiro A J R. Properties and applications of titanium alloys: a brief review[J]. Reviews on Advanced Materials Science, 2012, 32(2): 133-148.

[137] Zhang P, Hu C, Ding C, et al. Plastic deformation behavior and processing maps of a Ni-based superalloy[J]. Materials & Design, 2015, 65: 575-584.

[139] Banerjee S, Robi P S, Srinivasan A, et al. Effect of trace additions of Sn on microstructure and mechanical properties of Al-Cu-Mg alloys[J]. Materials & Design, 2010, 31(8): 4007-4015.

[139] Salamci E. Mechanical properties of spray cast 7××× series aluminium alloys[J]. Turkish Journal of Engineering and Environmental Sciences, 2002, 26(4): 345-352.

[140] Seyed Ebrahimi S H, Emamy M, Pourkia N, et al. The microstructure, hardness and tensile properties of a new super high strength aluminum alloy with Zr addition[J]. Materials & Design, 2010, 31(9): 4450-4456.

[141] Antipov V A, Senatorova O G, Tkachenko E A, et al. High-strength Al-Zn-Mg-Cu alloys and light Al-Li alloys[J]. Metal Science and Heat Treatment, 2012, 53: 428-433.

[142] Tsivoulas D, Prangnell P. The effect of Mn and Zr dispersoid-forming additions on recrystallization resistance in Al-Cu-Li AA2198 sheet[J]. Acta Materialia, 2014, 77: 1-16.

[143] Din S, Kamran J, Tariq N H, et al. The synergistic effect of Li addition on microstructure, texture and mechanical properties of extruded Al-Mg-Si alloys[J]. Materials Chemistry and Physics, 2016, 174: 11-22.

[144] Jian W W, Cheng G M, Xu W Z, et al. Mathaudhu SN. Ultrastrong Mg alloy via nano-spaced stacking faults [J]. Materials Research Letters, 2013, 1(2): 61-66.

[145] Luo A A. Magnesium casting technology for structural applications[J]. Journal of Magnesium and Alloys, 2013, 1(1): 2-22.

[146] Krane M J M, Jardy A, Williamson R L, et al. Proceedings of the 2013 International Symposium on Liquid Metal Processing & Casting[M]. Switzerland: Springer International Publishers, 2016.

[147] Jia W, Zeng W, Liu J, et al. On the influence of processing parameters on microstructural evolution of a near alpha titanium alloy[J]. Materials Science and Engineering A, 2011, 530: 135-143.

[148] Boyer R R, Briggs R D. The use of β titanium alloys in the aerospace industry[J]. Journal of Materials Engineering and Performance, 2013, 22: 2916-2920.

[149] Lu J, Zhao Y, Ge P, et al. Precipitation behavior and tensile properties of new high strength beta titanium alloy Ti-1300[J]. Journal of Alloys and Compounds, 2015, 637: 1-4.

[150] Qu Y, Wang M, Lei L, et al. Behavior and modeling of high temperature deformation of an α+β titanium alloy [J]. Materials Science and Engineering: A, 2012, 555: 99-105.

[151] Jing R, Liang S X, Liu C Y, et al. Structure and mechanical properties of Ti-6Al-4V alloy after zirconium addition[J]. Materials Science and Engineering: A, 2012, 552: 295-300.

[152] 于德海, 王飞, 何博, 等. 高温合金精密铸造用陶瓷型芯成型技术研究进展[J]. 现代技术陶瓷, 2022, 43(02): 92-102.

[153] 胡建华. 铁基高温合金覆层材料制备及组织性能研究[D]. 武汉: 武汉理工大学, 2016.

[154] 蒋倩, 蒋立鹤, 黄云峰, 等. 镍基高温合金热处理工艺研究进展[J]. 锻压装备与制造技术, 2021, 56(06): 127-130.

[155] 梁莉, 陈伟, 乔先鹏, 等. 钴基高温合金增材制造研究现状及展望[J]. 精密成形工程, 2018, 10(05): 102-106.

[156] 乔绅, 周文哲, 谭庆彪, 等. 镍基高温合金 CM247LC 增材制造研究进展[J]. 精密成形工程, 2022, 14(8): 93-103.

[157] Ćwiek J. Prevention methods against hydrogen degradation of steel[J]. Journal of Achievements in Materials and Manufacturing Engineering, 2010, 43(1): 214-221.

[158] Mo K, Zhou Z, Miao Y, et al. Synchrotron study on load partitioning between ferrite/martensite and

nanoparticles of a 9Cr ODS steel[J]. Journal of Nuclear Materials, 2014, 455(1-3): 376-381.

[159] Ahmad I, Yazdani B, Zhu Y. Recent advances on carbon nanotubes and graphene reinforced ceramics nanocomposites[J]. Nanomaterials, 2015, 5(1): 90-114.

[160] Sciti D, Reimer T, Vinci A, et al. A systematic approach for horizontal and vertical scale up of sintered Ultra-High Temperature Ceramic Matrix Composites for aerospace-Advances and perspectives[J]. Composites Part B: Engineering, 2002, 234: 109709.

[161] Hart A H C, Koizumi R, Hame J, et al. Velcro-inspired SiC fuzzy fibers for aerospace applications[J]. ACS Applied Materials & Interfaces, 2017, 9(15): 13742-13750.

[162] Wang R M, Zheng S R, Zheng Y G. Polymer Matrix Composites and Technology[M]. Cambridge: Woodhead Publishing, 2011.

[163] Pickering K L, Efendy M A, Le T M. A review of recent developments in natural fibre composites and their mechanical performance[J], Composites Part A: Applied Science Manufacturing, 2016, 83: 98-112.

[164] Kuilla T, Bhadra S, Yao D, et al. Recent advances in graphene based polymer composites[J]. Progress in Polymer Science, 2010, 35(11): 1350-1375.

[165] Biercuk M J, LIaguno M C, Radosavljevic M, et al. Carbon nanotube composites for thermal management [J]. Applied Physics Letters, 2002, 80(15): 2767-2769.

[166] Zhang F, Feng Y, Feng W. Three-dimensional interconnected networks for thermally conductive polymer composites: Design, preparation, properties, and mechanisms[J]. Materials Science & Engineering: R: Reports, 2020, 142: 100580.

[167] 刘正启，李红，阮家苗，等. 高导热 C/C 复合材料的微观结构与力学性能[J]. 材料科学与工程学报，2022，40(03)：435-440+507.

[168] 王俊山，徐林，李炜，等. 航天领域 C/C 复合材料研究进展[J]. 宇航材料工艺，2022，52(2)：1-12.

[169] 苗鹤洋. 高超声速飞行器波纹夹芯结构方案研究[D]. 长沙：国防科技大学，2016.

[170] 邢亚娟，孙波，高坤，等. 航天飞行器热防护系统及防热材料研究现状[J]. 宇航材料工艺，2018，48(4)：9-15.

[171] 赵彪. 高超声速飞行器技术发展研究[D]. 哈尔滨：哈尔滨工业大学，2010.

[172] Glass D E. Ceramic matrix composite (CMC) thermal protection systems (TPS) and hot structures for hypersonic vehicles[C]. 15th AIAA space planes and hypersonic systems and technologies conference, 2008.

[173] Galss D, Camarda C. Preliminary thermal/structural analysis of a carbon-carbon/refractory-metal heat-pipe-cooled wing leading edge[C]// Aircraft Design, Testing And Performance. Hampton: Thermal Structures and Materials for High-Speed Flight, Progress in Astronautics and Aeronautics: American Institute of Aeronautics and Astronautics, 1992: 301-322.

[174] 杨昌昊，祁玉峰，饶炜，等. 天问一号火星探测器气动热防护系统设计与实现[J]. 中国科学：技术科学，2022，52(2)：253-263.

[175] 郭朝邦，李文杰. 高超声速飞行器结构材料与热防护系统[J]. 飞航导弹，2010，4：88-94.

[176] 李崇俊，闫联生，崔红. 航天飞行器热防护系统技术综述[J]. 高科技纤维与应用，2014，39(01)：19-25+35.

[177] 范绪箕. 航天飞行器热防护系统的一体化设计[J]. 航天器工程，2014，23(3)：1-3.

[178] 周志勇，马彬，张萃，等. X-37B 轨道试验飞行器可重复使用热防护系统综述[J]. 航天器工程，2016，25(4)：95-101.

[179] 闪志刚. 复合材料与金属混合的热防护波纹夹芯结构设计[D]. 南京：南京航空航天大学，2018.

[180] 杜若，康宁宁. 陶瓷基复合材料在高超声速飞行器热防护系统中的应用[J]. 飞航导弹，2010，2：80-87.

[181] 江洪，彭导琦. 先进复合材料在航天航空器中的应用[J]. 新材料产业，2022，1：2-7.

[182] 彭启清，刘明，黄艳斐，等. 聚合物基复合材料表面防护涂层的研究现状与展望[J]. 表面技术，2022，51(2)：86-107.

[183] 王春明，梁馨，孙宝岗，等. 低密度烧蚀材料在神舟飞船上的应用[J]. 宇航材料及工艺，2011，41(2)：5-8.

[184] 王佳为，郑振荣，毕月姣. 飞行器热防护材料的研究现状与发展趋势[J]. 化工新型材料，2020，48(11)：15-19.

[185] 孙学文，杨海波，米涛. 基于多场耦合碳/碳复合材料传热及烧蚀响应[J]. 工程科学学报，2020，42(8)：1040-1047.

[186] Imran A, Qi S, Yan C, et al. Dynamic compression response of self-reinforced polypropylene composite structures fabricated through ex-situ consolidation process[J]. Composite Structures, 2018, 204: 288-300.

[187] 吴林志，殷莎，马力. 复合材料点阵夹芯结构的耦合换热及热应力分析[J]. 功能材料，2010，41(06)：969-972.

[188] 张磊，邱志平. 碳纤维增强点阵夹芯结构的散热承载协同优化[J]. 航空动力学报，2012，27(1)：89-96.

[189] 张磊，邱志平. 碳纤维增强点阵夹芯结构的屈曲强度[J]. 航空动力学报，2013，28(3)：525-530.

[190] 唐玉玲，陈浩，平学成，等. 碳纤维增强环氧树脂复合材料金字塔点阵夹芯假脚结构在竖向载荷下的力学性能[J]. 复合材料学报，2021，38(3)：797-808.

[191] Wei X, Li D, Xiong J. Fabrication and mechanical behaviors of an all-composite sandwich structure with a hexagon honeycomb core based on the tailor-folding approach[J]. Composites Science and Technology, 2019, 184: 107878.

[192] Jenkins D R. Protecting the body: the orbiter's thermal protection system, in space shuttle legacy[M]. Reston: American Institute of Aeronautics and Astronautics, 2014: 111-135.

[193] 陈立明，戴政，谷宇，等. 轻质多层热防护结构的一体化优化设计研究[J]. 力学学报，2011，2：289-295.

[194] 马秀萍，郭亚林，张祎. 轻质烧蚀防热材料研究进展[J]. 航天制造技术，2018，1：2-6+11.

[195] 吴大方，商兰，蒲颖，等. 1700℃有氧环境下高超声速飞行器轻质防热材料隔热性能试验研究[J]. 航天器环境工程，2016，33(1)：7-12.

[196] 师建军，孔磊，王筠，等. 先进树脂基轻质烧蚀防热复合材料[J]. 西北工业大学学报，2018，36(S1)：93-97.

[197] 梁馨，方洲，林治峰，等. 轻质烧蚀防热材料结构组成对烧蚀形貌的影响[J]. 宇航材料工艺，2021，51(4)：116-119.

[198] 冯志海，师建军，孔磊，等. 航天飞行器热防护系统低密度烧蚀防热材料研究进展[J]. 材料工程，2020，48(8)：14-24.

[199] 梁馨，方洲，邓火英，等. 空间探测烧蚀防热材料应用及趋势[J]. 宇航材料工艺，2021，51(5)：34-40.

[200] 梁馨，方洲，程雷，等. 深空环境轻质防热材料烧蚀性能研究[J]. 深空探测学报，2021，8(5)：

467-471.

[201] Hu H. Recent advances of polymeric phase change composites for flexible electronics and thermal energy storage system[J]. Composites Part B, 2020, 195: 108094.

[202] Wu S, Yan T, Kuai Z, et al. Thermal conductivity enhancement on phase change materials for thermal energy storage: a review[J]. Energy Storage Materials, 2020, 25: 251-295.

[203] 杨道媛, 毋娟, 朱凯, 等. 从热传导机理看隔热材料的选取与设计原则[J]. 材料导报, 2009, 23(12): 75-77.

[204] 王晓东. 环氧树脂基轻质隔热复合材料制备及隔热机理研究[D]. 哈尔滨: 哈尔滨工程大学, 2017.

[205] 赵红. SiO_2 气凝胶/纤维复合隔热包装材料的制备及隔热机理研究[D]. 哈尔滨: 哈尔滨工程大学, 2014.

[206] 李夏菲. 防隔热一体化 C/C-SiCO 多孔陶瓷复合材料的制备与性能研究[D]. 长沙: 国防科技大学, 2019.

[207] 岳晨午. N 杂化石墨烯气凝胶隔热材料制备、结构及性能研究[D]. 长沙: 国防科技大学, 2017.

[208] 周星光, 柳世灵, 王通, 等. SiO_2 气凝胶隔热性能的影响因素研究[J]. 装备环境工程, 2022, 19(5): 94-99.

[209] 赵欣蕾. 防隔热材料比热测量及影响因素分析[D]. 哈尔滨: 哈尔滨工业大学, 2021.

[210] 汪长安, 郎莹, 胡良发, 等. 轻质、高强、隔热多孔陶瓷材料的研究进展[J]. 陶瓷学报, 2017, 38(3): 287-296.

[211] 吴凯, 张铁军, 姚为, 等. 航天新型高性能材料的研究进展[J]. 宇航材料工艺, 2017, 47(6): 1-9.

[212] 杨冬晖, 李猛, 尚坤. 航天服隔热材料技术研究进展[J]. 航空材料学报, 2016, 36(2): 87-96.

[213] 邹军锋, 李文静, 刘斌, 等. 飞行器用热防护材料发展趋势[J]. 宇航材料工艺, 2015, 45(4): 10-15.

[214] 王雪琴, 俞建勇, 丁彬. 纳米纤维隔热材料在航空航天领域的应用进展[J]. 纺织导报, 2018(S1): 68-72.

[215] Wang X, Ding B, Sun G, et al. Electro-spinning/netting: A strategy for the fabrication of three-dimensional polymernano-fiber/nets[J]. Progress in Materials Science, 2013, 58(8): 1173-1243.

[216] Li L, Liu Y, Fang B, et al. Nanograin-glass dual-phasic, elasto-flexible, fatigue-tolerant, and heat-insulating ceramic sponges at large scales[J]. Materials Today, 2022, 54: 72-82.

[217] Wang H, Zhang X, Wang N, et al. Ultralight, scalable, and high-temperature-resilient ceramic nanofiber sponges[J]. Science Advances, 2017, 3: e1603170.

[218] 柳凤琦, 王鲁凯, 门静, 等. 气凝胶隔热材料制备及航天热防护应用研究进展[J]. 宇航材料工艺, 2022, 52(2): 26-47.

[219] 祝诗洋, 潘栩, 钟业盛, 等. SiOC 气凝胶/柔性陶瓷纤维复合材料的制备和性能[J]. 材料研究学报, 2022, 36(4): 298-306.

[220] 赵剑飞, 胡昌飞, 马玉亮, 等. 船用防火隔热材料研究进展及其综合性能评价[J]. 材料开发与应用, 2022, 37(2): 89-95+100.

[221] Guo J, Fu S, Deng Y, et al. Hypocrystalline ceramic aerogels for thermal insulation at extreme conditions [J]. Nature, 2022, 606: 909-916.

[222] Shan H, Wang X, Shi F, et al. Hierarchical porous structured SiO_2/SnO_2 nanofibrous membrane with superb flexibility for molecular filtration[J]. ACS Applied Materials & Interfaces, 2017, 9: 18966-18976.

[223] Zheng H, Shan H, Bai Y, et al. Assembly of silica aerogels within silica nanofibers: towards a super-

insulating flexible hybrid aerogel membrane[J]. RSC Advances, 2015, 5: 91813-91820.

[224] Si Y, Wang X, Dou L, et al. Ultralight and fire-resistant ceramic nanofibrous aerogels with temperature-invariantsuperelasticity[J]. Science Advances, 2018, 4(4): eaas8925.

[225] Kobayashi Y, Saito T, Isogai A. Aerogels with 3D ordered nanofiber skeletons of liquid-crystalline nanocellulose derivatives as tough and transparent Insulators[J]. Angewandte Chemie International Edition, 2014, 53: 10394-10397.

[226] Yan M, Zhang H, Fu Y, et al. Implementing an Air Suction Effect Induction Strategy to Create Super Thermally Insulating and Superelastic SiC Aerogels[J]. Small, 2022, 18(19): 2201039.

[227] Su L, Wang H, Jia S, et al. Highly stretchable, crack-insensitive and compressible ceramic Aerogel[J]. ACS Nano, 2021, 15: 18354-18362.

[228] Su L, Wang H, Niu M, et al. Anisotropic and hierarchical SiC@SiO_2 nanowire aerogel with exceptional stiffness and stability for thermal superinsulation[J]. Science Advances, 2020, 26(6): eaay6689.

[229] 胡连成，黎义，于翘. 俄罗斯航天透波材料现状考察[J]. 宇航材料工艺，1994，24(1)：48-52.

[230] 蔡德龙，陈斐，何凤梅，等. 高温透波陶瓷材料研究进展[J]. 现代技术陶瓷，2019，40(Z1)：4-120.

[231] Duan X, Yang Z, Chen L, et al. Review on the properties of hexagonal boron nitride matrix composite ceramics[J]. Journal of the European Ceramic Society, 2016, 36(15): 3725-37.

[232] Li B, Liu K, Zhang C R, et al. Fabrication and properties of borazine derived boron nitride bonded porous silicon aluminum oxynitride wave-transparent composite[J]. Journal of the European Ceramic Society, 2014, 34(15): 3591-3595.

[233] Sun Y, Yang Z, Cai D, et al. Mechanical, dielectric and thermal properties of porous boron nitride/silicon oxynitride ceramic composites prepared by pressureless sintering[J]. Ceramics International, 2017, 43(11): 8230-8235.

[234] Yang X, Li B, Zhang C, et al. Fabrication and properties of porous silicon nitride wave-transparent ceramics via gel-casting and pressureless sintering[J]. Materials Science and Engineering: A, 2016, 663: 174-180.

[235] Yao D, Zeng Y-P, Zuo K-H, et al. The Effects of BN addition on the mechanical properties of porous Si3N4/BN ceramics prepared via nitridation of silicon powder[J]. Journal of the American Ceramic Society, 2011, 94(3): 666-670.

[236] Hu H L, Yao D X, Xia Y F, et al. Fabrication and mechanical properties of SiC reinforced reaction-bonded silicon nitride based ceramics[J]. Ceramics International, 2014, 40(3): 4739-4743.

[237] Hu H L, Zeng Y P, Zuo K H, et al. Synthesis of porous Si3N4/SiC ceramics with rapid nitridation of silicon [J]. Journal of the European Ceramic Society, 2015, 35(14): 3781-3787.

[238] 张大海，李仲平，范锦鹏. 热透波材料技术研究进展[J]. 中国材料进展，2012，31(08)：1-6+32.

[239] 李仲平. 热透波机理及热透波材料进展与展望[J]. 中国材料进展，2013，32(04)：193-202+242.

[240] 李仲平. 热透波机理与热透波材料[M]. 北京：中国宇航出版社，2013.

[241] 崔雪峰，李建平，李明星，等. 氮化物基陶瓷高温透波材料的研究进展[J]. 航空材料学报，2020，40(1)：21-34.

[242] 宋雪峰. 新型宽频透波材料技术研究[D]. 北京：中国运载火箭技术研究院，2019.

[243] 杨雪金. 氮化硅纤维增强氧化硅基透波复合材料的制备与性能研究[D]. 长沙：国防科技大学，2019.

[244] 李是卓. 聚酰亚胺纤维增强氰酸酯基透波复合材料制备及性能研究[D]. 北京：北京化工大学，2019.

[245] 张天翔. 孔隙率梯度多孔氮化硅基陶瓷及其天线罩制备与性能研究[D]. 哈尔滨：哈尔滨工业大

学, 2021.
[246] 杨从周. 多孔 Si_3N_4 陶瓷表面耐高温透波涂层的设计制备及性能研究[D]. 哈尔滨：哈尔滨工业大学, 2021.
[247] 翟彬. 天线罩用透波材料的宽带衰减特性实验研究[D]. 西安：西安电子科技大学, 2017.
[248] 邹晓蓉, 张长瑞, 李斌, 等. 单层结构陶瓷天线罩材料的宽频透波性能设计[J]. 国防科技大学学报, 2011, 33(1)：25-30.
[249] 李端, 张长瑞, 李斌, 等. 氮化硅高温透波材料的研究现状和展望[J]. 宇航材料工艺, 2011, 41(6)：4-9.
[250] 杨备. 宽频透波陶瓷基复合材料夹层结构设计、仿真与验证[D]. 长沙：国防科技大学, 2010.
[251] Chen F, Shen Q, Zhang L. Electromagnetic optimal design and preparation of broadband ceramic radome material with graded porous structure [J]. Progress in Electromagnetics Research, 2010, 105：445-461.
[252] 李青, 车永星, 赵靖, 等. 石英纤维增强氰酸酯树脂选频透波性能研究[J]. 复合材料科学与工程, 2020(12)：115-120.
[253] 崔雪峰, 赵凯, 王玉生, 等. BN_{mf}-Si_3N_{4w}/Si_3N_4 复合材料的制备与性能[J]. 复合材料学报, 2022, 39(9)：4375-4383.
[254] 梁关东. BNNSs 增强陶瓷基透波材料的制备及介电性能研究[D]. 济南：山东大学, 2021.
[255] 李厚玉. 纤维/共聚增强氰酸酯树脂复合材料性能及透波结构[D]. 哈尔滨：哈尔滨理工大学, 2021.
[256] 陈强. 吸波/透波一体化频率选择表面研究[D]. 长沙：国防科技大学, 2018.
[257] 徐银芳, 邹样辉, 李恩, 等. 短路波导法测试低损耗透波材料高温复介电常数[J]. 导弹与航天运载技术, 2017(5)：103-106.
[258] 李庆辉, 孔维纳, 李喆, 等. 基于高 Q 腔法测试氮化硅纤维的介电性能[J]. 复合材料学报, 2020, 37(9)：2240-2249.
[259] 何凤梅, 李恩, 李仲平, 等. 高温高 Q 腔法介电性能测试系统稳定性研究[J]. 宇航材料工艺, 2009, 39(1)：78-81.
[260] 吴超. 透波材料高 Q 腔法复介电常数变温测试技术的研究[D]. 成都：电子科技大学, 2009.
[261] 陈聪慧, 何凤梅, 李恩, 等. 高 Q 腔法与准光腔法用于毫米波段室温介电性能测试比对研究[J]. 宇航材料工艺, 2013, 43(2)：99-101.
[262] 张文喜, 郑庆瑜, 郑彩平. 带状线法测量微波材料的复介电常数[J]. 中国电子科学研究院学报, 2014, 9(2)：136-139+144.
[263] 张永华, 刘立国. 带状线法测试高频印制板基材复介电常数研究[J]. 印制电路信息, 2018, 26(8)：21-26.
[264] 张永华, 邬宁彪. 高频印制板基材复介电常数测试方法研究[J]. 印制电路信息, 2017, 25(12)：14-20.
[265] 顾艳, 李俊, 伍瑞新. 基于空气带状线谐振腔的薄膜微波电磁参数测量[C]. 2011 年全国天线年会论文集(下册), 2011：699-702.
[266] 张婧. 圆柱腔微扰法复介电常数变温测试技术研究[D]. 成都：电子科技大学, 2015.
[267] 王健, 王薇, 佘守宪. 复介电常数矩形介质波导的微扰法分析[J]. 北方交通大学学报, 2001, 25(3)：62-66.
[268] 邹翘. 准光腔法介电性能高精度测试技术研究[D]. 成都：电子科技大学, 2018.
[269] 刘莹. W 波段准光腔法复介电常数测试系统的研究[D]. 成都：电子科技大学, 2016.
[270] 苏景. 准光腔法复介电常数自动测试系统研究[D]. 成都：电子科技大学, 2014.

[271] 杨茗惠. 微波测量介电常数方法研究及应用[D]. 沈阳：沈阳工业大学，2018.
[272] 汪楚. 一种测量室内墙面介电常数的改进自由空间波法研究[D]. 北京：北京邮电大学，2018.
[273] 胡鹏. 大尺寸样品介电常数测试系统研究与应用[D]. 成都：电子科技大学，2010.
[274] 朱家缔. C/C-ZrC 复合材料的制备及性能研究[D]. 北京：中国运载火箭技术研究院，2021.
[275] 丁冬海，李汝楠，张立，等. 热处理温度对 SiO_{2f}/SiO_2 复合材料性能的影响[J]. 硅酸盐学报，2022，50(07)：2005-2014.
[276] 万佩，夏辉，刘晨，等. 基于多尺度数值模型的复合材料各向异性热膨胀系数预测[J]. 复合材料学，2023，40(2)：1215-1224.
[277] 苏正夫，刘怀菲，王雅雷. La_2O_3 和 Y_2O_3 掺杂 ZrO_2 复合材料的高温相稳定性、抗烧结性及热导率[J]. 复合材料学报，2015，32(5)：1381-1389.
[278] 谢良. 多孔 α-SiAlON 透波陶瓷的制备研究[D]. 上海：中国科学院大学(中国科学院上海硅酸盐研究所)，2019.
[279] 许亚丰，秦岩，孙洪鑫. 耐烧蚀/耐高温/透波/承载一体化石英纤维布/玻璃粉/(PSN/BZ)复合材料制备与性能[J]. 武汉理工大学学报，2022，44(4)：1-5.
[280] 杨柳，石林，杨云鹏. C/C-SiC-ZrC 复合材料抗氧化烧蚀性能研究[J]. 炭素，2022(01)：9-13.
[281] 董继杰，李翠艳，欧阳海波，等. C/C-SiC-ZrC-Al_2O_3 复合材料的制备及抗烧蚀性能研究[J]. 固体火箭技术，2022，45(3)：438-445.
[282] 马康智，李春，倪立勇，等. 氧乙炔与等离子烧蚀试验的系统评价研究[J]. 材料导报，2022，36(11)：249-253.
[283] 李旭东，张杨，张利嵩，等. 电弧加热试验条件下钝舵表面热环境数值研究[J]. 导弹与航天运载技术，2014(02)：58-64.
[284] 涂建强，陈连忠，杨宪宁，等. 背面喷涂高辐射涂层的发动机防热材料电弧加热试验模拟方法[J]. 宇航材料工艺，2013，43(5)：65-69.
[285] Chanetz B，Délery J，Gilliéron P，et al. Experimental Aerodynamics[M]. Springer Tracts in Mechanical Engineering(STME)，1st ed. Germany：Springer，2020.
[286] 王国林，张晓晨，马昊军，等. 天线窗材料热透波特性风洞测试方法[J]. 航空学报，2018，39(5)：240-247.
[287] 杨洁颖，吕毅，张春波，等. 飞行器用透波材料及天线罩技术研究进展[J]. 宇航材料工艺，2015，45(4)：6-9.
[288] 马娜，门薇薇，王志强，等. SiBN(C)透波陶瓷纤维研究进展[J]. 陶瓷学报，2015，36(3)：227-232.
[289] 陈代荣，韩伟健，李思维，等. 连续陶瓷纤维的制备、结构、性能和应用：研究现状及发展方向[J]. 现代技术陶瓷，2018，39(3)：151-222.
[290] 姚琪，张振林，宫剑. 耐高温/隐身/透波一体化天线罩材料的研究进展[J]. 当代化工研究，2018(12)：6-7.
[291] 高贤志，张剑，崔凤单，等. 陶瓷基频率选择表面透波材料工艺研究进展[J]. 空军工程大学学报(自然科学版)，2021，22(6)：11-17.
[292] 邱海鹏，马新，梁艳媛，等. 2D Si_3N_{4f}/SiBN 热透波复合材料的高温性能研究[J]. 陶瓷学报，2021，42(6)：1012-1017.
[293] Xu J，Xia L，Luo J，et al. High-performance electromagnetic wave absorbing CNT/SiC_f composites：synthesis，tuning，and mechanism[J]. ACS Applied Materials & Interfaces，2020，12：20775-20784.

[294] Liang L, Li Q, Yan X, et al. Multifunctional magnetic Ti3C2Tx MXene/graphene aerogel with superior electromagnetic wave absorption performance[J]. ACS Nano, 2021, 15: 6622-6632.

[295] Han B, Chu W, Han X, et al. Dual functions of glucose induced composition-controllable Co/C microspheres as high-performance microwave absorbing materials[J]. Carbon, 2020, 168: 404-414.

[296] Abdalla I, Elhassan A, Yu J, et al. A hybrid comprised of porous carbon nanofibers and rGO for efficient electromagnetic wave absorption[J]. Carbon, 2020, 157: 703-713.

[297] 孔静, 高鸿, 李岩, 等. 电磁屏蔽机理及轻质宽频吸波材料的研究进展[J]. 材料导报, 2020, 34(9): 9055-9063.

[298] 王黄腾龙. 宽入射角电磁超介质吸波材料吸波机理研究[D]. 成都: 电子科技大学, 2014.

[299] 崔升, 沈晓冬, 袁林生, 等. 电磁屏蔽和吸波材料的研究进展[J]. 电子元件与材料, 2005, 1: 57-61.

[300] 张凯, 吴连锋, 桂泰江, 等. 电磁屏蔽材料的研究与进展[J]. 材料导报, 2021, 35(S2): 513-515+519.

[301] 贾锡琛, 沈斌, 郑文革. 多孔石墨烯/聚合物电磁屏蔽材料研究进展[J]. 高分子通报, 2020, 12: 83-90.

[302] 周丹凤, 袁欢, 熊远禄, 等. 多元复合结构型聚合物基电磁屏蔽材料的研究进展[J]. 中国材料进展, 2021, 40(12): 1007-1014.

[303] 许亚东. 聚合物电磁屏蔽复合材料的结构设计与性能研究[D]. 太原: 中北大学, 2019.

[304] 张斌. 石墨烯/电磁功能化有机微球轻质吸波材料的制备与性能研究[D]. 武汉: 武汉理工大学, 2018.

[305] 王俊鹏. 石墨烯/环氧树脂轻质吸波材料的制备与性能研究[D]. 武汉: 武汉理工大学, 2016.

[306] Cheng J B, Zhao H B, Cao M, et al. Banana leaflike C-doped MoS_2 aerogels toward excellent microwave absorption performance[J]. ACS Applied Materials & Interfaces, 2020, 12: 26301-26312.

[307] Lan X, Wang Z. Efficient high-temperature electromagnetic wave absorption enabled by structuring binary porous SiC with multiple interfaces[J]. Carbon, 2020, 170: 517-526.

[308] Wu C, Chen Z, Wang M, et al. Confining tiny MoO_2 clusters into reduced graphene oxide for highly efficient low frequency microwave absorption[J]. Small, 2020, 16: 2001686.

[309] Chen Z, Mu D, Liu T, et al. PANI/$BaFe_{12}O_{19}$@ Halloysite ternary composites as novel microwave absorbent [J]. Journal of Colloid and Interface Science, 2021, 582: 137-148.

[310] Wang B, Liao H, Xie X, et al. Bead-like cobalt nanoparticles coated with dielectric SiO_2 and carbon shells for high-performance microwave absorber[J]. J Colloid Interface Sci, 2020, 578: 346-357.

[311] Wang S, Xu Y, Fu R, et al. Rational construction of hierarchically porous Fe-Co/N-doped carbon/rGO composites for broadband microwave absorption[J]. Nano-Micro Lett, 2019, 11: 76.

[312] Li Z, Lin H, Ding S, et al. Synthesis and enhanced electromagnetic wave absorption performances of Fe_3O_4@ C decorated walnut shell-derived porous carbon[J]. Carbon, 2020, 167: 148-159.

[313] Song Y, Yin F, Zhang C, et al. Three-dimensional ordered mesoporous carbon spheres modified with ultrafine zinc oxide nanoparticles for enhanced microwave absorption properties[J]. Nano-Micro Lett, 2021, 13: 76.

[314] Shu R, Wan Z, Zhang J, et al. Facile design of three-dimensional nitrogen-doped reduced graphene oxide/ multi-walled carbon nanotube composite foams as lightweight and highly efficient microwave absorbers[J]. ACS Applied Materials & Interfaces, 2020, 12(4): 4689-4698.

[315] Shu R, Wan Z, Zhang J, et al. Synergistically assembled nitrogen-doped reduced graphene oxide/multi-walled carbon nanotubes composite aerogels with superior electromagnetic wave absorption performance[J]. Composites Science and Technology, 2021, 210: 108818.

[316] Tao J, Zhou J, Yao Z, et al. Multi-shell hollow porous carbon nanoparticles with excellent microwave absorption properties[J]. Carbon, 2021, 172: 542-555.

[317] Di X, Wang Y, Lu Z, et al. Heterostructure design of Ni/C/porous carbon nanosheet composite for enhancing the electromagnetic wave absorption[J]. Carbon, 2021, 179: 566-578.

[318] Wu F, Li Y, Lan X, et al. Large-scale fabrication of lightweight, tough polypropylene/carbon black composite foams as broadband microwave absorbers[J]. Composites Communications, 2020, 20: 100358.

[319] Li Y, Lan X, Wu F, et al. Steam-chest molding of polypropylene/carbon black composite foams as broadband EMI shields with high absorptivity[J]. Composites Communications, 2020, 22: 100508.

[320] Bao Y, Guo R, Liu C, et al. Design of magnetic triple-shell hollow structural Fe_3O_4/FeCo/C composite microspheres with broad bandwidth and excellent electromagnetic wave absorption performance[J]. Ceramics International, 2020, 46: 23932-23940.

[321] Sheng A, Yang Y, Yan D-X, et al. Self-assembled reduced graphene oxide/nickel nanofibers with hierarchical core-shell structure for enhanced electromagnetic wave absorption[J]. Carbon, 2020, 167: 530-540.

[322] Choi H K, Lee A, Park M, et al. Hierarchical porous film with layer-by-layer assembly of 2D copper nanosheets for ultimate electromagnetic interference shielding[J]. ACS Nano, 2021, 15: 829-839.

[323] Liu Y, Ji C, Lu L, et al. Facile synthesis and electromagnetic wave absorption properties of silver coated porous carbon composite materials[J]. Journal of Alloys and Compounds, 2021, 856: 158194.

[324] Shi Y, Yu L, Li K, et al. Well-matched impedance ofpolypyrrole-loaded cotton non-woven fabric/polydimethylsiloxane composite for extraordinary microwave absorption [J]. Composites Science and Technology, 2020, 197: 108246.

[325] Wu F, Liu P, Wang J, et al. Fabrication of magnetic tubular fiber with multi-layer heterostructure and its microwave absorbingproperties[J]. Journal of Colloid and Interface Science, 2020, 577: 242-255.

[326] Qiao J, Zhang X, Liu C, et al. Facile fabrication of Ni embedded TiO_2/C core-shell ternary nanofibers with multicomponent functional synergy for efficient electromagnetic wave absorption [J]. Composites Part B: Engineering, 2020, 200: 108343.

[327] Wang Y L, Yang S H, Wang H Y, et al. Hollow porous CoNi/C composite nanomaterials derived from MOFs for efficient and lightweight electromagnetic wave absorber[J]. Carbon, 2020, 167: 485-494.

[328] Liang J, Chen J, Shen H, et al. Hollow porous bowl-like nitrogen-doped cobalt/carbon nanocomposites with enhanced electromagnetic wave absorption[J]. Chemistry of Materials, 2021, 33: 1789-1798.

[329] Wang L, Yu X, Huang M, et al. Orientation growth modulated magnetic-carbon microspheres toward broadband electromagnetic wave absorption[J]. Carbon, 2021, 172: 516-528.

[330] 李均, 刘璐璐, 沈振宇, 等. 轻质多层吸波材料的设计制备及电磁特性研究[J]. 功能材料, 2021, 52(11): 11001-11008.

[331] 赵彦凯, 毕松, 侯根良, 等. 轻质蜂窝夹层复合材料的制备及其吸波性能研究[J]. 化工新型材料, 2021, 49(5): 93-96+101.

[332] 吕婧. 碳纤维复合材料的电纺制备及其吸波性能研究[D]. 南京: 南京航空航天大学, 2019.

[333] Huang B, Wang Z, Hu H, et al. Enhancement of the microwave absorption properties of PyC-SiCf/SiC composites by electrophoretic deposition of SiC nanowires on SiC fibers[J]. Ceramics International, 2020, 46(7): 9303-9310.

[334] Huang B, Hu H, Lim S, et al. Gradient FeNi-SiO_2 films on SiC fiber for enhanced microwave absorption performance[J]. Journal of Alloys and Compounds, 2022, 897: 163204.

[335] 蒋诗才, 石峰晖. 碳纤维复合材料格栅结构的吸波/承载性能研究[J]. 舰船电子工程, 2019, 39(3): 82-86.

[336] 胡爱军, 王志媛, 金诤, 等. 泡沫夹芯型吸波隐身结构复合材料的发展趋势[J]. 宇航材料工艺, 2009, 39(1): 1-4.

[337] 詹绍正, 王丹, 宁宁. 航空复合材料结构无损检测对比试块的研制[J]. 无损检测, 2021, 43(11): 58-63.

[338] 张博明, 叶金蕊, 周正干, 等. 增韧树脂基碳纤维复合材料结构无损检测技术研究[J]. 航空制造技术, 2010, 17: 78-81.

[339] 詹绍正, 宁宁, 王丹. 超声相控阵技术在航空复合材料结构无损检测中的应用及发展[J]. 无损检测, 2015, 37(4): 19-23.

[340] 詹绍正, 宁宁, 王丹, 等. 民用飞机结构无损检测数据管理系统的设计与开发[J]. 无损检测, 2021, 43(12): 71-76.

[341] 郝威, 李明, 徐莹, 等. 复合材料蜂窝夹芯缺陷超声检测模拟研究[J]. 机械科学与技术, 2022, DOI: 10.13433/j.cnki.1003-8728.20220056.

[342] 杨琛. 超声检测技术研究进展[J]. 流体测量与控制, 2022, 3(3): 8-10.

[343] 郭章伟. 碳纤维复合材料空气耦合超声检测系统研究[D]. 成都: 电子科技大学, 2022.

[344] 郭珊珊, 陈友兴, 吴其洲, 等. 横观各向同性复合材料激光超声检测的数值模拟[J]. 光电子·激光, 2022, 33(4): 443-448.

[345] 叶城保. 浅谈声-超声检测技术在复合材料构件中的应用[J]. 装备制造技术, 2022, 4: 243-245.

[346] 徐桂荣, 马腾飞, 李洋, 等. 先进树脂基复合材料层合结构纤维屈曲超声检测技术研究进展[J]. 航空制造技术, 2021, 64(21): 34-42.

[347] 吕事桂, 刘学业. 红外热像检测技术的发展和研究现状[J]. 红外技术, 2018, 40(3): 214-219.

[348] 纪瑞东, 张旭刚, 王珏. 飞机复合材料构件的原位红外热成像检测[J]. 无损检测, 2016, 38(1): 13-16.

[349] 刘颖韬, 郭广平, 温磊, 等. 红外热像检测技术应用于蜂窝结构复合材料的检测能力评价[J]. 无损检测, 2011, 33(12): 81-85.

[350] 李艳, 张献逢, 王春净. 复合材料分层损伤激光散斑检测的有限元分析[J]. 无损探伤, 2021, 45(3): 14-17.

[351] 李圣贤, 朱永凯, 王海涛, 等. 复合材料分层缺陷的激光超声检测[J]. 无损检测, 2019, 41(5): 1-5+78.

[352] 冒蒋伟. 航空复合材料结构件的激光超声检测技术研究[D]. 南京: 南京航空航天大学, 2018.

[353] 刘霞, 单宁, 马晓峰, 等. 碳纤维复合材料激光超声可视化检测系统设计研究[J]. 应用科学学报, 2017, 35(6): 797-804.

[354] 董方旭, 王从科, 凡丽梅, 等. X射线检测技术在复合材料检测中的应用与发展[J]. 无损检测, 2016, 38(2): 67-72.

[355] 史建军, 李得天. 碳纤维复合材料气瓶的X射线实时成像技术[J]. 宇航材料工艺, 2009, 39(6): 65-66.

[356] 张健. X射线检测技术在复合材料检测中的应用与发展[J]. 电子技术与软件工程, 2018, 23: 98.

[357] 侯哲. 复合材料内部缺陷的微波检测技术研究[D]. 太原：太原理工大学，2014.

[358] 马耀，邢贺民，段滋华. 基于微波技术的复合材料内部缺陷无损检测技术研究[J]. 材料导报，2013，27(S2)：61-63+71.

[359] 邢贺民，马耀，段滋华. 基于微波技术的复合材料无损检测[J]. 无损检测，2013，35(10)：18-21.

[360] 赵丽生. 微波技术分析复合材料的缺陷[J]. 无损检测，2004，12：643-644+646.

[361] 董方旭，凡丽梅，赵付宝，等. 空气耦合超声检测技术在复合材料检测中的应用[J]. 无损探伤，2022，46(1)：10-13.

[362] 艾春安，曾一平，李剑，等. 复合材料干耦合声学检测技术的发展与应用[J]. 无损检测，2012，34(9)：50-54.

[363] McIntyre C S, Hutchins D A, Billson D R, et al. The use of air-coupled ultrasound to test paper[J]. IEEE Transaction on Ultrasonics Ferroelectrics and Frequency Control, 2001, 48(3): 717-727.

[364] Essig W, Rittmann J, Kreutzbruck M. Probability of detection analysis of air-coupled ultrasound inspection of thermoplastic CFRP tapes[C]. 12th European Conference on Non-Destructive Testing (ECNDT 2018). Gothenburg: e-Journal of Nondestructive Testing(eJNDT), 2018: 1-8.

[365] Terrien N, Colas O. Nondestructive testing of composite structures: from prototype qualification to online production inspection[C]. 12th European Conference on Non-Destructive Testing (ECNDT 2018). Gothenburg: e-Journal of Nondestructive Testing(eJNDT), 2018: 1-3.

[366] Tosti E. UT in phased array applications for control of structures and piping of stages in the European space launchers[C]. 12th European Conference on Non-Destructive Testing (ECNDT 2018). Gothenburg: e-Journal of Nondestructive Testing(eJNDT), 2018: 1-8.

[367] Nakahata K, Ogi K, Namita T, et al. Three-dimensional imaging of subsurface defect in CFRP using photoacoustic microscopy[C]. 12th European Conference on Non-Destructive Testing (ECNDT 2018). Gothenburg: e-Journal of Nondestructive Testing(eJNDT), 2018: 1-2.

[368] Hatta H, Aly-Hassan M S, Hatsukade Y, Wakayama S, Suemasu H, Kasai N. Damage detection of C/C composites using ESPI and SQUID techniques[J]. Composites Science and Technology, 2005, 65: 1098-1106.

[369] Smith R A, Nelson L J. Full 3D characterization of composite laminates using ultrasonic analytic signals[C]//12th European Conference on Non-Destructive Testing (ECNDT 2018). Gothenburg: e-Journal of Nondestructive Testing(eJNDT), 2018: 1-8.

[370] Nelson L J, Smith R A, Mienczakowski M. Ply-orientation measurements in composites using structure-tensor analysis of volumetric ultrasonic data[J]. Composites: Part A, 2018, 104: 108-119.

[371] Liang L, Zhang X, Zhang X, et al. Strong, healable, and recyclable composite paper made from acodispersion of carbon nanotube and sulfonated graphenal polymer[J]. Macromolecular Materials and Engineering, 2018, 303(8): 1800208.

[372] 潘科，徐海涛，冯祥奕. “双碳”目标下我国新材料重点方向发展研究[J]. 信息通信技术与政策，2022，48(3)：74-81.

[373] 符晓波. 新材料科技创新为实现“双碳”目标提供重要路径[N]. 科技日报，2021，3：1.

[374] 胡海龙，张帆，岳建岭. 新工科背景下研究生创新能力培养模式探究[J]. 教育教学论坛，2021，52：149-152.

[375] 毛富洲，银锐明，李鹏飞，等. 天线罩用高温透波陶瓷材料的研究进展[J]. 硬质合金，2022，39(2)：

149-155.

[376] 崔凤单，慈吉良，吴春博，等.丝网印刷和烧结工艺对陶瓷基复合材料微带天线膜层结构与性能的影响[J].表面技术，2022，51(3)：234-241.

[377] 杨薇薇，杨红娜，吴晓青.天线罩材料研究进展[J].现代技术陶瓷，2013，34(1)：3-8.

[378] 闫法强.夹层结构天线罩材料的设计、制备及其宽频透波性能[D].武汉：武汉理工大学，2007.

[379] 沈强，陈斐，闫法强，等.新型高温陶瓷天线罩材料的研究进展[J].材料导报，2006，9：1-4.

[380] 张大海，黎义，高文，等.高温天线罩材料研究进展[J].宇航材料工艺，2001，6：1-3.

[381] 秦瑞东，陈玲丽，朱宇波，等.忆阻器及其在人工突触器件中的研究进展[J].功能材料与器件学报，2021，27(6)：494-504.

[382] 汪天.基于生物材料的有机薄膜忆阻器研究[D].苏州：苏州大学，2020.

[383] 赵桢.基于铁电薄膜的忆阻器及其神经突触仿生研究[D].保定：河北大学，2021.

[384] 吴婷婷.基于忆阻器材料的人工神经突触的研究进展[J].电工材料，2019，4：6-10.

[385] 陈晓平，楼玉民，赵宁宁，等.基于异质结构忆阻器的研究进展[J].材料导报，2022，36(10)：21-30.

[386] 曹青，熊礼苗，李鹏程.二维忆阻材料及其阻变机理研究进展[J].材料导报，2022，21：1-30.

[387] 刘龙.基于二维材料忆阻器的研究与应用[D].武汉：华中科技大学，2021.

[388] 王宏伟.基于叠层忆阻器仿生特性和物理开关机制研究[D].保定：河北大学，2021.

[389] 曹刚.基于简单氧化物的忆阻特性及神经突触的研究[D].保定：河北大学，2021.

[390] 秦翠亚.氧化锆/二维硫族化物阻变存储器特性及神经突触仿生研究[D].保定：河北大学，2020.

[391] 刘吉林.ZnO基忆阻器件构筑及其神经突触仿生研究[D].长春：东北师范大学，2021.

[392] Zhang Y, Fan S, Niu Q, et al. Intrinsically ionic conductive nanofibrils for ultra-thin bio-memristor with low operating voltage[J]. Science China Materials, 2022, 65: 3096-3104.

[393] 张金磊，马春兰.联苯丙二氨酸自组装多肽纳米管忆阻器[J].苏州科技大学学报(自然科学版)，2022，39(1)：47-50+65.

[394] Hu H, Zhang F, Luo S, et al. Recent advances in rational design of polymer nanocomposite dielectrics for energy storage[J]. Nano Energy, 2020, 74: 104844.

[395] Shen Y, Zhang X, Li M, et al. Polymer nanocomposite dielectrics for energy storage[J]. National Science Review, 2017, 4(1): 23-25.

[396] 陈求涛，朱春艳，王猛，等.微纳米二氧化/低密度聚乙烯复合材料介电性能的研究进展[J].绝缘材料，2017，50(5)：1-5.

[397] 路卫卫，蔡会武，刘畅，等.聚合物基全有机复合电介质材料研究进展[J].绝缘材料，2021，54(12)：10-14.

[398] 张子琦，程璐，刘文凤.核-壳结构纳米复合电介质储能特性研究进展[J].绝缘材料，2022，55(5)：1-9.

[399] 朱金麟，钱璐洁，朱杰.纳米复合电介质材料的研究进展[J].胶体与聚合物，2019，37(2)：95-98.

[400] Hassan Y A, Hu H. Current status of polymer nanocomposite dielectrics for high-temperature applications[J]. Composites Part A: Applied Science and Manufacturing, 2020, 138: 106064.

[401] Hu H, Zhang F, Lim S, et al. Surface functionalisation of carbon nanofiber and barium titanate by polydopamine to enhance the energy storage density of their nanocomposites[J]. Composites Part B: Engineering, 2019, 178: 107459.

[402] 李子超，施骏业，陈江平，等.电卡制冷材料与系统发展现状与展望[J].制冷学报，2021，42(1)：

1-13.
[403] 王世斌. 锆钛酸铅基厚膜陶瓷的制备及储能性能和电卡效应的研究[D]. 广州：广东工业大学, 2020.
[404] 李峰. 铋基钙钛矿无铅弛豫铁电陶瓷的电卡效应与储能特性研究[D]. 上海：中国科学院大学(中国科学院上海硅酸盐研究所), 2019.
[405] 何上恺. 锆钛酸钡钙基弛豫铁电薄膜的制备及能量储存与电卡效应研究[D]. 南宁：广西大学, 2019.
[406] 张天栋. $PbZrTiO_3$ 基复合薄膜的电卡效应和储能性能[D]. 哈尔滨：哈尔滨工业大学, 2017.
[407] 王志刚. PVDF 基复合材料相结构与电卡效应[D]. 西安：西安理工大学, 2018.
[408] Hu H, Zhang F, Luo S, et al. Electrocaloric effect inrelaxor ferroelectric polymer nanocomposites for solid-state cooling[J]. Journal of Materials Chemistry A, 2020, 8: 16814-16830.
[409] Hassan Y A, Chen L, Geng X, et al. Electrocaloric effect of structural configurated ferroelectric polymer nanocomposites for solid-state refrigeration[J]. ACS Applied Materials & Interfaces, 2021, 13(39): 46681-46693.
[410] Hu H. Polymer nanocomposite dielectrics with high electrocaloric effect for flexible solid-state cooling devices [J]. Journal of Central South University, 2022, 29: 2857-2872.
[411] Hu H, Ma Y, Yue J, et al. Porous GNP/PDMS composites with significantly reduced percolation threshold of conductive filler for stretchable strain sensors[J]. Composites Communications, 2022, 29: 101033.
[412] Hu H, Zhang F. Rational design of self-powered sensors with polymer nanocomposites for human-machine interaction[J]. Chinese Journal of Aeronautics, 2022, https: //doi. org/10. 1016/j. cja. 2022. 04. 005.
[413] Zhang S, Wang Z. Thermodynamics behavior of phase change latent heat materials in micro-/nanoconfined spaces for thermal storage and applications[J]. Renewable and Sustainable Energy Reviews, 2018, 82: 2319-2331.

图书在版编目(CIP)数据

航空航天复合材料及热结构 / 胡海龙等著. —长沙：中南大学出版社，2023.8

ISBN 978-7-5487-5250-9

Ⅰ. ①航… Ⅱ. ①胡… Ⅲ. ①航空材料—复合材料—研究②航天材料—复合材料—研究 Ⅳ. ①V25

中国国家版本馆 CIP 数据核字(2023)第 017515 号

航空航天复合材料及热结构

HANGKONG HANGTIAN FUHE CAILIAO JI REJIEGOU

胡海龙　张　帆　岳建岭　罗世彬　著

□**出 版 人**　吴湘华
□**责任编辑**　胡　炜
□**责任印制**　李月腾
□**出版发行**　中南大学出版社
　　　　　　社址：长沙市麓山南路　　　邮编：410083
　　　　　　发行科电话：0731-88876770　　传真：0731-88710482
□**印　　装**　长沙市宏发印刷有限公司

□**开　　本**　787 mm×1092 mm　1/16　□**印张** 10.75　□**字数** 277 千字
□**版　　次**　2023 年 8 月第 1 版　□**印次** 2023 年 8 月第 1 次印刷
□**书　　号**　ISBN 978-7-5487-5250-9
□**定　　价**　58.00 元